C. Ritter.

Geschichte

der

Erdkunde und der Entdeckungen.

Vorlesungen

an der Universität zu Berlin gehalten

von

Carl Ritter.

Herausgegeben

von

H. A. Daniel.

Mit Carl Ritter's Bildniß.

Berlin.

Druck und Verlag von Georg Reimer.

1861.

Vorwort.

In der Vorlesung über „Allgemeine vergleichende Erdkunde“ pflegte Ritter nach der Einleitung und einem Ueberblick der geographischen Literatur zu der Geschichte der Erdkunde und der geographischen Entdeckungen bis zur Auffindung von Amerika fortzuschreiten. Sie wurde mit solcher Ausführlichkeit behandelt, daß ihr eine fast gleiche Zahl von Vorlesungen gewidmet war, als den übrigen Theilen der Erdkunde. Und Ritter's Zuhörer tragen es in lebhafter und bleibender Erinnerung, wie der Verewigte gerade die Geschichte der Erdkunde mit begeistertem Interesse behandelte. Die nach und nach aus dem Dunkel in das Licht geographischer Kunde hervortretende Erde war ein Lieblingsobject Ritterscher Darstellung: die großen Geographen und Forscher, Entdecker und Reisenden alter und neuer Zeit schilderte er nicht blos als gründlicher Gelehrter, sondern stellte sie mit begeisterter Anerkennung, ich möchte sagen mit zarter Pietät, dem Herzen seiner Hörer nahe, und der Mann, der sich so selten entrüsten konnte, gerieth in Unmuth, wenn er von der Verkennung oder doch nicht gerechten Würdigung solcher geographischen Größen zu erzählen hatte.

Schon das Gesagte würde die Herausgabe der Vorlesungen über die Geschichte der Erdkunde erklären und rechtfertigen. Noch bestimmender aber war es, daß Ritter selbst zunächst diese Vorlesungen zum Druck bestimmt und vorbereitet hat.

Dem ehrenvollen Auftrage des Herrn Verlegers, den von dem großen Manne noch vollendeten Denkstein nun auf seinem Grabe aufzurichten, habe ich mich mit Freuden und möglichster Sorgfalt unterzogen. Neben dem Manuscript des Verewigten sind akademische Hefte zugezogen, und die Vorlesungen, wie ich hoffe, in einer Gestalt an das Licht getreten, welche den Verehrern und Zuhörern Ritter's lebhaft die Zeit vergegenwärtigen wird, wo sie zu den Füßen des gefeierten Lehrers saßen und seiner begeisterten Rede lauschten.

Halle, den 18. März 1861.

Dr. H. A. Daniel.

Inhalt.

Das Alterthum.

Die Erde tritt nur allmählich aus dem Dunkel hervor. Jahrtausende sind nothwendig gewesen, um dasselbe zu erhellen, und noch heute liegt vieles im Schatten. Eine geographische Beschreibung der Erde kann nicht in chronologischem Zusammenhange gegeben werden. Auf harmonische Weise das Ganze nach seiner historischen und physikalischen Seite darzustellen ist rein unmöglich. Denn die einzelnen Länder treten in ganz verschiedenen Zeiten aus ihrer Dunkelheit heraus. Die mannigfaltigen Verhältnisse des Zustandes der Erde bis zur Gegenwart lernen wir nur aus der Geschichte kennen, die Entdeckungen bilden einen Theil derselben.

Nur von den gebildeten Nationen des Alterthums sind denen der neuern Zeit Kenntnisse von der Erdoberfläche überliefert worden. Die ungebildetern, roher gebliebenen Völker haben zwar eine Kunde ihrer Heimath, aber keine Erdkunde. Die Indianer Nordamerikas kennen ebenso wie die am Amazonenstrome genau ihre Urwälder, und finden die Jagdpfade auf Hunderte von Meilen; die Beduinen verfolgen durch die Mitte ihrer meeresgleichen Sandwüsten mit Sicherheit ihren Weg; die Eskimos der Polarzone zeichneten sogar mit Kohle auf Birkenrinde für die britischen Seecapitäne die Küsten und Inseln ihres weiten, furchtbaren Eismeers und zeigten ihnen so die Wege zu den Eingängen der Nordwestpassage. Der Malaye weiß auf unendlicher

Meeresfläche den Weg, den er steuern muß, um die nächste Inselgruppe zu erreichen. Aber weiter kommt er nicht, wenn er nicht durch eine oceanische Strömung verschlagen wird. Ueber die Heimath, über das nächste Bedürfniß reicht die Kenntniß solcher Naturvölker nicht hinaus.

Zwischen der Kenntniß von der Heimath und der Wissenschaft von der Erde überhaupt ist ein großer Unterschied.

Hebräer und Aegypter.

Die erste allgemeinere geographische Uebersicht der Länder und Völker, welche aus den Grenzen enger Heimathskunde heraustritt, finden wir bei den Hebräern — 1 Mos. Cap. 10. Es ist die merkwürdige Völkertafel, welche die Ausbreitung der Geschlechter der Menschen nach den drei Söhnen Noah's, Sem, Ham und Japhet auseinandersetzt. Bei den Geschlechtern werden aber die Länder, Inseln und Städte genannt, die sie in Besitz nahmen. Sie verbreitet sich über Westasien, Nordostafrika und Südosteuropa, setzt also schon bedeutende geographische Kenntnisse über das Centrum der Alten Welt voraus. So hat diese Völkertafel als älteste Urkunde zu wichtigen Forschungen über Völker, Sprachen und Urverbreitung des Menschengeschlechtes und dessen Genealogie Veranlassung gegeben. Zu den lehrreichsten Commentaren über dieselbe gehören die von Bochart, Gesenius, Rosenmüller, Hartmann. [1])

---

[1]) Hartmann, Aufklärung über Asien für Bibelforscher. 1806. Th. 1. Rosenmüller Bibl. Alterthumskunde und Bibl. Geographie 1823—1836. v. Lengerke Kanaan. Königsb. 1844. Ewald Geschichte des Volkes Israel 3 Th. 1847. Knobel Die Völkertafel der Genesis. Ethnographische Untersuchungen. Gießen 1850. Leo Vorlesungen über die Geschichte des Jüdischen Staats. 1828. v. Bohlen Genesis. Königsb. 1835. Hitzig Urgeschichte der Philistäer. Leipzig 1845. Kiepert Bibel-Atlas. Berlin 1847.

Das genealogische Interesse, welches den Hebräern und allen semitischen Völkerstämmen bis zu den heutigen Arabern eigen ist, leitete sie zur Ethnographie und Geographie.

Bei der Besitznahme von Kanaan erhalten wir ein zweites geographisches Document. Josua trug (Jos. 18) den Boten, jedesmal drei erwählten Männern aus den verschiedenen Stämmen Israels auf, durch das ganze Land der Kanaaniter zu wandern und dies zu beschreiben, damit danach die Eintheilung unter die Stämme Israels getroffen, oder, wie es heißt, das Loos über den Grundbesitz geworfen werden könne. So tritt das erste Land, das Gelobte Land, aus dem Dunkel der Urwelt hervor.

Schon beim Einzuge unter Mose (4 B. 13) war die erste Erforschung durch Kundschafter geschehen. Moses giebt genau an, worauf sie zu achten hatten. V. 19—21. Die Vertheilung nach Stammesantheilen ging dann wirklich vor sich auf der Ostseite des Jordan und im Süden Judäa's. Als aber später noch sieben Stämme keinen Antheil hatten, mußte eine zweite Recognoscirung für das nördliche Kanaan stattfinden. Diese erfolgte unter Josua (18, 2), als die Gemeinde Israel von Gilgal am Jordan nach Silo versammelt war, sieben Jahre nach dem Eintritt in Kanaan. Ruben, Gad und halb Manasse, die Hirtenstämme, hatten ihr Weideland auf der Ostseite des Jordan erhalten. Juda, Simeon und Benjamin im Süden, wo die ersten siegreichen Eroberungen stattfanden. Josua gebot nun eine neue Landvertheilung unter die sieben Stämme, die noch kein Erbtheil hatten. Josua 18, 4: Schaffet aus jeglichem Stamme drei Männer, daß ich sie sende, und sie sich aufmachen, und durch das Land gehen, und beschreibens, nach ihrem Erbtheile, und kommen zu mir. V. 5: Theilet das Land in sieben Theile. Juda soll bleiben auf seiner Grenze von Mittag her, und Haus Joseph (Ephraim) soll bleiben auf seiner Grenze von Mitternacht her. V. 6: Ihr aber beschreibet das Land der sieben Theile: bringet sie her zu mir, so will ich das Loos auch werfen vor dem Herrn unserm Gott. V. 9: Und also gingen die Männer hin, und durchzogen das Land und beschriebens auf einem Brief, nach den Städten in sieben Theile, und kamen ins Lager zu Josua.

Keil im Commentar zu Josua 329—331 bemerkt: „Das Wort beschreiben heißt im Hebräischen nicht vermessen, obwohl dem Volke die Feldmeßkunst der Aegypter wohl bekannt war. Es wird also keine Landkarte dabei zum Grunde gelegt sein. Nur ein Verzeichniß nach den Städten und ihrem Gebiete habe man sich dabei zu denken — von den Städten ist die Bestimmung der Gebiete erst ausgegangen. Deshalb sind die Grenzen auch sehr unbestimmt geblieben." — Aber derselbe Gelehrte, der für die erste Vertheilung sich so entschieden gegen eine wirkliche Vermessung des Landes ausgesprochen, giebt doch S. 269 zu, daß bei der zweiten Austheilung zu Silo an die sieben Stämme man doch wohl genöthigt gewesen sei, erst das übrige Land (außer Juda, Ephraim und im Osten des Jordan) genau aufzunehmen, um es in sieben Districte theilen zu können.

Aber schon Mose 4 B. 13. V. 18—22 nöthigt zu demselben Schlusse. V. 18: Ziehet hinauf an den Mittag (von Kanaan) und gehet auf das Gebirge (Hermon u. s. w.). V. 19: Und besehet das Land, wie es ist, und das Volk, das drinnen wohnet, obs stark oder schwach, wenig oder viel ist. V. 20: Und was es für ein Land ist, darinnen sie wohnen, obs gut oder böse sei, und was für Städte sind, drinnen sie wohnen, ob sie in Gezelten oder Vestungen wohnen. V. 21: Und was es für ein Land sei, obs fett oder mager sei, und ob Bäume drinnen sind, oder nicht. Seid getrost und nehmet der Früchte des Landes (es war eben um die Zeit der ersten Weintrauben). V. 22: Und sie gingen hinauf und erkundeten das Land, von der Wüste Zin (am Todten Meer) bis gen Rehob, da man gen Hamath geht (d. i. bis Damask und Hama am Orontes). — Der Ausdruck messen und Meßschnur kommt aber unzählige mal vor. 4 Mose 34, 7 u. 8 sagt ausdrücklich: Ihr sollt messen von dem Großen Meer an dem Berge Hor. — Und von dem Berge Hor messen, bis man kommt gen Hamath. — Josua 17, 14 wird das Loos selbst die Meßschnur (חבל) genannt, dann das zugemessene Erbtheil (Keil S. 324); und 17, 5: Es fielen außer Gilead noch zehn Schnüre gemessene Erbtheile, auf halb Manasse. — 19, 9: Simeons Erbtheil ist unter der Schnur Juda. Bei Jesaias 34, 11 ist die Meßschnur, das Richtblei u. s. w. genannt; bei Ezechiel 47, 3 wird bei Bestimmung der Landesgrenzen dreimal die Meßschnur gezogen.

Nach dem, was Flavius Josephus Antiqq. V. 1, 20 über diese Aussendung bemerkt, ist zu vermuthen, daß wirkliche Vermessung bei dieser Aufzeichnung des Landes vorgenommen und eine Art Karte des Landes entworfen sei. „Sie hatten einige Geometer bei sich, um die Ländereien zweckmäßig abschätzen und vertheilen zu können.“ Auch ist eine so zweckmäßige Vertheilung der Stammesantheile, wie wir sie später vorfinden, kaum anders denkbar, als nach vorhergegangener katastralischer Aufzeichnung.

Wir hätten hier also, fast 1500 Jahre vor unserer Zeitrechnung, bei den Hebräern die erste allgemeine Völkertafel, die erste specielle Landkarte; in den Stationen des Auszuges aus Aegypten aber die erste Wegroute einer Völkerwanderung. Das sind die ältesten drei Formen geographischer Nachrichten, die sich für uns erhalten haben. [1])

---

[1]) v. Raumer über den Zug der Israeliten durch die Wüste. Leipzig 1843. Robinson Palästina. Laborde Commentaire géogr. sur l'Exodus. Paris 1841.

Unstreitig hatten die Hebräer diese Anfänge geographischer Kenntniß mit aus Aegypten gebracht. Die Aegypter machte die Natur ihres Landes zu Erfindern der Geometrie und Landvermessung: die Ackervertheilung mußte jedes Jahr nach der Nilüberschwemmung neu berichtigt werden. Sie hatten ihr Land sehr genau in 44 Nomen getheilt, verstanden das Nivelliren der Gewässer, hatten, nach Herodots Berichten, einen förmlichen Kataster für die Besteuerung der Grundstücke. Daher bildete sich bei ihnen zuerst die Choro- und Topographie aus, nämlich die Länder- und Ortsbeschreibung des Nilthales nach Nomen und Tempelbezirken. [1])

Den schärfsten Beweis für ihre Fortschritte giebt das musterhafte Kanalsystem durch das ganze Land, das ohne solche Vorkenntnisse unmöglich ausführbar gewesen wäre. Englische, französische, österreichische Ingenieure der neuesten Zeit hatten viel mit dem Nivellement zu thun, um die Kanäle von Suez und von Alexandria zu Stande zu bringen. Aber die ägyptischen Priester waren auch dazu verpflichtet, die Chorographie Aegyptens und des Nils zu studiren. Ihre Religion wie ihre Gerechtigkeitspflege, die an die Tempelbezirke geknüpft war, verlangte das. (Nach 42 heiligen Büchern der Aegypter geordnet: 10 prophetische, 10 literarische, 14 der exacten Wissenschaften, 10 Bücher der Hieroglyphik, Meßkunst, Geometrie). Unter den 42 hermetischen wissenschaftlichen Abtheilungen, in deren Kenntniß ihre drei verschiedenen Priesterklassen eingeweiht sein mußten, werden auch Astrologie, Kosmographie und Geographie genannt, Welt- und Erdkunde. Dieses Studium war bei jedem Tempelbezirke die Aufgabe des Hierogrammateus (Scriba sacrorum),

---

[1]) Brugsch, Die Geographie des alten Aegyptens nach den altägyptischen Denkmälern zum ersten Male zusammengestellt und verglichen mit den geographischen Angaben der H. Schrift. 1857.

eines gelehrten Priesters, der zugleich Schreiber der Hieroglyphen war. [1])

Die allgemeinere Kenntniß der Erde hatten die Aegypter wohl schon sehr frühzeitig durch ihre erobernden Könige erhalten. Sesostriden führten Obelisken und Prachtbauten mit den Schätzen Indiens und Aethiopiens auf. Sesostris hatte diese Länder auf dem Landwege mit großen Heereszügen besiegt, war südwärts in das heutige Abyssinien (Kes), nordwärts bis zum Tanais (Don) an der Grenze von Asien und Europa, wo die Kolchier und Skythen wohnten, ostwärts bis in die Ländergebiete von Arabien vorgedrungen — aber zu Wasser weiter. Mit einer großen Flotte fuhr er durch den arabischen Meerbusen (das Erythräische Meer) nach Indien. Dort landete sein Heer und eroberte Städte am Gangesstrom. So hatte schon Herodot erzählt (B. II. 102—106). Auch Diodor von Sicilien, der seine Aegyptiaca in den Bibliotheken zu Alexandria und Thebä sammelte, stellt an die Spitze seiner Völkergeschichte die Sage von Sesoosis, der bis zum Ganges zog. Schon Heyne de fide Diodori (Comment. Soc. Gott. VII. 83) macht die Sage zur Mythe. Später erklärt v. Bohlen (das Alte Indien. I. S. 62) Sesostris' Zug für fabelhaft, von gräcisirenden Aegyptern ausgedacht. — Fortgesetzte Studien und Entdeckungen führen zu andern Resultaten, die an Herodots Erkundigungen im Nilthale näher herantreten und sie nicht mehr als Fabeln erscheinen lassen. Die Gelehrten hatten sich überhaupt ein Jahrhundert hindurch gewöhnt, das vorgriechische Alterthum der nichthellenischen Welt nur im Zustande einer unmündigen Kindheit, ja einer völligen Unwissenheit

[1]) Die Hauptstelle in den vermischten Schriften des Clemens von Alexandria. Stromatum lib. VI. 4. p. 757. ed. Potter. Erläutert von Creuzer in Symbol. u. Mythol. Ausg. 2. Th. I. S. 245.

zu erblicken. Sie wähnten, durch eine sogenannte strengere Kritik das ermittelt zu haben; aber das seitdem erwachte Studium der Denkmale im Orient, am Euphrat und Tigris, wie am Nil in Aegypten, giebt so wie über Sesostris, so über das ganze ägyptische Alterthum andern Aufschluß.

Genealogie und Chronologie der Aegypter sind allerdings, wie bei den Chinesen, Hindus u. a., durch die Ruhmsucht späterer Priestergeschlechter und ihre Legenden, aber auch durch Mißverstand und Unwissenheit gräcisirender Nachfolger und späterer Ausleger vielfach verdunkelt worden. [1]) Die Fragmente ihrer hinterlassenen Annalen und Dynastien, ihre Schriftrollen, deren man so viele Tausende wieder aufgefunden, werden nun erst nach und nach entziffert und verstanden. [2])

Die Regentschaft der Sesostriden ist unbezweifelt in den Denkmalen dargethan. [3]) Der Sesostris der Griechen ist Rhamses oder Rhamesses der Aegypter. Seine Grenzsäulen mit nur zum Theil erhaltenen Hieroglyphen und Keilschrift bedeckt, die er als Eroberer mit seinem Namen Rhamses bezeichnete, sind bei Beirut in Syrien, in den Felssculpturen Phöniciens am Nahr el Kelb wieder aufgefunden. Denksäulen bei Smyrna und Sardes; Abbildungen, die Herodot irrig für Sesostrisbilder hielt (ein Held mit Bogen und Lanze hoch an der Felswand eingehauen), wie sie auch, nach Diodor I. 55 in Jonien und Cölesyrien vorhanden waren, und wie Strabo XIV. 4 sie an der Meerenge des arabischen Golfs, zu Bab el Mandeb, als zu sei-

---

[1]) Eine merkwürdige Ausnahme macht Tacitus (Ann. II. 60), der treu wiedergiebt, was Germanicus in Aegypten von den Priestern und Gelehrten über die Geschichte ihrer Denkmäler mitgetheilt wurde.

[2]) Roger Champollion, Roselini, Young. Lepsius Chronologie der Aegypter. Bunsen, Aegyptens Stellung in der Weltgeschichte. 1845. Boeckh, Manetho's Dynastien. Brugsch u. A.

[3]) Die Belege dazu im Neuen ägyptischen Museum in Berlin.

ner Zeit vorhanden angab, scheinen zwar vernichtet und zerstört zu sein, sind aber darum für jene große Sesostridenzeit nicht weniger beweisend. Vorzüglich setzen aber die Wandsculpturen und Malereien an den Palästen zu Thebä und in den Prunkgräbern der Könige des Nilthales, jene Thatsachen einer großen Eroberungsperiode altägyptischer Herrscher außer Zweifel. Auch die Pyramiden und Grabfelder, die große Nekropolis von Unterägypten ist reich an Documenten jener Zeit, die erst kürzlich durch die Ausgrabungen der preußischen wissenschaftlichen Expedition aus ihrem Dunkel hervorgetreten sind.

Sesostris ist keine Mythe mehr wie zuvor. Er ist eine historische Person, der zweite König der neunzehnten Dynastie des Manetho. Er lebte 1400 Jahr v. Chr.; sein einheimischer Name ist Rhamses Miamen der Große. Er ist aber nur der bekannteste Repräsentant einer langen Königsreihe. Ihm ging 200 Jahre früher die Vertreibung der Hirtenkönige Hykfos aus Unterägypten unter Amosis seit 1678, Thutmosis, Amenophis und Menephtha voran. Die Verfolgung der Hykfos führte sie nach Vorderasien, nicht Eroberungssucht.

Unter den Denkmälern, welche die Sesostridenzeit aus der Fabel in die Wirklichkeit gerettet haben, sind die Wandsculpturen und Wandmalereien für die Geschichte der Erdkunde bei weitem die wichtigsten. [1])

---

[1]) Sur les Basreliefs Egyptiens et Persans en Syrie par Dr. R. Lepsius. Rome 1838. in Monatsber. d. Kön. Acad. d. Wissensch. Berlin 1840. Erste Abbildung der Wandsculpturen von Medynat Habu in Déscription de l'Egypte. Antiquit. Vol. II. Genauere Zeichnungen seitdem von Lepsius u. A. und Abschriften ihrer hieroglyphischen Inscriptionen. Champollion's erste Entzifferungen der Hieroglyphen lehrten die Namen der Könige, Völker, der eroberten Städte, der Länder, Flüsse, Landschaften in den einheimischen Sprachen kennen, welche diesen Sculpturen und Abbildungen zur Erklärung beigefügt sind. Viele dieser Namen sind seitdem neuern und gründlichern Forschungen

Auf den Granittafeln der Palastwände der alten Thebä wie an vielen andern sind die Großthaten der Sesostriden, ihrer Erbauer, ganz so wie auf den Ruinen zu Persepolis, auf den schwarzen Marmorwänden, die Großthaten der Achämeniden; wie auf den weißen Alabastertafeln in Ninive oder Nimrud und Khorsabad die der Assyrischen Könige aus ältester Zeit abgebildet. — Kunstvolle Relief-Sculpturen in Luxor, stellen außer religiösen Feiern und Opferfesten zum Dank für ihre Götter auch Festgepränge, Triumphe, Pompaufzüge, aber auch Eroberungszüge selbst, mit ihren Schlachten, Erstürmungen von Festen oder Städten, zu Lande und zu Wasser mit Flotten, dar. Sie geben geographische Daten von höchster Wichtigkeit über einen großen Theil der subtropischen Erdrinde. Denn die Producte der tributbringenden Völkerschaften in Naturalien, und die verschiedensten Völker selbst, sind in ihren einheimischen Trachten und Gebräuchen mit abgebildet, und Malereien geben ihnen ihre eigenthümlichen Farben. Die Racenverschiedenheiten sind aus ihren Formen und Physiognomien, in weiß, roth, braun, schwarz genau unterschieden. Die Bilder enthalten Pflanzen, Thiere, wie Menschengestalten in ihren charakteristischen Formen. Elfenbein in Elephantenzähnen, indische Holzarten in schwarzem Ebenholz, fremde Früchte und Thiere, wie Giraffen und andere, Festungen und Schiffe verschiedener Bauart, sind in zahllosen Bildern dargestellt. Man unterscheidet die Meereswogen, welche die Flotten

---

und den glücklichsten Entzifferungen gefolgt, die jetzt schon jede Kritik bestehen. Die Forschungen von Wilkinson, Topography of Thebes, von Rosellini, Le Normand, Roger, Prokesch, Parthey, Lepsius Chronologie der Aegypter, setzten die begonnenen Studien über diese Monumente fort, die so lehrreich für die Geographie geworden. Will. Osburn Monumental History of Egypt from the first Colonisation of the Valley of the Nile to the Visit of Patriarch Abraham and Exodus of Moses. Vol. I. II. 1854.

der Seeschiffe durchschneiden, deutlich von den Flußwellen der süßen Landströme und den Flußschiffen.

In Aegypten waren die Krieger nur Fußvolk, ihre Führer, wie in dem Trojanischen Kriege, nur Wagenlenker; Reiterei kannten die Aegypter nicht. Reiter können daher nur bei den Heeren asiatischer Völker erscheinen, in deren Länder die Eroberungen der Sesostriden fortschritten. Die Trachten der Feinde am Großen Strom zeigen in ihrem Federschmuck und den bunten Cattunen, daß die Aegypter bis zu den indischen Völkern am Indus oder Ganges vordrangen, und Diodor bestätigt das. In der Grabkatakombe eines Königs Totmes II. ist ein ganzer Zug asiatischer Völker mit Pferden und zwei Elephanten abgebildet, die damals weder in Aegypten noch in ganz Vorderasien gezähmt wurden, also Verkehr mit Indien jenseit des Ganges beweisen, woher auch Alexander d. Gr. den ersten Elephanten holen ließ. Sehr charakteristische, verschiedenartige Landschaften mit ihren Architekturen sind ebenfalls abgebildet. Bei diesen sind die Namen von Personen, Völkern, Königen, Ortschaften in Hieroglyphen beigefügt. Sie bedürfen noch mancher Entzifferung; aber manche sind auch evident. In der Endung apuro am großen Strom sind die Namen der Städte am Indus und Ganges, die auch heute noch so häufig dieselbe Endsilbe pura d. i. Burg im Sanskrit, tragen, leicht zu erkennen, wie Hastinapura, Balpur, Singapura u. a. In Iran am Indus kommen die Kriege mit den Cheto oder Ksheto vor; es sind die Ktschetria, wie noch heute in Indien am Indus die Kriegerkaste heißt, die alten Vertheidiger Indiens, die da ihren Hauptsitz hatten. Auch Namen, die an Skythische Völkerschaften erinnern, kommen in Nordost-Iran vor. Schari (Suri) ist nichts anderes als Assur, Assyrien; Naharina ist das Aram-Naharaim, Mesopotamien; Rumi Armenien. In Arabien ist Kampf mit Löwen abgebildet. In Westasien werden in den

Papyrusrollen der Sesostridenkriege häufig Juni und Luki genannt, Jonier und Lycier. In den äthiopischen Kriegen und den Abbildungen der Vorderasiaten sind die Köpfe der Araber, der Juden, der Aethiopen, der Neger deutlich zu unterscheiden.

Alle diese Abbildungen setzen schon eine genauere Kenntniß von den Zuständen und Productionen sehr weit von einander abstehender Länder und Völkerstämme der südlichen Breiten der Erde voraus.

Wie nun durch die Eroberungen der Sesostriden unter den Aegyptern Kunde fremder Länder verbreitet wurde, so kam auf demselben Wege unstreitig die älteste geographische Kenntniß vom Orient, den äthiopischen Landschaften und dem Nilthal nach dem Occident: ebenso, wie späterhin in einer mehr nördlichen Erdbreite über den griechischen Archipelagus durch Alexanders Siege sich die erste Kunde dahin von Ober-Indien und dem skythischen Innerasien verbreitete; ja, wie noch einmal im Mittelalter durch die Kreuzzüge den germanischen Völkern Westeuropa's die Länder der Muhamedaner anfingen bekannt zu werden.

Das neuerwachte Studium der Aegyptischen Antiquitäten und die Entzifferung ihrer Hieroglyphen zeigt den großen antiken Reichthum an Erfahrungen und Kenntnissen, den die Aegypter, wie in vielen andern Fächern, so auch im Gebiete der Erdkunde, unabhängig von allen uns später bekannt werdenden Culturvölkern, sich schon im höchsten Alterthum erworben hatten. Wir halten es daher für sehr wahrscheinlich, daß die Mosaische Völkertafel ebenfalls aus dieser Quelle ihre übersichtlichen Daten geschöpft hat. Ihr großer und weiter Umfang spricht dafür.

Sie reicht im Norden von Thiras (Thracien) zu den Gomer und Thogarma (Armenier), zu den Quellen des Euphrat und Tigris über Assur und Ninive, bis zu den Madai (Meder), Elam (Susianer) und Paras (Perser). Südwärts geht sie bis zu den Joktan am Südende von Arabia felix, dessen Bewohner sich auch heute noch Joktaniden nennen. Dann blickt die Tafel über das Erythräische Meer zu den Chuschiten (Afrikaner), die sie Mizraim (Aegypter), Sabtha oder Sabota (Sabäer), Hevila oder Chevila (ob Aila?) und Nub nennt, d. i. die heutigen Nubier und Aethiopen. Gegen West reicht sie bis Elischa, Elis der Griechen im Peloponnes, nach Kaphtor (Kreta), nach Chittim (Cypern) mit Sidoniern, Phöniciern. Die Raema und Dedan sind arabische Stämme im äußersten Ocean und am persisch-erythräischen Meere, gegen den Indus hin, die östlichsten Völkerstämme der Tafel.

Die Resultate der jüngsten chronologischen, antiquarischen und philologischen, mit zuvor noch unbekannt gebliebenen Hülfsmitteln angestellten Forschungen, zumal der vielen aufgefundenen Inscriptionen, werden auch bald ein helleres Licht über diese älteste Urkunde verbreiten. [1])

Späterhin sind die Aegypter allerdings mehr nur auf ihr enges Nilthal beschränkt geblieben. Ihre directen Verbindungen mit der Fremde hörten auf: innere Zerwürfnisse ihrer vielfach sich spaltenden Dynastien traten ein. Doch erneuerten sich jene Eroberungszüge noch einmal durch die Landkriege gegen Jerusalem, die Assyrer und die Euphratländer, zuletzt unter Pharao Necho (600 v. Chr.). Ueberfälle von außen setzten auch dieser Periode ein Ziel. Das Schicksal der Aegypter seit Cambyses' Eroberung ist bekannt. Seitdem konnten sie wenig oder nichts mehr zum Fortschritt der Allgemeinen Erdkunde beitragen, bis auf Eratosthenes und Claudius Ptolemäus, die ersten astronomischen und mathematischen Geographen in Alexandria,

---

[1]) Knobel's Völkertafel der Genesis 1850. Rawlinson's u. A. Entzifferungen an Ninive und Susa Monumenten.

die freilich als Griechen nur in Aegypten lebten, unter dem Schutze der Ptolemäer und der Römer.

Phönicier (Karthager).

Die Phönicier sind gleichzeitig mit den continentalen Aegyptern das Volk gewesen, das von der Meeresseite her noch in viel weiterem Umfange den Erdkreis kennen lernte, ein maritimes Handelsvolk. Asien lag ihnen im Ost, Afrika im Süd, Europa im Norden. Sie selbst aber betrachteten sich als den Mittelpunkt zwischen den Dreien. Daher dachten sie sich zuerst das Ganze der Erde in die drei großen Abtheilungen zerlegt, eine Eintheilung, welche die Griechen von ihnen annahmen. Die Namen dieser Erdtheile, Europa, Asien, Libyen (Afrika) haben wir bis heute beibehalten.

Tyrus wie Aruad (Aradus) im Süden und Norden, und Sidon in der Mitte zwischen beiden, waren die berühmtesten ihrer Städte; die beiden ersten die Töchter der weit älteren Sidon (d. h. Fischerort), deren Bewohner, wie ihr Name zu verstehen giebt, zuerst aus dem nomadischen Leben ihrer Stammväter zum Fischer- und Schifferleben fortschritten. Tyrus wie Aradus lagen auf Inseln dicht an der phönicischen Küste an Vorgebirgen, heute Sur und Ruad. Noch zweimal wiederholen sich diese Doppelinseln mit denselben Namen weiter im Osten: einmal am Eingange des persischen Meerbusens, dem spätern Ormuz gegenüber; dann im innern Winkel des persischen Meerbusens, jetzt die Inseln Bahrein, der Sitz der Perlenfischerei. An beiden Localitäten lagen zweimal zwei Inseln beisammen, die immer Tyrus und Aradus hießen. Nach Strabo XVI. 766 sollen die Bewohner der Inseln Tyros (auch Tylos) und Arados im persischen Golf behaupten, daß die gleichnamigen Städte und Inseln der Phönicier von ihnen ausgegangene Ansiedler seien (ἀποίκους ἑαυτῶν). Herodot I. 1 und VII. 89 sagt, die persischen Logoi oder Annalen — und die Perser seien unter allen Völkern am besten in der Geschichte unterrichtet — erzählten, die Phönicier wären vom erythräischen Meere (dem indisch-arabischen) zum mittelländischen Meere erst vorgerückt. Diese Stellen haben bei den neueren Auslegern schon die verschiedensten Deutungen, sehr oft und am gründlichsten von Movers Widerspruch erfahren. Die Namen der Inseln sind in der That bei verschiedenen Autoren manchen Veränderungen unterworfen. Aber Plinius nennt die heutigen Bahrein-Inseln doch auch Tylos und Tylos minor, wo er die ersten Anpflanzungen des Baumwollenbaumes erwähnt (XII. 21: Arbores vocant gossympinos). Dasselbe sagt vor ihm Theophrast in Hist. Plant. IV. 7. 7, und nennt die Insel Tylos; ebenso späterhin Ptolemäus Tylos und Arados. Noch zu Alexanders und Strabo's Zeiten standen dort phönicische Tempel; von dort holten die Kaufleute ihre Perlen und die Baumwolle von Gossypium arboreum, dem Baume, von dem Theophrast wußte, daß er in Indien einheimisch sei. Hier war wahrscheinlich die erste Baumwollenplantage in Vorderasien durch Tyrier angelegt. A. v. Humboldt im Kosmos II. 161 hält die Bahrein-Inseln nur für Handelsfactoreien der Phönicier.

Wir bleiben bei der ältesten Aussage Herodots stehen, wonach uns dies dreidoppelte Vorkommen dieser Insel- und Städtenamen als das dreifache Colonienpaar einer Einwanderung der Phönicier aus dem Osten nach dem Westen am wahrscheinlichsten wird. Den ältesten Ursitz eines im Orient so durch und durch schon in frühester Zeit bewanderten Volkes können wir eher am persisch-erythräischen, als am mittelländischen Gestade uns denken.

Als die größten Handelsleute auf Landkarawanenwegen und allerweiteste Seefahrer der Alten Welt besaßen sie die ausgebreitetste Länder- und Völkerkunde auf friedlichem Wege, und wußten im Orient wie im Occident Bescheid.

Im Orient wegen ihres Herkommens von da. Der Inhalt ihrer Geschichtschreiber geht bis auf die Jahre 1000 v. Chr. zurück, und wohl noch weiter, wenn auch der Name Sanchuniathon nicht einen Geschichtschreiber, sondern eine Sammlung heiliger Bücher der Phönicier bezeichnet (Movers Phönicier. I. 100). Berosus' des Chaldäers Kosmogenie ist erst später aus Cyrus' Zeit; des Philo von Byblos 9 Bücher sind vollends erst spätere Uebersetzung.

Unter den Orientsfahrten der Phönicier hat eine für uns besonderes Interesse. Gegen Osten schifften sie schon zu den Zeiten Davids und Salomos im arabischen Meerbusen und im erythräischen Meere — nach Ophir. [1])

Die Könige von Israel und Tyrus vereinigten sich damals im Bau ihrer Flotten am Hafen zu Eleath (Ailath, heute Aila) oder Ezeon Geber (Aszium der Araber, nach arabischem Manuscript des 10. Jahrhunderts — heute unbekannt). Von da schifften sie nach Ophir, um Gold, Elfenbein und kostbare Gewürze zu holen. Die Lage der beiden Häfen war bis in die neuere Zeit unbekannt geblieben. Ed. Rüppel hat sie erst 1822 wieder entdeckt. (Monatl. Correspondenz für Astronomie von Zach Bd. VII. — Aufnahme und Messung am Golf von Akabah. Aila 29° 31′ N.B.) Ueber die Lage von Ophir ist man noch in Zweifel. Ob es an der Küste von Ostafrika im goldreichen Sofala, in Südarabien Arabia felix, (wo in Yemen noch ein Ophirberg genannt wird), oder an dem Westgestade der indischen Halbinsel lag? Selbst in Ceylon hat man Ophir wiederfinden wollen. Die Producte, welche man zurückbrachte, waren aus-

---

[1]) Keil über die Hiram-Salomonische Schifffahrt nach Ophir und Tarsis. Dorpat 1834. Abweichend davon C. Ritter über Ophir im XIV. Bd. der Allgem. Erdk. S. 348—431.

ländischer Art, deren keines einen hebräischen Namen führt, das Gold ausgenommen, das man zuvor auch schon kannte, aber nun Ophirgold nannte. Das Schiff brachte Affen mit, die im Sanskrit Kapi heißen und nun von den Hebräern Kuph genannt werden. Pfauen, die wild in Vorderindien als der schönste königliche Vogel leben: Tukhi-im, in Dekan bei Tamulen noch heute. Sie brachten Sandelholz mit, das nur in Indien wächst und dort Algumin heißt. Auch Elfenbein, Schen habim im hebräischen Text, ein Wort das nur aus dem Sanskrit zu erklären ist, als Zahn des Habim, d. i. des Elephanten, der Ibha im Sanskrit heißt. Daher nach v. Schlegel selbst das später verstümmelte Wort Elephant aus Al-Ibha-dante (des Ibha Zahn im Sanskrit) entstanden zu sein scheint. Lassen hat die Etymologien aller im hebräischen Texte vorkommenden Namen als ursprünglich einheimisch in Indien nachgewiesen. Dies war weder in den arabischen, noch in den afrikanischen Sprachen möglich. Man kann daher mit ziemlicher Sicherheit die Westküste Vorderindiens als das Ziel der Ophirfahrt ansehen. [1])

Aber diese Annahme bleibt noch gegen abweichende Ansichten bedeutender Autoritäten zu vertheidigen.

In den Sanskrit-Annalen fand Lassen, daß etwa 1000 Jahre v. Chr., also gleichzeitig mit Salomo und David, ein

---

[1]) Bochart und Gesenius im Thesaurus hatten sich für die Südspitze Arabiens entschieden nach dem damaligen Zustande der blos arabischen Sprachkenntniß. Der gelehrte Quatremère (Mém. sur le Pays d'Ophir in Mém. d'Inscript. et Bell. Lettres. 1845. t. XV.) für die goldreiche Küste Afrika's, wegen des Goldes. Eben dahin neigt A. v. Humboldt im Kosmos II. S. 166, weil es ihm auffällt, daß neben jenen allerdings indischen Producten doch andere, nicht weniger ächt charakteristische Producte des heutigen Indiens, wie Seide, Baumwollenzeuge, Gewürze, Zimmet, Weihrauch u. s. w. nicht mitgebracht wurden; dagegen so vieles Gold, das heutzutage in Indien zu den Seltenheiten gehört. Es scheine daher Ophir nur eine allgemeine Bezeichnung productenreicher Küstenländer zu sein, wie etwa unser Ausdruck Levante.

Sanskritvolk, Abhira genannt, vom obern Indus zum Indusdelta vorgerückt war, also zu derselben Zeit, als überhaupt brahmaische Sanskritstämme sich über die Indus- und Gangesländer ausbreiteten. Dies Volk brachte Goldschätze aus seiner Gebirgsheimath mit, denn in allen Himalayathälern des obern Indus könnte noch heute ein reichliches Gold aus der Tiefe gegraben werden; damals war es noch leichter aufzulesen. Denn es lag noch als Geröll an der Oberfläche, wie es in Californien und in allen gefeierten Goldländern der frühern Zeit, am Ural, in Ungarn, in Haiti, Cuba, allen Antillen, Mexico zur Zeit der Entdeckungen der Fall gewesen. Ist das Gold mit leichter Mühe von der Oberfläche abgelesen, und fordern die unterirdischen Schätze saure Arbeit, so wendet sich die bequeme Raubgier von solchen Strichen ab. So hört auch der Goldruhm Indiens nach der Ophirfahrt auf, weil man die schwere Arbeit des tieferen Erzbaues scheute oder noch nicht verstand. Aber geblieben sind die Goldschätze bis heute; nur sind die Hindu keine Bergleute. Das Volk der Abhira (Aphir oder Ophir) war zu den Indusmündungen vorgerückt, wo späterhin der Markt von Barygaza so berühmt wurde für den Handel der Abendländer. Nur von ihnen konnten die Salomonischen Flotten alle Producte des Nordens von Indien mit den Sanskritnamen, die des Südens von Indien, aus Dekan, mit den tamulischen Namen, erhalten und eintauschen. Denn der Marktort von Barygaza lag zu Alexanders Zeit und bis in die späteste Römerperiode als das Hauptemporium für alle westlichen Schiffer auf der Grenze von Nord- und Südindien, eben da, wo im Mittelalter zur portugiesischen Zeit Diu, Camboya, Goa lagen, und heute Baroda und Bombay, die großen Handelsmärkte der Engländer blühen. Die phönicischen Steuerer der Salomonischen Schiffe waren also schon Ostindienfahrer, und ihre Flaggen reichten bald bis Ceylon.

Auf den Occident lenkte die Phönicier frühzeitig die Configuration des gegen den Atlantischen Ocean geöffneten mildern, weniger stürmischen mittelländischen Meeres, auf dem die Schifffahrt leichter war, als auf dem erythräischen. So kamen sie zuerst zu den vorliegenden Inseln, nach Aegypten, dann erst zu den Syrten bis Iberien. Ueberall legten sie Colonien an, die für sie, wie für die Nachwelt, eben so viele Entdeckungen waren. Cypros (Cypern, Kupferinsel), Rhodos, Creta (Kaphtorim), Sicilien (Weizeninsel, Westhälfte), Küste Barce, Karthago, Utica, Leptis, Sardo (Sardinien), Iberien (Südspanien), Tartessus (früher Dertzosa, Tortosa nach Redslob an der Mündung des Ebro) bis nach Gadir (Cadiz), ihrem ersten oceanischen Hafen jenseit der Säulen des Melicerthus (Hercules), der Meerenge von Gibraltar. Hier öffnete sich ihnen zuerst der freie Ocean. Welche große Entdeckung für die Völker einer umschlossenen mittelländischen See! Bei Phöniciern lernte man nun die ersten Kenntnisse des Oceans, und der Name Okeanos von Og und Ogen, der phönicischen Bezeichnung desselben, der Allumfasser, ist noch ein dauerndes Denkmal dieser Entdeckerzeit. Griechen wie Römer nahmen ihn von den Phöniciern in ihre Sprache auf.

Damals war die Periode, wo nach des Propheten Jesaias (Cap. 23) Worten Kaufleute und Schiffherren von Tyrus die Fürsten im Lande waren, und die Herren auf dem Meere, wie die Sesostriden auf dem Lande.

Die Entdeckungsreisen der Phönicier setzten die Karthager, ihre Enkel, im Westen in ungleich großartigerm Stile fort. Nach Süden drangen sie auch zu Lande durch ihre Karawanen nach Libyen und Nigritien; durch Hannibals kriegerische Feldzüge ward Iberien, Gallien, Italien aufgeschlossen. Viele ihrer Entdeckungen sind für uns verloren gegangen. Von den historischen einheimischen Quellen haben wir nur zu beklagen, daß fast keine der unzähligen bis zu uns, und keine in ihrer Reinheit, in ihrer einheimischen Sprache überliefert ward. Ein einziges Fragment ihrer Schifferberichte, ihrer Küstenfahrten hat sich erhalten, und auch dieses nicht in karthagischer Sprache, die von der Erde vertilgt wurde durch ihre Sieger, sondern in griechischer Uebersetzung. Es ist der Periplus des Hannon [1]) an der Westküste von Afrika, die Umschiffung des heutigen Atlasgebirges und der Gestade von Marocco bis Cerne. Hannon, ein karthagischer Feldherr, befehligte die Flotte: sie fuhr von Karthago aus längs der Nordküste (des heutigen Algeriens) westwärts in das Atlantische Meer. Die Karthager hatten beschlossen, Hannon sollte an der Küste Libyens Städte anlegen, und dazu schifften sich 30,000 Männer und Weiber mit Zubehör ein. Am Eingange des Atlantischen Oceans wurde dem Melkarth, dem karthagischen Hercules, geopfert und um glückliche Fahrt gefleht. Die Küstenschifffahrt auf 60 Schiffen (dabei funfzigrudrige), auf jedem 500 Mann an Bord, erreichte die ferne Insel Cerne, die uns unbekannt (ob Goree am Cap Verde?). Sie kamen zum großen Südhorn, Abendhorn, *Ἑσπέρου κέρας*, Cornu Austri (Cap Verde? Cap Palmas?), weiterhin zum *Θεῶν ὄχημα*, Deorum vehiculum, Götterwagen, einem hohen Berg in einer Meeresbucht (ob Guinea?), bei größter Hitze an vielen Feuerströmen (Vulkane?) vorüber, die sich in das Meer ergossen, bis man zu den sehr heißen Küsten mit aromatischen Düften, aber auch zu Inseln ganz haariger wilder Menschen — ***Γορίλλας***, Gorgides oder Gorgones bei Plinius — wohl Affen, gelangte. Von den Männern konnte man keinen fangen, sie kletterten über alle Klippen schnell hinweg und warfen mit Stei-

---

[1]) Wahrscheinlich der Bericht des Admirals selbst, den er dem Senate von Karthago abstattet. Der Text in griechischer Uebersetzung im ersten Band der Geographi Graeci Minores ed. Hudson. Oxon. 1698. Vgl. Plin. II. 67. V. 1. VI. 36.

nen; von den Weibern wurden drei gefangen und getödtet [1]). Hier gingen die Lebensmittel aus, deswegen kehrte man in das Mittelmeer zurück. Am wahrscheinlichsten ist die Fahrt wenigstens bis zu dem weit vorspringenden Cap Verde der spätern Zeit vorgedrungen, vielleicht bis zum Cap Palmas. Die nächste Ausdehnung der Fahrt wäre die Erreichung des Wendekreises am Cap Blanc und der Insel Arguin gewesen. Es kommt auf die Berechnung der angegebenen Tagfahrten an, ob die karthagische Flotte an jedem Tage höchstens 16—20 Stunden, wie Rennell schätzt, oder mit Strömen und Winden die doppelte Entfernung zurücklegen konnte, wie Bougainville meint. Darüber giebt der Text keinen Aufschluß. Arrian Indic. 43. sagt sogar, die Fahrt sei 35 Tage immer gegen Aufgang geschifft, statt gegen Süd. Auf jeden Fall war es eine sehr große See-Expedition, immer an unbekannten oceanischen Küsten hin über 300—400 geographische Meilen weit, die nur von Barbaren bewohnt waren. Eben so unsicher ist die Zeit der Expedition. Gosselin in seinen Recherches (II. 49. 6) setzt sie in das Jahr 1000 v. Chr., also gleichzeitig mit der Salomonischen Ophirfahrt; Bredow um das Jahr 770 (in Untersuchungen über Alte Geschichte u. Geogr.); Hug im Freiburger Programm 1808 und Heckert in seiner Geschichte und Geographie der Römer I. 60 um das Jahr 500 v. Chr. Kluge (Hannonis Periplus. Dissertat. 1828 mit revidirtem Text) setzt diese Küstenfahrt am wahrscheinlichsten in das Jahr 509 v. Chr. Späterhin, nach der Zerstörung Karthago's (146 v. Chr.) unternahm Polybius, auf Befehl seines Gönners, des Publius Cornelius Scipio Africanus, 145 mit einer römischen Flotte eine Kriegsexpedition gegen den Westen, um die Colonien der Karthager

[1]) Die Häute hingen noch zu Scipio's Zeit im Tempel des Melkarth zu Karthago.

jenseit der Säulen des Herkules zu erforschen und wahrscheinlich zu zerstören. [1]) Polybius, der berühmte Historiker, hatte sich in Karthago's Archiven eine genaue Kenntniß von ihren westlichen Fahrten verschafft. Er brauchte sicher auch Karthagische Piloten zur ersten oceanischen Fahrt, welche die Römer ausgeführt haben. Einen kurzen Auszug aus Polybius' Bericht hat Plinius (Hist. Nat. V. 1). Darin nennt er manche neue Namen von Flüssen, Bergen, Orten; aber nur jenseit des Atlas bis zum Promontorium Hesperium und zum Theon Ochema drang er vor und zu den Pharusiern. Also nicht weiter, als die Karthager gegangen waren. Wenn späterhin Strabo (XVII. 826) erzählt, an den südlichen Uferbuchten von Westafrika lägen 300 Städte und Ansiedelungen der Tyrier, aber verödet, welche von den Pharusiern und Nigriten (Negern?) zerstört seien; so kann das wohl nur aus karthagischen, für uns verloren gegangenen Berichten genommen sein; ebenso was die Römer späterhin von den dortigen Atlantischen Inselgruppen erzählen. Dies die älteste Entdeckungsgeschichte von Afrika im Westen.

Festus Avienus und Plinius berichten, daß zu gleicher Zeit mit Hannon auch Himilko an die oceanischen Küsten Europa's geschickt sei. Vier Monate sei er unterwegs gewesen. Aber Wirbel, Schlamm und Dunkelheit habe ihn von dieser Fahrt zurückgeschreckt — Aussagen, die als Schiffersagen sich bald weiter verbreiteten. Die Dunkelheit könnte wohl auf eine weitere Fahrt in die nördlichen Breiten sich beziehen. Der Meeresschlamm scheint nicht ganz erfunden: denn auch Columbus' Gefährten und manche andere Schiffer früherer Jahrhunderte schreckten die schwimmenden Wiesen des Seetang, Sargasso (Fucus articulatus), in welche ihre Schiffe sich verwickelten und in weiterm Laufe gehemmt wurden, von weiteren Wagnissen zurück.

[1]) Polyb. Hist. III. 59. u. Exc. XVI. 29.

Sie nehmen nach A. v. Humboldt's Untersuchungen in der hohen See des Atlantischen Oceans in der Höhe der Azoren sehr große Strecken ein, und werden von den oscillirenden Wogen hin und her getrieben, behaupten aber doch ihre Stelle. Bis dahin mögen also wohl die karthagischen Nautiker geschifft sein. [1])

Auf diese Weise folgten die Römer bei der Beschiffung der äußern Meere den Karthagern, als Lehrmeistern. Sie nennen sie aber nirgends als solche, wie etwa in neuesten Zeiten die Franzosen keine Vorgänger bei Deutschen und Engländern zu nennen pflegen, sondern sich alles selbst und allein zueignen. Gewiß sehr viele geographische Kenntnisse, die wir seitdem erst bei den spätern Römern finden, sind aus karthagischen Quellen geschöpft. Uns sind sie leider gänzlich verloren gegangen, wie z. B. Marinus Tyrius. Die Araber in den ersten Jahrhunderten des Khalifats kennen diesen Schriftsteller sehr gut und citiren ihn häufig. Massoudi (943 schrieb er seine „Goldenen Wiesen — Moroudi Aldzeheb") sagt ausdrücklich in seinem letzten Werke, das er noch am Ende seines Lebens niederschrieb (im Jahr 956), daß er den Tractat des Marinus von Tyrus mit den begleitenden Karten benutzt habe. Der griechische Text ist für uns verloren, wir kennen nur den Gebrauch, den Ptolemäus davon gemacht: ein sehr zu bedauernder Verlust.

[1]) Gosselin Recherches sur la Géogr. des Anciens. 4 Th. (Bredow's Deutsche Bearbeitung). Heeren Ideen über Politik, Verkehr und Handel der Alten Welt. 2. Aufl. Hamacker Miscellanea Phoenicia. Lugd. Bat. 1828. Lelewel, Die Entdeckungen der Karthager und Griechen auf dem Ocean. Aus dem Polnischen. 1831. Gesenius Scripturae linguae Phoeniciae Monumenta. Lips. 4. 1837. 2 voll. Movers Phönicier. 3 Th. Berlin 1850. Schmeckel Geographische Uebersicht der Phönicischen Colonien. Programm. Merseburg 1836. Die Ergebnisse sehr wichtiger Forschungen an Ort und Stelle bei Dr. Heinr. Barth Wanderungen durch das Punische und Kyrenäische Küstenland, und Mogreb, Afrika, Barkia. Berlin 1849 mit Karten.

Und wie viel ist sonst noch verloren! Ein Volk wie das Phönicische, welches das erste Lautalphabet erfand, das zu allen andern Semitenstämmen überging und auch zu den Griechen übergehen konnte, hatte sicher eine reiche Literatur, wenn auch ihre Monumente und Inscriptionen bis jetzt nur wenig Bedeutendes geliefert haben: Namen unbedeutender Personen, keine Actenstücke der Geschichte, kein historisches Factum von allgemeinem Interesse. Den Sarkophag des Königs Esmunazor von Sidon mit Inscriptionen hat der Herzog von Luynes (Paris 1856) beschrieben. Aber welche Zerstörung auch haben Tyrus und Karthago erlitten seit den assyrischen und macedonischen, den römischen Vernichtungskriegen! Aus den Trümmern der alten Städte sind in der Nachbarschaft römische Orte gebaut, eine Menge von Baumaterial ist auch sonst verschleppt, Verbrennung der Marmore zu Kalk war allgemein. Auch von der Literatur haben wir in Sanchuniathon, Berosus, Philo von Byblos nur Fragmente oder spätere Bearbeitungen, wie von Marinus von Tyrus bei Ptolemäus. Josephus c. Apion. (T. II. p. 447) bezeugt, daß die Monumente der Punischen Nationalhistorie seit langen Zeiten auf das sorgfältigste in Tyrus aufbewahrt würden. Schon als Josua bei der Eroberung in Canaan eindrang (Jos. 15. 15), wird die besiegte Stadt Kiriat Sefer bei Hebron, die Stadt der Bücher, der Landesarchive, genannt. Das gerettete Fragment der Sanchuniathon Kosmogenie bei Eusebius, nach Philo's griechischer Uebersetzung, bleibt als das fast einzig aus phönicischer Literatur erhaltene von hohem Werth zum Beweis ihrer Existenz.[1]) Die Historien von Tyrus, welche Josephus, Tatian, Clemens von Alexandrien und Eusebius citiren, waren zwar wohl griechisch geschrieben, aber

[1]) s. Cosmographia et Theologia Phoenicum Sanchuniathon. ed. Orelli. Lips. 1826.

doch unstreitig nach phönicischen Quellen; ebenso wie Menander, Dius, Hieronymus Aegyptiacus u. A., die alle verloren sind. Strabo XVI. 757 nennt den Philosophen Moschus von Sidon, der vor dem trojanischen Kriege gelebt und geschrieben. Auch Karthago hatte seine Archive, die durch die Römer untergingen. Ihnen war daran gelegen, daß die Kriegsberichte des Hannibal nicht erhalten würden; sie mochten schwerlich mit denen bei Polybius und Livius übereinstimmen. In ihnen würde aber Vieles über Phönicien sich erhalten haben. Mago hatte in punischer Schrift ausgezeichnete Werke über die Agricultur geschrieben, von denen wir nur Auszüge besitzen. Polybius hat den Friedenstractat Karthago's mit Rom 509 v. Chr. aufbewahrt (III. cap. 22—25). Viele Tractate dieser Art waren mit Römern, Siciliern, Iberischen, Afrikanischen Königen abgeschlossen; sie mußten im Archiv des Senates in Karthago aufbewahrt gewesen sein. Als diese Capitale durch die Römer erobert ward, befand sich in der Stadt eine Bibliothek, die aber von den stolzen Römern, denen die punische Sprache fremd blieb, gering geachtet wurde. Scipio, sagen römische Autoren, habe sie an Masinissa und andere ihrer Bundesgenossen-Könige überlassen und an sie vertheilt. So wird die Armuth der Ueberreste karthagischer Literatur begreiflich. Vergeblich hat man sich in neuer Zeit geschmeichelt, etwa in Timbuctu oder in andern innerafrikanischen Städten die Fäden, die von Karthago bis dahin reichten, wieder aufzufinden. An Sagen über Karthago's Glanz und Größe fehlt es im arabischen und portugiesischen Mittelalter am Senegal und Nigerstrome nicht.

Sicherer als ihre Literatur haben die Phönicier ihren Fabrikfleiß, ihre Schifffahrt, ihre Entdeckungen, ihre Glasfabrikation, ihre Purpurfärbereien auf die Nachwelt vererbt: aber die Herren der Erde sollten sie nicht werden. Ihre Schattenseite tritt in vielen ihrer verderblichen Einrichtungen für das Menschengeschlecht deutlich hervor. Sie mußten vom Schauplatze der großen Weltgeschichte zurücktreten. Ihr Asiatismus sollte die Völker Europa's in ihrer eigenen, selbstständigen Entwickelung nicht gefährden.

Auf ähnliche Weise wie den Karthagern im Westen durch die Römer, war es den Phöniciern durch die Griechen im östlichen Becken des Mittelländischen Meeres ergangen. Die pontischen und kaspischen Küsten, Inseln und Meere beschifften sie im hohen Alterthume, nordwärts bis in das heutige Rußland hinauf bis zur Krim und zur Mündung des Tanais (Don). Aber auch da bleiben ihre Erfahrungen aus ihrem eignen Munde uns unbekannt. Nur aus den Homerischen Gesängen wissen wir im Allgemeinen, daß sehr viele phönicische Handelsleute dort, im griechischen Archipelagus, und an der Nordküste Kleinasiens umherschifften. Auf den zahllosen Inseln und an allen Küsten Kleinasiens und Griechenlands landeten sie um Tauschhandel zu treiben, und zugleich als Corsaren auf Seeraub, Plünderung und Menschenfang auszugehen. Sie machten alle dortigen Gewässer gefahrvoll, wie in den spätern Jahrhunderten die Algierischen Barbaresken die westlichen Seen des Mittelländischen Meeres. Mit der Ausbildung der griechischen Küstenstaaten und Colonien in Kleinasien, wie in Sicilien und Großgriechenland, wurden diese östlichen Punier jedoch bald aus jenem Binnenmeere verdrängt. Die Griechen bereicherten sich jetzt nicht nur mit ihrem dortigen Handelsverkehr, sondern auch mit ihren geographischen Kenntnissen; vor Allen Miletus. Die rastlosen Milesier legten rund um die Küsten des Pontus, an denselben Stellen, wo Phönicier vordem Handel mit den Anwohnern getrieben, nun ihre eigenen Colonien an, und Andere folgten. [1]) So blühete dort in kurzer

[1]) Heyne Opuscula academica. Gott. 1787. T. II. III. Hegewisch Geographische u. histor. Nachrichten über die Colonien der Griechen. Raoul-Rochette Colonies des Anciens. Movers Phönicier Th. III.

Zeit um den Euxinischen Pontus ein Kranz zahlreicher griechischer Coloniestädte auf, wie Istropolis, Olbiopolis, die Borysthenitenstadt, Phanagoria, Panticapäum, Sindica, Sinope u. a. Diese wurden bald durch ihren Reichthum berühmt, wie durch die neuen Wunderdinge, die man dort von fremden Ländern und Völkern zu hören bekam. Milesischer Reichthum, Milesische Mährchen wurden zum Sprüchwort. Sehr frühzeitig begegnete man hier, zumal in Sindica am Phasis, indischen Handelsleuten, mit denen die Jonier lange vorher in Geschäften standen, ehe Indien den Griechen und dem übrigen Europa bekannt ward.

So erweiterte sich durch die Phönicier zuerst die Kenntniß des Euxinischen und Kaukasischen Nordens. Aber die Milesier und ihre Stammgenossen, die Griechen, trugen die Frucht davon. Sie wurden reich und mächtig, die unkriegerischen Phönicier wichen ihnen in jenen Meeren aus und suchten sich andere, noch größere Gewinne verheißende Handelswege, die sie um so sorgfältiger in Dunkel und Geheimniß zu hüllen suchten. Und wirklich blieben sie Jahrhunderte hindurch ausschließlich die Händler mit den seltensten und kostbarsten Producten jener Zeit: Bernstein (Elektron), Zinn (Kassiteros) aus dem baltischen Norden, Silber aus Spanien (Tartessus), Elfenbein und Goldstaub aus den Syrtischen Buchten, Gewürze und Perlen aus den Erythräischen Meeren. Den Fremden erzählten sie nur die Schiffersagen und Mährchen von den Abenteuern und Gefahren ihrer fernen Seefahrten. Daher die Harpyen und Gryphen im Pontus Axeinos, die Gold bewachenden Ameisen, die Scylla und Charybdis bei Sicilien, das gallertartige Nordmeer u. s. w. Sie selbst aber verstanden die Anwendung der Sternkunde für die Nautik und die Nachtschifffahrt durch die offene See, schon vor den homerischen Zeiten. Griechen und Römer blieben noch lange Zeit nur Küstenschiffer. Nur so weit sie das Land noch erblicken konnten, wagten sie sich auf die See; aber sie machten nur Tagfahrten.

Die Römer wurden noch in den ersten vier Jahrhunderten ihres republikanischen Staates von Phöniciern und Karthagern, die im Angesicht von Latium die benachbarten Inseln Sicilien, Sardinien und Corsica besetzt hatten, ungemein beschränkt. Nach dem ältesten Handelstractate, den die Karthager im Jahre 509 v. Chr. (245 p. U. c.), nach Polyb. Hist. c. 22 in initio belli Punici, mit der römischen Republik abschlossen, durften diese in Schiffen kaum die Küsten ihres Territoriums von Latium überschreiten, mußten innerhalb der Tyrrhenischen See bleiben. Sie durften nicht gegen Westen nach Iberien segeln und handeln. Die Punier bestimmten ihnen die Vorgebirge, die sie nicht doubliren sollten, wie das Pulchrum Promontorium (*τὸ καλὸν ἀκρωτήριον*), das im Nordwesten von Karthago lag. Jede Fahrt der Römer durch die Säulen des Hercules suchten sie zu vereiteln. Strabo XVII. 802 sagt, wenn ein fremdes Schiff an Sardo vorüberfuhr, oder zu den Säulen des Hercules, so versenkten sie es in die Meerestiefe. Und III. 176: als später ein Römerschiff dennoch durch die Meerenge des Hercules hindurch einem karthagischen Schiffe zur Erforschung der Handelswege nachfolgte, ließ der Karthager sein Schiff aus Mißgunst absichtlich auf den Strand laufen, und zog dadurch auch den Römer, der ihm nachfolgte, in's Verderben. Er rettete sein Leben und erhielt reichen Ersatz für den Verlust seiner Waaren durch den Senat in Karthago.

Die Phönicier verfuhren nicht anders als in neuern Zeiten die Portugiesen, die sogar Todesstrafe auf Schifffahrt in ihren Gewässern und Verbreitung von Nachrichten darüber feststellten; und die Holländer als Gewürzkrämer, die sich Jahrhunderte dadurch ihr Monopol für ganz Europa sicherten und große Reichthümer erwarben. Aber die redseligen Griechen erzählten bald und gern, was sie durch Phönicier und Andere erfahren hatten. So ward Herodot (440 v. Chr.), der Vater der Geschichte, auch der Begründer der Geographie, selbst ein weitgereister griechischer Handelsmann, der jene Milesischen Colonien bis zu dem Tanais und den Kolchiern am Fuße des Kaukasus besuchte, wo er anfänglich seinen Geschäften nachging, und später seine Erfahrungen aufzeichnete. Durch ihn wurden die geographischen Geheimnisse der Phönicier, und auch die der Milesier, seiner Landsleute, im europäischen und asiatischen Norden offenkundig für die classisch gebildeten Völker.

Das Mittelmeer, den Pontus, den äußern westlichen Okeanos kennen wir nun als Schauplatz phönicischer Seefahrt. Aber auch im äußern Okeanos gegen Osten, im Indischen Meere schifften sie bis Ceylon, und in vielen indischen Häfen wehten ihre Flaggen. [1])

Daß sie auch im Süden der Oceane bekannt geworden, beweist die Herodotische Erzählung IV. 42. Der ägyptische König Necho (Nechao mit dem Zusatz Pharao oder Nekus II., 611—595 v. Chr.) nahm erfahrene Schiffer der Phönicier in seine Dienste, und trug ihnen auf, von dem Erythräischen (Rothen) Meere auszuschiffen, ganz Libyen zu umsegeln und durch die Säulen des Hercules aus dem Süden zum Nordmeer und zu den Nilmündungen zurückzukehren. Dieses beweist, setzt Herodot hinzu, allein schon, daß Libyen rings von Meer umflossen ist. — Und so wurden diese Phönicier die ersten Umschiffer Afrika's, worauf sie, nach Herodot's Erzählung, drei Jahre Zeit gebrauchten. Das ist die erste, freilich dunkle Kenntniß der Alten von der südlichen Halbkugel der Erde. Auch muß Necho

[1]) A. W. v. Schlegel hatte zwar hieran gezweifelt, aber doch nur aus einem negativen Einwurf, der nicht entscheidend sein kann: sie hätten niemals des indischen Elephanten erwähnt und ihn nicht gekannt. — Aber wie wenig ist von dem, was sie wohl kannten, auf uns gekommen. Eben der indische Name des Elfenbeins, den die Hiram-Salomonische Ophirfahrt durch phönicische Steuerer zurückbrachte (Schen habim, Zahn des Habim) beweist das Gegentheil.

wohl schon einige Nachricht von einer atlantischen Beschiffung des westlichen Libyen gehabt haben, wie sie von Phöniciern und Karthagern angebahnt war, um die Aufgabe stellen zu können, durch die Heraklessäulen zurückzukehren. Leider ist diese Erzählung bei Herodot nur sehr kurz und fast blos das Factum angegeben, weshalb mit so Vielem, was Herodot mittheilte, auch diese Angabe bezweifelt ist. Aber Mangel an historischer Kritik kann sich eben so sehr in unbegründetem Zweifel, wie in zu leichtem Glauben kundgeben. Unwahrscheinliches liegt gar nicht in der Erzählung. Ein sehr wichtiges Argument für die Wahrheit erscheint in Herodot's eignem Zweifel an dem Berichte. Denn die Schiffer hatten ausgesagt, bei der Umschiffung Libyens hätten sie die Sonne zur rechten Hand bekommen. Ihre Fahrt ging aber nach West. Das scheint Herodot unglaublich. Im Mittelmeere hatte man sie, von Aegypten nach den Säulen des Hercules oder von Tyrus nach Gadeira, schiffend, allerdings zur linken Hand, d. i. gegen Süden. Auf der Südhalbkugel ist dies aber umgekehrt: da steht die Sonne in der Mittagsstunde dem Schiffer gegen Norden. „Ich kann das nicht glauben, sagt Herodot offenherzig; vielleicht giebt es Andere, die dies glauben können." Sein Unglaube ist ein entscheidender Beweis für die Fahrt. Leute, die keine astronomisch-geographische Theorie besaßen (aus der sich ergiebt, daß dies nur in der südlichen Halbkugel stattfinden kann), konnten dies nicht erzählen, ohne es wirklich erfahren zu haben. Und daß sie es erfahren, ist, wie bemerkt, gar nicht unwahrscheinlich. Waren sie jenseit des Wendekreises des Steinbocks gekommen, über Mombaza und Zanzibar, so war die Schwierigkeit ihrer Fahrt überwunden, und kein andrer Grund tritt dagegen auf, die Vollführung zu leugnen. Die Küstenströmungen Südafrika's und die Winde waren ihnen gegen Süd und West sogar günstig. Das hat J. Rennell bewiesen in seinen Researches on the Geographical System of Herodot. Lond. 1830.

Heeren, Schlegel, Humboldt sind dafür. Daß die vorgefaßten irrigen Begriffe der Alten von der Gestalt der Erde dadurch so wenig berichtigt worden, ist nur ein Beweis, daß die Entdeckung (von der übrigens jede weitere Anwendung fehlte) für ihre Zeit zu groß war, um vollkommen verstanden und ermessen zu werden. Sie war die einzige in ihrer Art, und für jene Zeit weit schwieriger zu begreifen, als die des Columbus gegen Westen zu der seinigen. — Die großartigen Unternehmungen Necho's werden durch die Wandgemälde und Sculpturen seiner Katakomben bestätigt. Belzoni fand bei Thebä unter den dortigen vielen Königsgräbern auch das prachtvoll gearbeitete des Pharao Necho auf; sehr zahlreiche hieroglyphische Inscriptionen, Berichte über seine Thaten und Regierung harren noch ihrer Entzifferung entgegen.

Damals war die Weltaufgabe der Süden, wie später der Westen und nachmals der Norden. Und nicht allein die Phönicier arbeiteten an ihrer Lösung.[1]) Herodot erzählt, der Persische König Xerxes habe den Sataspes, der einer vornehmen Perserin Gewalt angethan, zur Strafe aufgegeben, Afrika auf dem entgegengesetzten Wege zu umschiffen, nämlich durch die Säulen des Hercules auszufahren und durch den arabischen Meerbusen

---

[1]) Herakleides Ponticus der Platoniker, Verfasser des Buches περὶ πολιτειῶν, hat in einem Dialoge, den Strabo citirt, einen Magier aufgeführt, der behauptet hatte, auf dem Meere Libyen umschifft zu haben. Posidonius in einem Werke, das von Allen redet, welche die Seefahrt um Libyen herum gemacht haben, führt an, daß nach Herodot (der Text sagt irrig Darius) Necho Libyen umschiffen ließ, im Jahr 616 v. Chr. Dann erzählt er von Eudoxus Bericht der Umschiffung Libyens, und von aufgefundenen Schiffszeichen der Gadeirer auf dieser Fahrt. Plin. II. 67: Nepos Cornelius auctor est Eudoxum quendam sua aetate, cum Lathyrum Regem fugeret, Arabico sinu egressum Gades usque pervectum; multoque ante eum Caelius Antipater, vidisse se, qui navigasset ex Hispania in Aethiopiam commercii gratia.

zurückzukommen. Sataspes sei viele Monate ausgewesen, auch um das Vorgebirge Afrika's, welches Solonis heiße, herum geschifft, zuletzt aber, da der Weg immer länger geworden, von dem Unternehmen abgestanden, auf dem alten Wege zurückgekehrt, auf Xerxes Befehl aber auf einen Pfahl gespießt. Bekannt war demnach den Alten die Umschiffbarkeit Afrika's — schließt nach allem dem Ghillany in Martin Behaim 1850 S. 73 mit Recht — und den Phöniciern um so mehr bekannt, da sie an der Westküste Afrika's viele Colonien hatten. — Aber man hielt diese Nachrichten für Mährchen, bis die Portugiesen ihre Entdeckungsreisen an der afrikanischen Küste weiter ausdehnten und das Cap der guten Hoffnung erreichten. [1])

Die Kenntniß des Atlantischen Meeres, seiner Küstenländer und Nachbarinseln muß wohl zu gleicher Zeit durch Phönicier einen Fortschritt gewonnen haben. Die Canarischen Inseln liegen nur an 40 geogr. Meilen entfernt von der Afrikanischen Küste, am Südende des Atlasgebirges — es sind die Insulae Fortunatae bei Plinius VI. 37, der, nach karthagischen Berichten, von ihnen viel Merkwürdiges mittheilt, was früher auch unverständlich schien und für Fabel gehalten wurde. Durch die vortrefflichen Beobachtungen v. Buch's auf dieser Inselgruppe hat das ganze Capitel seine classische Erklärung erhalten. [2]) Die sogenannten Inseln der Seligen (das Elysion), die man noch weiter hinaus in den Ocean rückte, wie in den Homerischen Gesängen, sind nicht mit ihnen zu verwechseln. Sie gehören zu den idealen Gebieten, mit welchen überall die äußersten Fernen an

---

[1]) Auf Martin Behaim's Globus, der 1492 in Nürnberg gezeichnet worden, also 6 Jahre vor Vasco de Gama's Entdeckung des Vorgebirges der guten Hoffnung, ist Südafrika schon als umschiffbar dargestellt, so wie der Weg nach Ostindien schon angegeben. — Aber wie konnte der Name Caput bonae Spei dahin kommen?

[2]) Die Canarischen Inseln von Leop. v. Buch. Berlin 1825. nebst Atlas.

den Enden der Erde durch die Phantasie ausgeschmückt werden. Auch die beiden Purpurariae Insulae, die Plinius und Plutarch nennen, mögen schon von den Phöniciern entdeckt sein: sie werden mit ziemlicher Wahrscheinlichkeit für die später wieder aufgefundenen Inseln Madeira und Porto Santo gehalten.

Die Fahrten der Phönicier von Gades gegen den Norden hin sind in Dunkel gehüllt. Sie gingen um Bätica, Lusitanien und Iberien (das heutige Portugal und Spanien) zum Nordmeer nach Jerne (Ireland) und dem heutigen Britanien. Doch werden diese Namen noch nicht genannt. Aber dort wurden die zinnreichen Kassiteriden (Scilly und Cornwales) besucht, [1]) und weiterhin mit den jütischen, dänischen Inseln, vielleicht selbst mit den preußischen Nord- und Ostseeküsten Handel in Elektron (Bernstein) betrieben.

Die Handelsfahrten der Phönicier erstreckten sich also wenigstens von den Scilly-Inseln bis Ceylon. Sie haben unter den ältesten Völkern die umfassendste Erdkenntniß besessen und verbreitet.

Griechen.

Den Griechen verdanken wir nicht nur die Erweiterung der Kenntniß der Erde, sondern auch die erste Bearbeitung geographischer Wissenschaft.

Die älteste Entdeckungsfahrt, die noch in vorhomerische [2]) Zeit fällt, ist der berühmte Argonautenzug nach dem Pontus

---

[1]) *Κασσίτερος*, kostbares Metall, später Zinn, das damals sehr selten war und nur in Mesopotamien und einem Theile von Indien gefunden ward.

[2]) Homer nennt schon die Fahrt des Schiffes Argo, das er die *πᾶσι μέλουσα*, die allen am Herzen liegende, von der man gern singen und sagen hört, nennt, Odyss. XII. 70, obwohl dieser Vers für später ein-

Axeinos,[1]) in das Land der Kolchier. Die Erzählung ist fast eben so verschleiert und in Dunkel gehüllt, wie die Ophirfahrt bei den Hebräern.[2]) Sehr frühe ist die Fahrt von Dichtern besungen, aber diese Gesänge sind für uns verloren gegangen. Die auf uns gekommenen Argonautica wurden erst weit später verfertigt, wie die des Apollonius von Rhodus (2—400 n. Chr.) u. a. Sie wurden nur aus Fragmenten früherer Gesänge zusammengesetzt, sind daher in Beziehung auf Wahrheit und Dichtung schwierig zu beurtheilen. Vieles bleibt zweifelhaft, vieles dunkel. Aber in diese Gesänge eingewebte geographische Angaben weisen auf einen historischen Hintergrund, der nicht blos Erfindung der Dichter sein konnte (Tanais, Mäotis, Katarakten des Borysthenes, die Tumuli u. a.). Es ist darin die älteste Geographie und Ethnographie des europäischen Ostens und Nordens aus der phönicischen Zeit mitgetheilt, welche die spätere griechi-

---

geschoben gilt. Er kennt wohl die ganze Begebenheit, doch ohne Jason als Seefahrer zu nennen, oder das Ziel der Fahrt (Kolchis) zu bezeichnen. Die Homerischen Gesänge behaupten ein merkwürdiges Stillschweigen über die ganze Nordküste Kleinasiens und das Schwarze Meer. Und doch sind sie an den Eingängen der Bosporen und auf dem nahen Trojanischen Gebiete und an der Westküste so einheimisch. Schwerlich ist die Ursache jenes Stillschweigens wirkliche Unkenntniß des Kleinasiatischen Nordens. Schon Strabo XII. 553 vertheidigt Homer wegen seiner Unwissenheit vom Pontus. Viel eher, wie Uckert meint, ist der Grund des Schweigens, daß diese Küsten, als zu viel besungen durch die Orphiker, schon als bekannt vorausgesetzt wurden, und für den Dichter dort kein Feld der Phantasie war.

[1]) Die Griechen rühmten sich, jenes Meer zuerst zugänglich gemacht zu haben. Ihre Scholiasten geben die Etymologie, daß es aus einem ἄξεινος (ungastlichen) durch sie erst zu einem εὔξεινος (gastlichen) umgewandelt sei, ohne dabei der Phönicier zu gedenken. Karer und Kreter, welche vor ihnen auch schon dahin schifften, schildern sie als Räuber.

[2]) Strabo I. 46. Schönemann Commentatio de Geographia Argonautarum. Gotting. 1788. 4. — Uckert über die Argonautenfahrt. Weimar 1816.

sche Zeit gar nicht mehr kannte, die sich aber auch heute noch in vielen Punkten bestätigt, wie etwa in Camoens' Lusiade die Indische Welt des Mittelalters zur Portugiesenzeit.

Jeder Entdeckungsfahrt pflegt fast immer schon eine frühere Sage vorangegangen zu sein, gleichsam ihr den Weg gewiesen zu haben. So hier die Sage von der Ueberfahrt des Phryxus und der Helle, die mit dem Namen des Hellespontos als ein ähnliches Unternehmen, Reichthümer aus der Ferne zu holen, in Verbindung gesetzt wird. Denn das goldene Vließ der Kolchier gilt auch als Ziel der Argonautenfahrt. Hesiod (800 v. Chr.) läßt die Argonauten auf dem Schiffe Argo durch den Phasis in den Okeanos einschiffen; dann gegen Süd und West durch den Tritonis-See Libyens, oder den Fluß Triton, in der Gegend der Syrtischen Buchten im Westen der Cyrenais in das Mittelmeer zurückkehren. — Diese Art der Rückkehr, wobei das Schiff eine Strecke über Land getragen ward, hängt mit dem Cultus des Poseidon, der aus Libyen nach Griechenland versetzt wird, und mit der Ansicht der Griechen vom Ursprung der Flüsse zusammen. Viele Sänger folgten dem Hesiod nach. Die Tragiker, wie Sophokles, lassen die Argonauten denselben Weg der Heimkehr nehmen. Der Geograph Hekatäus von Milet, nach einer andern Theorie von den Quellen großer Ströme, die man damals aus dem Meere ableitete, ließ das Argoschiff lieber durch den großen Nilstrom aus dem Süden in das Mittelmeer einschiffen in den Pontus.

Der Süden wurde für die Griechen nach und nach aufgehellt; der Norden blieb länger in Dunkel und Fabel gehüllt. Daher ward für die späteren Dichter eine Rückkehr durch den wunderbaren Norden einem Zuge durch den nun schon seit Alexander aufgehellten Süden vorgezogen. Timäus (um 320 v. Chr.) und Andere hatten die Einsicht gewonnen, daß der Phasis nicht zum Okeanos hineinfließe, so wenig wie der Nil aus dem

Okeanos herauskomme. Sie ließen daher nun das Argonautenschiff durch einen Nordstrom, Tanais, Borysthenes oder Ister bis zu den Quellen hinauffahren, dann aber eine Strecke zu Lande bis zum nördlichen Ocean, dem Meere des Kronos, unserer Nordsee getragen werden: für sie eine Nordwestpassage. Aus dem Kronischen Meere (Ost- und Nordsee), wohin neun Tagefahrten, führte man sie dann an Jerne (Ireland) vorbei und durch die Meerenge bei Gadeira in das Mittelmeer zurück. Hier in Westeuropa konnte sie ein Sturm zu den Syrten verschlagen, zum Triton-See oder Fluß, der ihnen (wie der Homerische Proteus dem Odysseus) Belehrung giebt über die glückliche Heimfahrt. So konnte die neue Dichtung mit der ältern combinirt, durch Fortschritt geographischer Kenntniß bereichert, immer neuen Schmuck hinzufügen. Apollonius Rhodius, der jüngste der griechischen Argonauten-Dichter, wählte für seine Helden wieder einen neuen Weg durch den spät erst bekannt gewordenen Istros bis zu dessen Quellen und zum Adria-Meere, die er sich benachbart denken mochte. Er schrieb 196 v. Chr., ein Zeitgenosse des Eratosthenes und sein Nachfolger als Bibliothekar in Alexandria: daher seine Kenntniß der Localität. Er nennt den Ister (Donau) ein Horn des Okeanos, breit, tief, schiffbar; und er hatte Recht: denn ihm war nur der mächtige untere Lauf der Donau bekannt. Seine Ansicht vom großen Strom war dieselbe wie die heutige der Chinesen, die ebenfalls ihre kolossalen Ströme Hoangho und Yantsekiang Söhne des Oceans nennen, als verdankten sie diesem ihren Ursprung. Es ist dies die Ansicht vieler Küstenvölker, die sich einbilden, der Strom entstehe im Meere, umgekehrt wie wir ihn von seiner Quelle anfangen: die aufwärts steigende Fluth giebt zu jener Anschauung die Veranlassung.

Wir fassen das bisher Gesagte kurz zusammen. Ueber die Hinfahrt nach Kolchis sind alle Dichter der Argonautica einig; sie beruht auf einem historischen Factum vorhomerischer Zeit. [1]) Sie ist die erste große nautische Expedition der Hellenen, von der eine Kunde auf die Nachwelt gekommen, und stellt sich als dritte neben die Fahrt der Phönicier nach Ophir und ihre Umschiffung Afrika's unter Necho. Aber die Rückfahrt wechselt nach den Zeiten; sie ist poetischer Zusatz und Schmuck, um den Stoff der Erzählung anziehend abzuändern. In der verschiedenen Behandlung dieses Zusatzes nach den verschiedenen Jahrhunderten der Sänger, sieht man den verschiedenen Fortschritt der Kenntniß der Griechen von der Oberfläche der Erde und ihrer geographischen Theorien. Da demnach unter die Mythe auch viel Thatsächliches, das für die Geschichte der Erdkunde Bedeutung hat, eingemischt ist, so müssen wir noch einmal den Verlauf der Argonautenfahrt kurz verfolgen.

Die Sage über das Gefährliche der Unternehmung ist nicht so ganz unbegründet. Der Pontus ist noch heute nicht leicht zu beschiffen. Die Argonautenfahrt geht von der Insel Lemnos aus. Jason ist ein Lemnischer Herrscher; die Sintier auf Lemnos sind ein altes Schiffervolk. Erst spätere Dichter lassen die Fahrt vom Hafen Jolkos ausgehen, um Jason's Thatenruhm an den der Peliadengeschlechter und des Achilles in Thessalien zu knüpfen. Die Meeresgestade, an denen die Küstenfahrt hingeht, werden geographisch genau bezeichnet. Leicht wieder zu erkennen ist der

---

[1]) Strabo hält den Argonautenzug für durchaus geschichtliche Wahrheit, begründet in Phryxus' früherer Seefahrt und dem Reichthum der Gegend am Phasis an Gold-, Silber- und Eisenbergwerken. Er läßt Sinope begründen durch Autolykos, einen Gefährten des Jason; und sagt: „Um Sinope an der Küste längs Propontis und Hellespont bis Lemnos sind viele Spuren vom Zuge des Jason und Phryxus, zumal vom Zuge Jason's und der ihn verfolgenden Kolchier bis nach Kreta, Italien und bis zum Adria-Meer. Dahin gehör'en die Ἰασόνεια, Ἰασόνια ἡρῷα, Ortschaften, Berge, Heiligthümer, die sich selbst in Armenien, Medien und den angrenzenden Gegenden vorfinden."

Thracische Bosporus, der auch in den Irren der Io eine so merkwürdige Rolle spielt, die Küste nordostwärts zur Mündung des Istros zur Taurischen Halbinsel (Krim), und weiter bis zum Taurischen Bosporus, zum Asowschen Meere (Maeotis Palus), und dem Tanais. Es geht schon von dem Beginn der Fahrt an den großen Grabhügeln, den künstlichen Kegelbergen vorüber, den Tumuli, die auch heute noch die Landmarken der Küstenschiffer sind, damals aber, als die Grabstätten der Heroen der ältesten Zeit, reiche Sagen erweckten. Die des Hektor und Achilles werden im trojanischen Lande durch die Homerischen Gesänge berühmt. Wir haben sie selbst noch angestaunt beim Vorübersegeln auf dem Dampfschiffe zwischen Ilion und Tenedos. Das ganze südliche Rußland setzt noch heute durch ihre Größe und ihre Zahl in Erstaunen. Endlich wird, nach mühseliger Fahrt und vielen Aventüren und Kämpfen, jenseit der Taurica Chersonesus und des Tanais der Hypanis (Kuban) und der Phasis (Faz) erreicht und durch völlig fremde Gestalten charakterisirt. In Aeetes und Medea, deren Name schon an Medien erinnert, tritt die Magie und das Zauberwesen von Innerasien hervor.

Die Rückfahrt, der Willkür der spätern Dichter überlassen, geht in der Nordfahrt über die Katarakten des Borysthenes (Dnepr) durch die Mitte Osteuropa's hindurch. Diese Gegenden wurden erst durch Herodot und die Linie des Bernsteinhandels, vom Eridanos, dem Ostgestade des baltischen Meeres (Preußen) zur Stromlinie des Dnepr zur Krimschen Halbinsel und zum Pontus bekannt.[1])

Die Kenntniß der Erde bei den Hellenen ist in dem Homerischen Zeitalter in die großen Epopöen der Iliade und Odyssee verwebt. Eine andere Quelle für dieselbe von solchem

---

[1]) Fr. Vater, der Argonautenzug aus den Quellen dargestellt und erklärt. Kasan 1845.

Umfange kennen wir nicht. Diese Kenntniß ist allerdings sehr beschränkt gegen die phönicische; aber mit dem wenigern Stoff hat sie sich durch die dichterische Form ein weit größeres Feld in der Gedankenwelt der Zeitgenossen und Nachfolger erobert. Ihr Einfluß auf die früheste Weltansicht der classisch gebildeten Völker ist viel erfolgreicher geworden und viel nachhaltiger geblieben. Sie gewann diesen Einfluß auf den Volksglauben wie auf die Wissenschaft.

In unserer Zeit ist die Homerische Erdtafel Gegenstand vieler gelehrten Forschungen geworden. [1])

Die Erde ist eine große, weite, runde Scheibe. Ihr Rand ist erhaben, nach Norden höher als gegen Süden. Er wird vom Okeanos, einem schnell umkreisenden Weltstrome, umgeben. Aus ihm haben alle Quellen, Flüsse, das ganze Innere Meer (πόντος und πέλαγος) ihren Ursprung, und selbst die Götter treten aus ihm hervor. Durch den Phasis strömt der Okeanos gegen den Westen ein. Weder im Osten noch im Westen hatten die Griechen zur Homerischen Zeit den Ocean gesehen, nur gehört von ihm durch die Phönicier. Im Süden und Norden war von ihm nirgends die Rede. Man setzte daher die beiden Enden erst hypothetisch durch Umströmung in Verbindung. Auf dem äußern Ufer dieses umströmenden Okeanos, das aber noch niemand erforscht hat, ruht das große Gewölbe des Himmels, klar

[1]) Schon 1780 hatte J. H. Voß angefangen, Untersuchungen darüber anzustellen; so über die Insel Ortygia im Deutschen Museum 1780; über den Okeanos ebendas.; später in den Mythologischen Briefen, Königsberg 1794; in der Weltkunde der Alten. Jen. Lit. Zt. 1804. Schriften von Schönemann, Schlichthorst, A. W. v. Schlegel. Grotefend über Homerische Geographie. Geogr. Ephemerid. B. 48. Uckert üb. Hom. Geogr. Weimar 1814. Ders. in der Geogr. d. Griech. u. Röm. I. 13—35. Zeune in seinen Erdansichten. Völcker über Homerische Geographie und Weltkunde. Hannover 1830. u. a.

und rein, von Erz, Krystall oder Adamas. Es wird von hohen Säulen getragen, von Hochgebirgskegeln (im Westen vom Atlas, im Osten vom Kaukasus), die noch über die Wolkenregion emporragen.

In diesen Hauptsätzen Homerischer Weltanschauung lassen sich Beziehungen zu asiatischen Vorstellungen nicht verkennen. Daß das Wort Okeanos nicht von ὠκύς herkomme, sondern phönicischen Ursprungs sei, ist schon erwähnt S. 21. Das Getragenwerden des Himmelsgewölbes durch Atlas und Kaukasus ist eine ganz asiatische Anschauung. Der 10,000′ hohe Altai-Gipfel Bjelucha, d. h. Montblanc, Weißer Berg, ist dort die Himmelssäule (Jjiktu), welcher deshalb regelmäßige Opfer dargebracht werden. Bei allen mongolischen und mandschurischen Völkern wird mehreren Himmelssäulen im dortigen Hochgebirgslande diese Heiligkeit beigelegt. (A. v. Humboldt Central-Asien I. S. 136.)

Das höhere Aufsteigen der Erdscheibe am Nordrande war auch in der Stellung anliegender Hochgebirge im Norden begründet. Die daraus abgeleitete Senkung des Südrandes Aegyptens, Arabiens, Libyens suchten sich die ältesten Naturphilosophen der Jonischen Schule durch die größere Fruchtbarkeit des Südens zu erklären, von der sie aus asiatischer und libyscher Ferne übertriebene Vorstellungen hatten. Sie meinten, die gewaltige Vegetation der tropischen Wälder belaste die Erde dahinwärts mit einem Uebergewichte gegen den kahlen, vegetationsleeren Norden. Die Ansicht vom Mangel eines hinreichenden Gleichgewichts, eines Aequilibrium, auf der Erde, haben auch die Indischen Geographen. Aber diesem Mangel beim Anfang der Erdbildung lassen sie auch durch ihre eigenen Götter wieder abhelfen, freilich auf eine etwas gewaltsame Art. Ihr höchster Gott, Batara Guru (in der Mythe von Java) bemerkt diesen Mangel, zumal wie gegen den Untergang der Sonne (Westen) die Erde sich senke. — Denn dahinwärts sah man keine Länder oder

Berge. Er hilft dem Uebel dadurch ab, daß er Berge an andere Stellen versetzt, um das Gleichgewicht herzustellen. Dies Bergeversetzen ist die ergiebigste Quelle zur Erklärung aller Zerrüttungen auf der Erde und namentlich aller Erdbeben, die auf den Sunda-Inseln so häufig sind, geworden. Selbst die Südsee-Insulaner theilten diese Ansicht, denn sie hielten ihre Inselgruppen nur für Brocken, die zurückblieben oder abfielen, als der große Gott das Land gegen Sonnenaufgang (Amerika) von dem Lande des Unterganges (Asien) durch ihren Ocean hinüberzog. Die kosmogenischen und kosmologischen Ansichten der ältesten Griechen berühren sich also gar nicht selten mit den fest eingewurzelten Vorstellungen der Orientalen. Sie stehen nach unserer Ansicht in ihren ältesten Anfängen der Civilisation nicht so selbstschöpferisch, nicht so abgeschnitten von der übrigen Menschengeschichte im Oriente da, als dies gewöhnlich von den modernen Hellenisten vorausgesetzt wird. Sie haben nur die Ideen ihrer östlichen Nachbarn und Vorgänger mythisch und poetisch schöner und harmonischer ausgebildet.

Die große runde Erdscheibe zerfällt nun nach Homerischer Ansicht und ihren Erklärern, wie Strabo u. A., in zwei (klimatische) Hälften, eine Tagseite und Nachtseite (*πρὸς ζόφον — πρὸς ἠῶ τ' ἠέλιόν τε* Odyss. IX. 26). Es kommt auf die Begriffsbestimmung dieser Ausdrücke an, um die danach getroffenen Anordnungen der einzelnen Theile zu begreifen. Daher der lange Streit der Erklärer neuerer wie alter Zeit. So versteht Voß darunter die Nord- und Südseite der Erde, Uckert, den Westen und den Osten, Völcker die Licht- und Schattenseite, noch Andere nehmen es überhaupt für Nordwest und Südost. Strabo, der größte Verehrer der Ilias und Odyssee auch nach ihrem geographischen Inhalte, findet doch schon, und wohl mit Recht, daß unter jenen Ausdrücken keine scharfe Eintheilung zu verstehen sei; sie treffe schon zu seiner Zeit nicht mehr überall genau zu. Wie konnte auch zur Homerischen Zeit eine genauere Orientirung der Weltgegenden in den wechselnden Jahreszeiten möglich sein, da die Sonne jeden Tag an einer andern Stelle des Horizontes auf- und untergeht? Wir verdanken dieselbe erst einer spätern Erfindung, der Boussole, während man früher nach dem wechselnden Aufgange und Untergange der Sonne und nach den Winden sich richtete, spät erst sich nach den Gestirnen zu verständigen lernte. Die spätern Griechen und Römer verstanden unter der Nachtseite den Norden oder Europa, wozu ihnen auch Nordasien gehörte; unter der Tagseite aber Asien und Libyen. In der Mitte der Erdscheibe liegt das Land der Hellenenstämme mit den Inseln, das aber in den Homerischen Gesängen noch keinen gemeinsamen Namen erhielt, — das spätere Hellas, Griechenland. Das Centrum von Hellas ist der hohe Olymp, [1]) von Schnee glänzend, zwischen Macedonien und Thessalien. Er stuft sich durch viele Berge nach der Tiefe, gegen Attika und den Peloponnes ab. Er ist der Sitz des Zeus und des Götterrathes. Der Sonnengott Helios erhebt sich aus der Limne (Il. XIII. 32), dem Sonnenteich, mit jedem Morgen von neuem. Diese Limne liegt im Osten des Phasis, und es klingt in ihr die dunkle Sage vom Kaspischen See, oder von einem Golf des erythräischen, indischen Oceans wieder. Diese

---

[1]) Auch das Centrum der Erdscheibe in der heimischen Landesmitte zu suchen, wiederholt sich bei vielen Asiaten. Diese Idee ist bei den Persern, Hindu, Chinesen (die ihr Land die Blume der Mitte nennen) einheimisch, selbst bei den Arabern in Mekka geblieben bis heute. Jerusalem galt im Mittelalter der christlichen Welt als Mittelpunkt der Erdscheibe. Dort fiel Adam, dort erlöste Christus die Welt. Bei den Griechen galt also der Olymp in den ältesten Zeiten als Centrum, dann Dodona; später erst verlegten die Priester des Apollotempels zu Delphi den Nabel der Erde, ὀμφαλὸς γῆς, aus dem thessalischen epirotischen Dodona nach ihrem weissagenden Orakelort (Ovid. Metam. XV. 630. in umbilico terrarum).

asiatische Idee des Hervortretens des Sonnengottes aus dem Wasser ist um so auffallender für den Jonischen Sänger, dem ja das Land πρὸς ἀνατολήν (Anadoli), das weite Vorderasien vorlag, aber das dahinter liegende Gewässer des indischen Oceans unbekannt war. Aber sie ergiebt sich aus der Tradition des Orientes sehr natürlich, dem alle Götter, nicht blos die Sonne, aus dem Meere emporsteigen, weil ihm der Ocean gegen Aufgang der Sonne vorliegt. Suria der Babylonier, wie Oannes der Chaldäer Sonnengott erhob sich jeden Tag aus dem Ocean, den daher Sanchuniathon Ogeni domus, die Wohnung Ogens des Gottes nennt. Der Brahma der Hindu schlummerte nach der Lehre der Brahmanen noch auf dem Grunde des Oceans, ehe seine Schöpfung, die Erde, aus demselben hervortrat. Dies, unter dem Symbol der Lotosblume dargestellt, wird überall in den indischen Sculpturen als Ruhekissen oder Fußgestell des Brahma dargestellt.

Nach vollendetem Tagesbogen am ehernen Himmelsgewölbe hin taucht Helios mit seinem Sonnenwagen und Viergespann jenseits Hesperiens (Abendland) in die Fluthen des Okeanos: also auf der entgegengesetzten Seite der Erdscheibe. Die schwarze Nacht folgt ihm. Spätere Sänger und Commentatoren lassen den Sonnengott jede Nacht in einem Wunderschiffe um den Rand der nördlichen Erdscheibe zum östlichen Sonnenthore zurückkehren. Dies ist ganz die Lehre der Brahmanen-Astronomie noch heute, daß die Sonne in horizontalem Kreise die Erdscheibe umlaufe in jeder Nacht. Auch die Eos, die Vorläuferin des Helios, die Morgenröthe, erhebt sich mit ihrem Zweigespann aus den Wassern. Am Sonnenteiche liegt Kolchis, das Land der Arimer. Kolchis ist der älteste Verknüpfungspunkt zwischen Orient und Occident, der uns bekannt geworden; nicht durch Homerische Gesänge, sondern durch die alten Argonautenfahrten aus weit frühern, vortrojanischen Zeiten. Diese waren aber zu Homers

Zeiten in ihren Ergebnissen weit allgemeiner bekannt als in spätern Jahrhunderten. Die Arimer Homers wohnen hinter den Kolchiern oder ihnen zur Seite — ob Aramäer (Abrahams Altvordern) oder die spätern Abioi (justissimi gentium)?

Vorzüglich Griechenland, Kleinasien und das griechische Inselmeer, auch Süditalien, Sicilien und Aegypten wurden durch die Homerischen Gesänge allgemein bekannt. Aber freilich sagen schon Eratosthenes und Apollodor richtig, nur die westliche Seite Asiens und das Land der Hellenen habe Homer gut gekannt; weiter ab, in der Ferne geselle sich die Fabel zur Wahrheit. Homers Erdkunde, selbst in Asia minor, geht an der Nordküste nicht über Paphlagonien, nicht über den Halys, an der Südküste nicht über Lycien. Und doch sind Prokonnesus und Bithynien schon alte phönicische Pflanzstätten. Die Kimmerier (wohl von kamar d. i. dunkel im Hebräischen und Phönicischen — B. Hiob 3, 5), die Anwohner des dunkeln Theiles der Erde kennt er im Norden nicht: dort kommen sie erst später vor. Gegen Süden ist ihm Thebä am Aegyptosflusse die äußerste bekannte Stadt. Die Aethiopen (Sonnenverbrannte) sind das südlichste, die Hyperboräer (jenseit des Boreas) das nördlichste fabelhafte Grenzvolk der bewohnten Erde. Die äußerste Westgrenze der Homerischen Weltkunde sind die Säulen des Herakles. In diese noch fabelhafte Westwelt sind die Irrfahrten des Odysseus verlegt. Was Homer von dem Volke der Hellenen und ihren Bundesgenossen wußte, ist im Schiffskatalog der Ilias (II. 485—760) niedergelegt: ein griechisches Gegenstück gegen die Mosaische Völkertafel.

Durch die Gesänge von Hesiodus von Askra (um 800 v. Chr.) ist die Homerische Erdkunde nur wenig erweitert worden. Im Wesentlichen ist die Homerische Ansicht von der Erde auch die des böotischen Sängers gewesen. Selbst die Fabelvölker am äußersten Rande der Erdscheibe sind bei ihm stehen geblieben.

Erst weit später lernten die Griechen durch die schiffenden Kreter und Milesier Inseln, Küsten und Meere, durch die Perser den continentalen Orient, durch ihre eigenen, gegen den Westen ausgesendeten Colonien in Sicilien, Großgriechenland (Unteritalien), Barka (Cyrenais) aber dem Occident kennen. Um 700 v. Chr. wurden Bewohner der Insel Samos auf ihren Schiffen weit gegen Westen verschlagen und bahnten den Weg zu eigenen Entdeckungsfahrten der Griechen. Koläos, der älteste uns genannte dieser Schiffer von Samos, wollte (um 700) nach dem bekannteren Aegypten segeln; aber ein Oststurm trieb sein Schiff westwärts bis Iberien, durch die Säulen des Herakles bis nach Tartessus (Tarschisch der Phönicier? der Bibel?). Er gilt als erster Entdecker von Tartessus. Der Gewinn dieser Reise, heißt es, sei ungeheuer gewesen. Herodot wie der strenge Thucydides bezeugen das. Herodot IV. 152 sagt, aus dem zehnten Theile des Gewinnes dieser Fahrt sei das große Weihgefäß von Erz mit Greifenköpfen umher der Here im Tempel zu Samos aufgestellt worden. Die Fahrt des Koläos war für seine Landsleute, was später die Entdeckung der Neuen Welt durch Colon für Spanien war. Denn das silberreiche Tartessus ward das Amerika der alten Ionischen Zeit.

Die Phokäer nennt Herodot als die ersten Schiffer, die langdauernde Reisen unternahmen. Sie waren die ersten Entdecker des Adria-Meeres, das vor ihnen kein Grieche, wegen der Klippenküsten und Stürme, zu beschiffen wagte. Sie entdeckten Tyrrhenien (Westitalien), dann Iberien um 630 v. Chr.; sie fanden, daß das Reich Tartessus noch innerhalb der Säulen des Herakles und außerhalb lag. Der König der Tartessier, Arganthonius, der 80 Jahre regiert und 120 Jahre gelebt, bewirthete sie gastlich und forderte sie auf, sich bei ihm niederzulassen. So erzählt Herodot I. 163.

Jenseit der Säulen des Herakles, im Norden von dem phönicischen Gadeira, südlich von dem Guadiana (Anas), floß der Tartessus,[1]) wo seitdem die Jonier den Handel in fernen Gegenden mit den Phöniciern theilten. Die Phokäer kamen nicht auf runden kleinen Kauffahrern, sondern auf großen funfzigrudrigen Schiffen nach Tartessus. Aber die Phokäer wurden zu Kyros' Zeit von den Persern hart bedrängt. Freiheit liebend entgingen sie dem Perserjoche durch Auswanderung. Sie bestiegen ihre Flotte und segelten gegen Westen; erst nach Kyrnos (Kerne — Corsica), dann nach Gallien an die Küste des Keltenlandes, und gründeten Massilia nahe der Mündung des Rhodanstromes. Ich habe beide Häfen, zu Phokäa und Marseille, gesehen, und war überrascht von der großen Analogie der Verhältnisse beider Localitäten. Diese trugen gewiß nicht wenig dazu bei, daß die Phokäer sich bald in Massilia ganz heimisch fühlten. Das Wiederaufsuchen der heimathlichen Verhältnisse ist überhaupt bei allen Emigrationen der Alten Welt sehr beachtenswerth. Massilia wuchs, den Karthagern gegenüber und mit ihnen in Verbindung, schnell zu Macht und zu Herrschaft empor. Im Jahr 1846 ist bei Aufgrabungen in Marseille, in den Ruinen eines antiken Tempels der Artemis, ein Denkmal aufgefunden, das diesen Verkehr beweist. Eine Inscriptionstafel in phönicischer Sprache und Schrift, worin die Opfergesetze aufgezeichnet sind, welche die phönicischen Kaufleute in Massilia zu befolgen verpflichtet waren, um dort ihren Handel zu treiben.[2]) Der Landhandel ging das

[1]) Redslob suchte die Lage an der Mündung des Ebro, wo Dertosa lag, durch den ähnlichen Namen verleitet. S. Dertosa, ein Beitrag zur Geschichte des Phönicischen Handels. Hamburg 1849.

[2]) Ueber die Inscription s. Ewald, Munk und Movers Massilia. 1848 u. 49.

herrliche Rhonethal aufwärts in das Culturland der Kelten und Gallier. Massilia eröffnete den Nordwesten von Europa. Hier konnten die griechischen Ansiedler mit den Fahrten und dem Weltverkehr der Phönicier und Karthager bekannt werden, und der eigene Handel nahm schnellen Aufschwung.

Vor Allen war es Pytheas der Massilier, ein Zeitgenosse Alexanders d. Gr., der die Kenntnisse der Welt im Westen der Erde erweiterte, wie Alexander d. Gr. im Osten, und Necho im Süden. Pytheas' Reise ging nach dem bis dahin völlig unbekannt gebliebenen europäischen Norden. Nur der Karthager Himilko war ihm vorangegangen, aber bald umgekehrt. Pytheas beschrieb die Ufer des Atlantischen Oceans von Gades an, also Spanien (Iberien), Gallien (Keltika), Britannien (Albion); dann die Elektronküste (Nord- und Ostsee) und Thule, die äußerste Nordinsel, die er erreichen konnte nicht Island, wie früher angenommen, sondern eine Insel von Shetland oder Norwegen im Norden von Schottland. Zweifelhaft ist, ob er bis zum Tanais geschifft ist. Pytheas' Nachrichten erweiterten die Kenntniß der Erde um so mehr, da er großer Mathematiker, Physiker und Astronom war. Denn in Massilia's Republik blühten die Wissenschaften und Künste. Er beobachtete sorgsam die Himmelserscheinungen, bestimmte zuerst durch die Sternbilder des großen und kleinen Bären die Lage des Nordpols und nördlicher Breiten. Er lehrte zuerst den nördlichen Polarkreis bestimmen: denn er beschreibt das Phänomen, daß dort an einem Tage des Jahres die Sonne am Horizonte nicht untergehe. Er beobachtete die hohen Ebben und Fluthen der Nordsee und erklärte ihre Ursache. Er nennt zuerst Baltia, das baltische Land und Meer, und beschreibt genauer den Fundort des Bernsteins (Elektron) am baltischen Meere, an den preußischen Gestaden, oder an Jütlands Küste, wo auch dieses seltene Product gefischt ward. Leider ist der Verlust von Pytheas' Werken zu beklagen. Nur Fragmente seines Periplus bei Polybius, Strabo, Plinius sind erhalten, die von diesen Autoren meist mißverstanden wurden, weil ihre Kenntniß von der Erde im Norden weniger fortgeschritten war. Der große Mann hatte wie Herodot, Marco Polo u. A. das Schicksal, daß seine Nachfolger ihn oft aus Unwissenheit der Unwahrheit und Lüge beschuldigten. Selbst Polybius und Strabo verstanden ihn nur selten. Erst in neuerer Zeit ist er von diesen Vorwürfen gereinigt und gerechtfertigt, sein Verdienst anerkannt worden. [1])

Dagegen sind uns zum Glück die Nachrichten aufbewahrt, die schon früher ein trefflicher Beobachter aus einer der östlichsten griechischen Coloniestädte sammelte, Herodot aus Halikarnaß in seinen neun Büchern der Historie, die nach den neun Musen ihre Namen erhielten. Er blühte um die Mitte des fünften Jahrhunderts v. Chr., gleich nach den Perserkriegen. Seine Bücher sind für die Erdkunde von unschätzbarem Werthe. Er spricht theils als Augenzeuge, und berichtet mit größter Treue, was er selbst beobachtet und was er von Andern erfahren hat. Seine eigne Unwissenheit, seine Hypothesen, sowie die oft irrigen Meinungen der Fremden, der Philosophen und die Priestersagen verschweigt er nicht. Aber die classische Bildung des Griechen, die schöne und treuherzige Erzählung, die Aufrichtigkeit der Angabe seiner Quellen, von wem er erfuhr, was er mittheilt, und sein reger und feiner Geist der Beobachtung: alles dies hat ihn zum Vater der Geographie und Geschichte erhoben.

Dennoch hat auch Herodot schon seine Vorgänger gehabt, nämlich Milesier. Denn in Milet war in jenen frühesten Jahr-

[1]) J. Ph. Murray de Pythea Massiliensi in d. Neuen Comment. d. Gött. Societät d. Wissensch. T. VI. 1776. Joachim Lelewel, Pytheas de Marseille et la Géographie de son temps. Paris 1836. M. Fuhr, Pytheas aus Massilien, eine histor.-kritische Abhandlung. Darmstadt 1842.

hunderten die größte Summe geographischer Erfahrungen bei den asiatischen Griechen niedergelegt. Da ist Thales aus Milet, der erste Astronom, der über die Natur der Erde philosophirte, sein Schüler Anaximander, der die erste Landkarte entworfen haben soll, wie Strabo, Diogenes Laertius u. A. sagen. Zunächst war Herodot's Vorgänger aber Hekatäus aus Milet um 500 v. Chr., ein Schüler der vorigen. Leider besitzen wir von ihm nur Fragmente, gesammelt.[1]) Genau wissen wir nicht, wie weit seine Reisen und Beobachtungen gingen. Aber er war in Aegypten, wo Herodot öfter seine Spur verfolgte. Er hatte genaue Kunde vom Perserreiche, wo er alle Völker aufzählte, die Darius beherrschte, und ihre Macht angab. Er entwarf eine Erdbeschreibung, *γῆς περίοδος* nach Strabo's Bericht. Darin machten Asia, Europa, Libya eigene Bücher aus. Auch seine Historien und Genealogien enthielten viele geographische Nachrichten. Nach den erhaltenen Bruchstücken scheinen diese Arbeiten alle sehr reichhaltig gewesen zu sein. Ueber die westlichen Länder der Erde finden wir bei ihm mehr als bei Herodot, der sich nur über den Osten verbreiten wollte. Vorzüglich sind viele Küstenstädte von ihm angegeben. Doch bleibt ihm das Innere der Länder unbekannt. Da Hekatäus zu der Schule der Jonischen Philosophen gehörte, die von Thales in Milet ausging: so gingen auch manche falsche Vorstellungen, die sich diese Schule von der Erde gebildet hatte, in seine Berichte über. Gegen diese trat Herodot auf, der mehr Erfahrungen sammelte und Beobachtungen machte, und zeigte das Unrichtige, mitunter das Lächerliche derselben; z. B. II. 15. 16. 20. 21. 23. IV. 36. 42. 45. 49.

---

[1]) Creuzer Historicorum Graecorum antiquissimorum Fragmenta. Heidelberg. 1806. — Gesammelt, emendirt und erklärt in Clausen Hecataei Milesii Fragmenta und Scylacis Caryandensis Periplus. Berolini 1831. 8.

So bemerkt er gegen die runde Erdscheibe (IV. 36): Viele hätten ohne Ueberlegung und Erfahrung Umwanderungen (Compendien) der Erde geschrieben, die den Okeanos rund herum fließen ließen, und die Erde kreisrund machten, wie wenn sie gedrechselt wäre. Dies scheine ihm eine ganz lächerliche Behauptung zu sein. Er fand überall vorspringende Länder und Vorgebirge, weitläufig auslaufende Halbinseln, Länderstriche, die viel weiter von Westen nach Osten sich ausdehnten. Eher wäre eine elliptische Gestalt, langgezogen von Westen nach Osten, anzunehmen. Gegen das Strömen des Okeanos um die Erdscheibe erklärte er sich ebenfalls. Er wußte, daß der Okeanos ein Weltmeer sei, aber kein Strom. „Einige Griechen, die für sehr weise Männer gelten wollen, behaupten, der Okeanos umfließe die ganze Erde wie ein Strom, und aus diesem Okeanos trete der Nil hervor.“ Homer, meinte Herodot, oder sonst ein alter Dichter, habe dies nur poetisch erfunden. Selbst Hekatäus hatte noch die Argonauten durch den Phasis hinaus in den Okeanos, und aus diesem durch den Nil (oder den Triton nach Andern) in das Mittelmeer zurückfahren lassen. Diese groben, ganz populär gewordenen geographischen Irrthümer verdrängte Herodot durch Beobachtung und machte sie durch Ironie lächerlich. Er lernte in Aegypten eine ganz andere Ursache der Nilüberschwemmung kennen. Auch den Satz von der gleichen Zweitheilung der Erde, von einer Nacht- und Tagseite der Erde bestreitet Herodot. Hekatäus sagte noch, diese zwei Hälften der Erdscheibe seien einander gleich. Andere folgten der Phönicischen Dreitheilung. Daher eine Menge streitiger Behauptungen in den philosophischen Schulen der Alten, zumal in der Schule des Thales zu Milet, aus der Hekatäus hervorgegangen war. Herodot wollte von keiner mathematischen Zwei- oder Dreitheilung wissen, sondern die Erde nur als ein zusammenhängendes Ganzes betrachtet haben. Die herkömmlichen Trennungen und Abtheilungen der Schulen wollten ihm nicht einleuchten. Deshalb sagte er IV. 45, er wisse nicht, wer die Erde, die nur Ein Ganzes sei, nach drei Weibern genannt: Europa, Asia, Libya und warum man als ihre Grenze den ägyptischen Nil und den kolchischen Phasis oder den Tanais und die kimmerische Meerenge angenommen. Doch nahm er selbst für das ganze bewohnte Land die Scheidung in zwei große Abtheilungen an. Diese wurden, wenn auch nicht ganz, doch theilweise natürlich getrennt, durch Gewässer: durch die Meerenge im Westen, das mittelländische Meer, den Pontus Euxinus, den Phasis, den kaspischen See und den Araxes. Den nördlichen Theil nannte er Europa, den südlichen Asia bis zum Nil, und den in West Libya. Diese naturgemäßere Abtheilung zeigt wenigstens den größern Ueberblick, den sich Herodot unter allen Beschreibern zuerst erworben hatte; er faßte dabei zugleich die historischen Verhältnisse mit auf, wie in Europa. Mit naturwidrigen willkürlichen Begrenzungen der Länderstrecken war Herodot unzufrieden. Ein Fluß, eine schmale Landenge schienen ihm viel zu unbedeutend, um darauf große Hauptabtheilungen der Erde zu gründen; denn ihm lag die natürliche Verwandtschaft beider Gegenseiten näher, als die blos theoretische Abstraction ihrer Trennung, die nur eine relative sein konnte. „Einige sondern die Welttheile durch Flüsse, nämlich den Nil und den Tanais, und stellen sie als Inseln vor. Andere trennen sie durch Landengen (wie die Landenge von Suez) und machen sie zu Halbinseln.“ (II. 16) Er kennt keine andere Scheidung für Asien und Libyen, als Aegyptenland, das zwischen beiden liege. So dachte Herodot schon über Naturgrenzen und geographische Eintheilungen, über die auch heute noch so manche Irrthümer und unklare Ansichten im Gange sind. [1]) Es ging ihm wie mir, wenn

---

[1]) Die größten Widersprüche hat die moderne Geographie mit ihren Vorurtheilen in den Gang der Geschichte hineingetragen, als sie Flüsse zu

ich am Bosporus in Konstantinopel stand, und im prächtigen, beide Ufer verbindenden Kanal keine Scheidewand von Europa und Asien erblicken konnte. Da ist nichts von einem Gegensatz zu sehen, vielmehr eine Verbindung und Ausgleichung beider in ihren reichen Gaben.

Herodot bewanderte selbst die Länder, die er beschreibt, in Osten bis Babylon am Euphrat, bis zum Tigris und zur Persergrenze. Er war in Susa und zu Arderikka, der Eretrier Colonie, die Darius dort angesiedelt hatte (Herod. VI. 119); auch zu Ampe am Tigris, wohin nahe dem Persergolfe seine gefangenen Landsleute, die Milesier, geführt waren. Auch ganz Kleinasien, sein Heimathland, kannte er. Er beschreibt viele Städte von Halikarnaß bis Tyrus und Askalon in Palästina, von denen Andere schweigen, und schildert die Häfen und Tempel der Tyrier und Babylonier, wie keiner vor ihm. Von den schriftgelehrten Persern erhielt er Aufklärungen über ihre und ganz Mittelasiens Geschichte. Die Tempelarchive in Babylon hat er durchstudirt. Zwar hatte man auch dies, wie manches Andere bezweifelt, was er mittheilt. Aber die Fortschritte in der Entzifferung der Keilinschriften zu Persepolis, Ekbatana (Hamadan), Bisutun, Ninive, Susa, haben uns seit einem Jahrzehnt besser belehrt. Durch Herodot wurde zuerst der dichte Schleier gelüftet, der für uns den Orient deckte. Aber auch gegen den Süden wanderte Herodot bis Sais, Memphis und Thebä in Oberägypten. Herodot ist der erste wichtige Augenzeuge, der Aegypten etwa um 460 v. Chr. bereist hat, bis zur Südgrenze Elephantine. Freilich war damals Aegypten nicht mehr das Volk

---

Grenzen machte und dadurch unzählige Verwirrungen hervorrief. Die rechte und linke Uferseite des Rheins bilden nur eine große germanische einheitliche Landschaft, die der Neufranke, mit Scheingründen, in eine doppelte verwandeln möchte.

der alten Aegypter, das nach seinen eignen Gesetzen und Einrichtungen lebte, wie ehedem.

Man hat in Herodot's Erzählung drei Bestandtheile zu sondern: was er von Hekatäus von Milet entlehnt (II. 143), was er selbst gesehen, und was er nur von Aegyptern erfahren hatte. Am wichtigsten ist natürlich seine Autopsie. Was er selbst gesehen hat, dafür bürgen seine Beobachtungsgabe, sein gesunder Blick und Verstand, seine gewissenhafte Treue. Dazu tritt freilich ein noch kindlicher Glaube, nicht einen Augenblick an den mitgetheilten Wundern zu zweifeln, und beflissen, Manches, als Eingeweihter in Mysterien, aus heiliger Scheu absichtlich zu verschweigen (II. 3. 61. 63. 171). Mißlicher sind die Nachrichten aus dem Munde der Hermeneuten. Nirgends findet sich eine Spur, daß Herodot die ägyptische Sprache und Schrift verstanden hätte; so wenig wie er der persischen Sprache mächtig gewesen sein mag. Griechen studirten die barbarischen Sprachen nicht. Wie aber hätten die unwissenden Dolmetscher den Inhalt der heiligen Bücher, treu, ohne Mißverstand, darlegen können; oder, als ägyptische Fremdlinge, so genau unterscheiden können, was dem Alterthum oder dem persisch-hellenischen Glauben angehörte? So wurden alle ägyptischen Götter mit griechischen Götternamen identificirt. Ueberall leuchtet Neigung zum Wunderbaren und das Bestreben hervor, die Bewunderung und das Anstaunen der Fremden zu erregen. Die damaligen Priester der Aegypter selbst standen schon auf dem Gebiete der Tradition; was aus dieser Quelle hervorging, hatte keinen größern Werth als die jetzigen Legenden der indischen Puranas, oder die Klosterlegenden der Mönche auf dem christlichen Boden Palästina's oder des Morgen- und Abendlandes.

Herodot ging in Süden bis Elephantine (Assuan) zu den Katarakten, westwärts von Aegypten bis Cyrenaika, und scheint auch in Karthago gewesen zu sein, wo es ihm aber nicht gelang, besondere Nachrichten zu erhalten (IV. 192. 196). Doch erfuhr er einige merkwürdige Aussagen über das Innere Libyens, z. B. über die Reise der Nasamonen zu den Schwarzen am großen innern Strome, der wohl kein andrer als der Niger sein konnte. Gegen den Norden des innern Continents beschiffte Herodot die Küsten des Pontus Euxinus bis zu der Chersonesus Taurica (der heutigen Krim), zu dem Bosporus der Kimmerier, der den Eingang zum Asowschen Meere bildet, der heutigen Straße von Jenikale. Durch ihn wird uns der Argonautenzug erst etwas verständlicher gemacht. Herodot war in Byzanz und in den Hauptemporien der dortigen Küstenstädte bis zum Phasis bewandert, zumal in Sinope, Kolchis, am Tanais, wo jetzt Tscherkask, die Kosakenstadt, in der Borysthеniten Stadt (dem heutigen Kinburn und Cherson), am Borysthenes, dem Danapris, Dnepr der Russen; ebenso in Olbia (Olbiopolis, der Stadt des Reichthums), ebenso an der Mündung des Istros (Donau) in der Istropolis, einer Handelsstadt jener Zeit. Am Pontus sammelte Herodot die wichtigsten geographischen Kenntnisse ein über die großen osteuropäischen Ströme, wie Donau, Dniestr, Dniepr, Don, vielleicht auch Wolga, und über die weiten Länder, die sie durchströmen, welche vor ihm den Griechen völlig unbekannt geblieben. Ohne Herodot's viertes Buch würden wir über unsre eigne Heimath im Osten noch weit mehr im Dunkel geblieben sein, als wir es jetzt noch sind. Als einzige Quelle der ältesten Zeit ist es uns doppelt wichtig, da wir über andre Erdgebiete auch noch andre Nachrichten als die seinigen besitzen. Das Studium der Scythica des Herodot hat daher auch von Seiten der Geographen, der Ethnographen und Historiker, zumal in der letztern Zeit, eine größere Aufmerksamkeit erweckt als zuvor. Doch ist der Gegenstand durchaus nicht erschöpft. [1])

---

[1]) Niebuhr Geographie Herodot's. Abhandlung in den Schriften der

Durch Herodot's Geschichte der persischen Monarchie und der Perserkriege ist fernerweit die früher völlig in Dunkel gehüllte Geographie des asiatischen Orientes zur Kunde der Griechen und aller Europäer gekommen. Die Ausbildung einer mächtigen Monarchie, wie die des Cyrus (550 v. Chr.), begünstigte einen solchen Fortschritt ungemein. Die Macht der bis dahin bekannt gewordenen drei bis vier herrschenden Völker Vorderasiens, Meder, Babylonier, Chaldäer, Assyrier, Lyder, vereinte sich im neuen persischen Reiche. In ihm flossen die historischen und geographischen Kenntnisse dieser Culturvölker zusammen.

Ueber die früheren Zustände können wir nur etwa noch aus den wieder aufgedeckten Ruinen von Babylon, Ninive, Nimrud, Khorsabad, Susa und ihren zahlreichen Inscriptionen Aufschlüsse erwarten. Die Eintheilung des persischen Reichs durch König Darius Hystaspis in zwanzig Satrapien oder Provinzen, nach denen der Tribut eingefordert ward, setzt schon einen sehr großen Umfang von asiatischer Länderkunde voraus, da viele der Satrapien die Größe bedeutender Königreiche hatten. Der Tribut wurde nicht in Geld, sondern in Naturalien, d. i. in Landesproducten dargebracht. Ihre Aufzählung giebt die erste Productenkunde Asiens: Pferde, Kameele, Schafe, Obst, Früchte,

---

Berliner Akademie der Wissensch. 1811—12. J. Rennel Geographical System of Herodotus. London. 1. edit. 1802. 2. edit. 1830.; übersetzt von Bredow, Untersuchungen über Alte Geographie. Altona. Ritter Vorhalle europäischer Völkergeschichte vor Herodotus um den Kaukasus und am Gestade des Pontus. Eine Abhandlung zur Alterthumskunde. Berlin 1820. Dahlmann Herodot aus seinem Buche sein Leben. Altona 1823. Doenniges Tabula Orbis Terrarum ex opinione Herodoti illustrata. Berol. 1835. Bobrik Geographie Herodots in 10 Karten. Königsberg 1838. Kurt v. Schlözer Les premiers habitans de la Russie. Essai. Paris 1846. Neumann, die Völker des südlichen Rußland in ihrer geschichtlichen Entwickelung. 1855. Rud. Jacobs de Mensuris Herodoti. Berol. 1841. Neumann die Hellenen im Skythenlande. Berlin 1855.

Gewürze, Holzarten, Gewebe, Geschirr, Sklaven. Das Heer des Xerxes in seinem Feldzuge gegen Griechenland war aus 29 verschiedenen Völkerschaften zusammengesetzt, von Scythien bis Aethiopien, und zwischen dem Ister im Westen, dem Indus im Osten, dem Tanais und Jaxartes (Sir) im Norden und dem Nil im Süden zu Hause. Die verschiedenen Stämme erscheinen nicht uniformirt, sondern mit ihren Landestrachten und Landessitten, mit den eigenthümlichen Waffen und Gebräuchen der verschiedensten Art. Herodot giebt, unstreitig nach guten Registern, sehr ausführliche Beschreibung der Trachten und Waffen und damit wichtige Beiträge zur Ethnographie; es ist die erste Völkerkunde Vorderasiens.

Die Perser führten genaue Reichsannalen und Chroniken, wie die mehrsten Völker germanischen Stammes in frühesten Zeiten. Darin wurden die Merkwürdigkeiten der Länder und Völker und die Begebenheiten des Tages aufgezeichnet. Noch heute ist dieser Brauch bei den Persern geblieben. Der Hofschreiber begleitet den persischen Schach zu Teheran überall hin, und verzeichnet täglich die Thaten als Waka neveis, in der Würde des Hofsecretairs oder Historiographen. Die persischen Annalen seiner Zeit nennt Herodot λόγοι, aus denen er die Länderkunde Mittel- und Vorderasiens mittheilt. Ihr Inhalt ist durch die Tempelsculpturen auf den Ruinen von Persepolis, und zumal durch die zahlreichen aufgefundenen Keilinschriften in Bisutun, Ekbatana, Babylon und Ninive schon vielfach bestätigt worden. Herodot's persische Völkertafel ist in seinem Satrapenverzeichniß (III. 90—94) erhalten, ein administratives Actenstück, eine Steuerrolle, worin die jährlichen Tribute und die Völker, die sie brachten, angegeben waren. Die 42 namentlich aufgeführten verschiedenen Völker sind darin zusammengestellt, nicht nach den zugehörigen 22 Satrapien, nicht nach militärischen oder Civilbeziehungen, sondern, wie es scheint, nach einem finanziellen

Gesichtspunkte. Die kleinern Völker waren den größern beigesellt, um, nach der Berechnung in Talenten, in den Steuerquoten gerade Summen ohne Brüche zu erhalten, die sich leichter berechnen ließen. Denn es sind immer Tributsummen, in denen 10 aufgeht, nach denen die tabellarische Aufzählung gegeben ist. Für den Nichtkenner konnten hieraus leicht Mißverständnisse entstehen. Auch ist Herodot von den philologischen und historischen Kritikern dieser Verzeichnisse wegen, die ihnen confus vorkamen, als verworren und leichtgläubig hart getadelt. Aber auch hier ist er durch gründlicheres Studium vollkommen gerechtfertigt; zumal durch die große merkwürdige Keilinschrift an den Marmorwänden der Paläste von Persepolis, die schon Carsten Niebuhr vor fast einem Jahrhundert copirt hatte, und auf seiner Kupfertafel Nr. I. mittheilte. Nur verstand sie damals noch Niemand. Sie wurde erst 1836 durch den Scharfsinn Lassen's entziffert. (Lassen Altpersische Keilschriften entziffert. Bonn 1836.) Sie enthält wie Herodot's Capitel ebenfalls ein persisches Völkerverzeichniß, aber geographisch geordnet. Alle Völker Irans werden darin nach ihren Wohnsitzen aufgeführt: 10 westliche Völker am Euphrat und Tigris, 14 östliche Völker am Indus, Jaxartes und am Meere, 2 Völker im mittlern Persien. Und diese Aufzählungen entsprechen bis auf geringe Differenzen ganz der von Herodot gegebenen Liste, deren Authenticität also vollkommen gerechtfertigt erscheint. Ein drittes Völkerverzeichniß ist auf einer andern Keilschrift von dem Dänen Westergaard aufgefunden und entziffert. Auch Rawlinson's Copie und Entzifferung der größten Keilinschriften auf den hohen Felswänden zu Bisutun am Choaspes (auf dem Wege von Bagdad nach dem alten Ekbatana, der Sommerresidenz der Perserkönige) wird noch manches Datum über persische Völker- und Länderverhältnisse hinzufügen. Sie hat nicht weniger als tausend Zeilen. Die ersten Entzifferungsversuche von Rawlinson, Norris u. A.

bedürfen in dieser jungen Kunst noch manche kritische Prüfungen, ehe sie brauchbare und sichere Resultate darbieten. [1])

Sicher hatten die Perser auch Landkarten. Herodot's Angaben (V. 52) scheinen darauf hinzudeuten. Die Griechen in Kleinasien kannten den Gebrauch der Landkarten schon zur Zeit des Perserkönigs Darius. Die erste ganz bestimmte Nachricht darüber kommt bei Herodot in der Geschichte des Aristagoras, Statthalter von Miletus vor (V. 49). Aristagoras rief Milet zur Empörung wider die Perser auf, und schiffte nach Sparta und Athen, dort Beistand zu suchen. Um ihnen die Lage der Länder in Asia minor begreiflich zu machen, zeigte er eine große Kupfertafel vor. Auf dieser, sagt Herodot, war das Bild vom Umkreise der Erde eingegraben, die Meere, Flüsse, Städte und Heerstraßen darin verzeichnet. Die Tafel nennt Herodot *χάλκειον πίναχα*. Wer der Erfinder dieser graphischen Kunst gewesen, wird uns nicht gesagt. Schon Anaximander soll ein Abbild von der Erde entworfen haben; auch Hekatäus hatte Landkarten gezeichnet. Gronov und St. Croix vermuthen deshalb nicht ohne Wahrscheinlichkeit, daß Aristagoras eine solche Karte des Hekatäus mit nach Sparta gebracht habe. Plutarch im Nikias spricht über Landkarten zur Expedition des Alcibiades nach Sicilien. Aus Apollonius Rhodius in seiner Argonautenfahrt VI. 225 und den Scholiasten zu dieser Stelle ergiebt sich, daß man die erste Erfindung dieser kartographischen Darstellung nicht den Griechen in Vorderasien zuschreiben kann. Sie war schon weit früher bei den Handelsreisenden Kolchiern im Gebrauch gewesen und das ist für ihre Geschichte, in der so

[1]) Rawlinson's merkwürdige Inscriptionen s. in Journal of the Asiatic Society of Great Britain and Ireland. vol. X. Lond. 1847. Donaldson über alte Persische Inscriptionen zu Behistun, die Herodot falsch verstanden haben soll. Athenäum 1851. 1. Febr. Nr. 1214. u. 140 in Asiat. Society 18. Jan. 1851.

Vieles dunkel und fabelhaft geblieben, gewiß nicht gleichgültig. Die Kolchier, sagt Apollonius Rhodius (Argonaut. IV. 280 ff.) und der Scholiast, hätten von ihren Vorvätern seit alten Zeiten es gelernt, auf Tafeln die Wege zu Land und zu Wasser für ihre Wanderungen zu verzeichnen; anfangs auf Steinen, dann auf Holztafeln. Diese Tafeln werden *κύρβεις* genannt, wie nach Eratosthenes die alten Gesetztafeln der Athener. Sie gehören unstreitig zu den ältesten Landkarten, und dergleichen mochten wohl auch Herodot vor Augen liegen, wo er (IV. 21—25) die Handelswege der nordischen Völker am Borysthenes und Pontus angiebt. In dem Berichte von den Skythen, die mit ihren sieben Dolmetschern in sieben verschiedenen Sprachen die Stationen durch eben so viele Völkerschaften von den Sauromaten zu den Thyssageten, Argippäern, Issedonen u. s. w. bis in das innere Asien zurücklegen, ist ein solches Routier nicht zu verkennen. Wegekarten sind überhaupt die Anfänge der Länderkarten bei allen Völkern. So die Stationen der Kinder Israel bei ihrem Auszuge aus Aegypten nach Canaan durch die Wüste Sinai. Solche Marschrouten scheinen auch die der Kolchier gewesen zu sein. Auch die ältesten persischen Karten waren Wegekarten. Schon unter Darius Hystaspis und Xerxes waren Etappenstraßen in vollem Gange. Durch Herodot (VIII. 98) erfahren wir, daß solche „Königswege" von einer Residenz zur andern auf der ehernen Tafel des Aristagoras eingetragen waren. Des Königsweges (*ὁδὸς βασιλική*) erwähnt Herodot V. 49—53; derselbe war durch königliche Stationen (*σταθμοὶ βασιλήϊοι*) förmlich abgemessen. Sie dienten zur Verbreitung königlicher Befehle durch Postreiter, die ihre Depeschen auf bestimmten Wegen zu überbringen und abzuliefern hatten, wie noch heute bei den Türken und Persern die Tartaren-Couriere. Die Messungen waren nach Parasangen gemacht, deren eine gleich 30 Olympischen Stadien oder ³/₄ geogr. Meilen war. Zu den Parthern ging dieselbe Einrichtung, nur nach einem andern, ursprünglich ägyptischen Maße, dem Schönus über, welcher 2 Parasangen gleich war. Auf Alexander's Eroberungszügen in Vorderasien waren die Parasangen durch seine Bematisten (Ausschreiter, Messer, Ingenieure) in Olympische Stadien verwandelt, deren 40 der geogr. Meile gleich sind. Erst weit später lernten die Römer in ihren Kriegen mit den Parthern dieselben Wegmessungen (Postrouten, Wegekarten) durch Vorderasien kennen. Sie übertrugen sie nach ihren Bedürfnissen (seit Julius Cäsar) für das römische Reich in Mille Passus oder die römische Meile, die 8 Olympischen Stadien oder $^1/_5$ geogr. Meile gleich ist.

Auf die Kolchier müssen wir noch einmal zurückkommen, sie erscheinen uns als ein zu wichtiges Glied in der ältesten Verkettung der Völker des Orients und des Occidents. Sie wohnten auf demselben Boden, den sich in der Gegenwart (1854) England und Frankreich von den Russen wieder als freien Handelsweg vom Pontusgestade nach dem centralen Asien erringen wollen. Schon in der ältesten Argonautenzeit ging dahin dasselbe Streben der Hellenen nach dem goldenen Vließ. Unter der poetischen Form und der mythischen Darstellung lag eine wichtige Thatsache verborgen: der große Landverkehr mit dem reichen Orient auf dem directesten Wege. Die Kolchier werden, wie so viele andre Völker, von den Hellenen Barbaren des Nordens genannt; aber sie waren keine Wilden, sondern, wie sich aus Allem erweisen läßt, ein altes Kulturvolk von unbekannter Herkunft, eine alte Handelscolonie an der Ostküste des Pontus Euxinus, in deren Fußtapfen am Phasis seit der Argonautenfahrt die Griechen, zumal die Milesier, sich festzusetzen strebten. Zwar wollten die Aegypter sie für eine ihrer Colonien ausgeben, als ein berühmtes Volk, das dort aus der Zeit ihrer Sesostriden zurückgeblieben, und dafür führt selbst Herodot einige Scheingründe auf. Xenophon hat sie in seiner Cyropädie (I. 5. 3

u. a. a. O.) wahrscheinlich unter dem Namen der Indier, die er in der Nähe der Paphlagonier angiebt, verstanden. Und Indier, in einem weitern Sinne genommen, als nördliche Central-Asiaten scheinen sie auch uns gewesen zu sein; waren sie nun direct dahin gezogen, oder, wie Hitzig (Philistäer. Lpzg. 1845) will, über Aegypten durch Sesostriden dahin verpflanzt. Lazen und Grusier, seit dem fünften Jahrhundert nach Chr., wie wir aus Procopius wissen, im Lande der alten Kolchier seßhaft, gehören dem indogermanischen Sprachstamme nach Rosen's Sprachforschungen, an.

Wir halten die Kolchier für das westlichste Glied einer langen ältesten Colonienreihe, welche in vorherodotischen Zeiten von Hochindien oder Baktrien, dem Lande der alten Seren ausging, und vom obern Oxus (Gihon) zum Kaspischen See, zum Araxes (Kur), und bis zum Phasis am Pontus reichte. In derselben Art, wie die Seren (Seidenhändler) zur Römerzeit durch die Mitte der Parther dieselben Wege verfolgten, wie später die Bucharischen Handelsleute, und selbst heute noch die indischen Banianen bis Astrachan vordringen, sind die Kolchier an den Pontus gekommen. Ihre Wegerouten mußten Maracanda (Samarkand), Bactria (Balk), ein oberes am Oxus und ein unteres am Seeufer (in der Nähe der heutigen Handels-Oase Chiwa am Aralsee) durchsetzen. Herodot führt in diesen Steppengegenden der heutigen Bucharen, Kirgisen, Kalmücken, Kosaken, die Namen der verschiedenen Völker auf, durch welche man damals zog, von den Issedonen zu den Argippäern, Kynokephalen, Thyssageten bis zu den Kolchiern und Sauromaten (an der Mäotis). Die Landschaft im Westen des Kaspischen Meeres nach dem Pontus zu nennt Herodot selbst Indike. Das ist die Kaukasische Landenge, das heutige Grusien, mit den zu alter Zeit berühmten Ländern Albania, Iberia, Kolchis, am Südabhange des Kaukasus. Da waren die Handelsmärkte mit den skythischen Völkern. Die Kolchier reichten bis zum Tanais. Zu ihnen kamen die Skythen auf ihren Räderkarren über die Eisbrücke der Mäotis, um ihren Tauschhandel zu treiben. Hier sammelte Herodot seine Nachrichten über das mittlere (nichtpersische) und hohe Asien ein, die er sonst nirgends erfahren konnte. Seine Völkerstellung ordnet er also von West nach Ost:

	Skythen	Thyssageten	Sauromaten	
Maioten			Argyppäer	Serica.
	Kolchier	Issedonen	Kynokephalen	

Höchstens bis an den obern Indus konnten diese Nachrichten reichen — über den Indus gingen sie nicht hinaus. Was Herodot auch an andern Stellen (III. 103—105) von Indern erfuhr, bezieht sich immer auf die nördlichen Gegenden. Bei den Kolchiern konnte er Genaueres erfahren. Sie handelten mit Gold, Perlen, Edelsteinen, mit Seide, Gewürzen, mit geschnittenen Ringen von *κουράλιον*, d. i. Rubin, und Lapis Lazuli. Sie holten die Waaren selbst aus ihren indischen und mittelasiatischen Fundorten; sie mußten als die größten Landreisenden durch das Festland Innerasiens in diesem auch am besten bewandert sein.

Mit Herodot beginnt der Zweite Abschnitt der Geschichte der Erdkunde der Alten. Er währt bis zur Völkerwanderung, weil durch sie die Erinnerung an die alte Zeit der Culturwelt verdrängt wird, da mit ihr ganz neue Völkerschaften und Ländergebiete in der Geschichte hervortreten, die nun erst eine vorherrschende Bedeutung gewinnen gegen die der frühern Zeit: in Europa die germanischen und slavischen, in Asien die mohamedanischen Völker.

Dieser Zeitraum umfaßt ein Jahrtausend, von 450 v. Chr. bis 500 n. Chr. Die wichtigsten Momente sind für den Fortschritt der Erdkunde die Bildung der großen Monarchien, die Länderzüge der Eroberer, Alexanders Eroberungen und seiner Nachfolger, der Diadochen, und die Entstehung und Ausbildung des Weltreiches der Römer in allen drei Erdtheilen vom Sacrum Promontorium im südwestlichen Portugal bis zum Euphrat und Tigris im Osten.

Alexander der Große.

Die meisten Geschichtschreiber, welche als Augenzeugen oder Zeitgenossen über die Feldzüge Alexanders des Großen (336—323) Bericht gaben, sind leider für uns verloren. So Dikäarchs Landkarte der Feldzüge Alexanders, der, ein Schüler des Aristoteles, den Eroberer auf seinen Feldzügen begleitete. Sie lagen noch Polybius' und Strabo's Beschreibungen vor. (Buttmanni Quaestiones de Dicaearcho ejusque operibus. 1832.)

Doch sind viele Fragmente jener ältesten Schriftsteller in den späteren Compendienschreibern, wie Curtius, Arrian, Strabo, Plinius gesammelt und aufbewahrt. [1])

Aristoteles Werke enthalten viele neue Bereicherungen der Erdkunde aus jener Zeit, da er als Lehrer Alexanders und als Philosoph den lebhaftesten Antheil an seinen Entdeckungen nahm. Sie sind in seinen naturhistorischen, physikalischen und meteorologischen Büchern zerstreut. [2])

[1]) Das kritische Meisterwerk zur Beurtheilung des Werthes dieser Fragmente ist: Sainte Croix Examen critique des Anciens Historiens d'Alexandre le Grand. Paris. Seconde édition. 1804.

[2]) Königsman de Aristotelis Geographia Prolusiones VI. Sleswich 1803—5. Ideler in Aristotelis Meteorol.

Auch haben sich Nachrichten von dem Indus-Piloten Onesikritus, und zumal von dem Commandeur der indischen Flotte, von Nearchus sein Schiffertagebuch erhalten.

Er war im Osten, wie Pytheas im Westen der Erde, fast gleichzeitig, der erste griechische Beschreiber des Phänomens der Ebbe und Fluth, das die darüber noch unwissenden Macedonier erst in größten Schrecken, dann aber in das größte Erstaunen setzte, als sie ihre Schiffe im Delta des Indus erst in Schlamm versinken, dann plötzlich wieder flott werden sahen. [1])

Durch Alexander wird eine Neue Welt im Osten aufgeschlossen, wie 1800 Jahre später durch Colon die Neue Welt im Westen. Doch nicht allein der Osten, auch der europäische Norden bis zu den Donauländern, und der asiatische bis zu den Oxusquellen, durch die Länder der Skythen bis zur Wolga, wurden durch Alexander bekannter. Doch bleibt die Erschließung Indiens die Hauptsache. Er hatte seinen Nachfolgern, den Seleuciden, zumal Seleucus Nicator, den Weg gebahnt, ostwärts vom Indus zu den reichen und bevölkerten Staaten am Ganges. Seitdem wurde Indien das Wunderland der Europäer im Osten, wie 1700 Jahr später Amerika im Westen.

Die Indische Welt, sagt A. v. Humboldt (Kosmos II. S. 181), führte überall zu einer Erweiterung des Ideenkreises. Die Länge der Erde von West nach Ost wurde den Hellenen in wenigen Jahren um das Doppelte vermehrt. Damit tritt auch eine Erweiterung des Himmelsraumes hervor, und eine

---

[1]) Vincent Periplus oder Commerce and Navigation of the Ancient in the Indian Ocean. London 1800. Uebersetzt von Bredow in Untersuchungen über Gegenstände der alten Geographie und Chronologie. Altona 1804. S. 716 fg. In Droysen's Geschichte Alexander des Großen, Berlin 1833, sind auch dessen Feldzüge, besonders in Beziehung auf Geographie, vorzüglich sorgfältig bearbeitet.

Verschiedenheit der Klimate vom Jaxartes und dem schneereichen Imaus bis zu der Südspitze des tropischen Indiens. Neue Thiere, neue Pflanzen, neue Völker des Orients, neue Gestalten, Sitten, Einrichtungen fesseln in ihrer Abenteuerlichkeit den Blick. Lange, lange über das Mittelalter hinaus dauert der Unglaube an die Berichte eines Nearch, Aristobulus, Megasthenes, Onesikritus und anderer Begleiter Alexanders, weil man im Occident nichts Aehnliches kannte. Die Reisfelder, der Palmwein, die Wolle der Bäume (Bambax), der indische Stahl (Wooz), mit dem man die Steine schneiden könnte, die Seidenzeuge von Raupen gemacht, die indischen Bäume und kolossalen Früchte, wie der riesige indische Feigenbaum, die Banane, die Musa Pisang, der Kokos, die Gewürze, nicht weniger die riesigen Thiergattungen, die Elephanten, Tiger, die indischen Büffelarten, die Riesenschlangen, die Heerden der Antilopen- und Hirscharten, die Riesenameisen u. m. a. — klang das nicht alles wie ein Mährchen? Auch die Menschengattungen des Orients mit ihren so eigenthümlichen andern Sitten, Kriegführungen, Religionen und Philosophien setzten, weil noch Alles neu und unverständlich war, in Erstaunen, auch sie verwies man in das Reich der Fabeleien und Lügen. Erst die orientalische Sprachforschung, die Münzkunde, erst der geographische Fortschritt der neuesten Zeit und die gesundere Kritik hat jene Angaben dem größten Theile nach gerechtfertigt.

Am Indus und Ganges fanden die Griechen mächtige bevölkerte und cultivirte Staaten, mit Palästen, Tempeln und Architekturen, und einer Edelsteinpracht, von der sie zuvor gar keine Vorstellung gehabt. Megasthenes, der Gesandte der Seleuciden bei den indischen Fürsten im Reiche Magadha am Ganges lernte dort Prachtstädte und Schätze kennen. Er besuchte zuerst die Capitale Palibothra am Ganges. Sie war die Hauptstadt des Volkes der Prasier. Arrian, Strabo und Plinius, die seinen Berichten folgen, sagen, diese Capitale habe 64 Thore, 570 Thürme gehabt, und habe sich 180 Stadien (8—9 Stunden) am Strome entlang gedehnt. Alexander selbst, überrascht von der Indischen Literatur und Philosophie, suchte einige ihrer großen Weltweisen aus der Kaste der Gymnosophisten durch Gnadenbezeugungen und Geschenke an seinen Hof zu ziehen; aber Mandanes war nicht dazu zu bewegen, weil ihm Alexander ein zu geringer Herrscher über ein nur kleines Theil der Erde erschien, um (wie er selbst vorgab) ein Sohn des Großen Zeus zu sein; — und der Philosoph Calanus, der über die Grenze Indiens Alexanders Zug eine Strecke weit gefolgt war, beschloß freiwillig sein Leben auf dem Scheiterhaufen im Feuertode, der ihn aus den Qualen des irdischen Lebens befreien sollte.

Alle neue Dinge werden lange Zeiten hindurch mißtrauisch für Mährchen gehalten. Die Wolle des Baumes hat seitdem die Industrie der Völker umgestaltet, das Gewebe des Seidenwurmes Millionen erzeugt. Die Ruinen von Palibothra sind vor wenigen Jahren wieder aufgefunden. Sie liegen an dem Zusammenfluß des Soreflusses unterhalb Patna mit dem Ganges, der Stadt Hadjipur gegenüber, die aus ihren Trümmern aufgebaut worden. Ihre Ruinen entsprechen den einheimischen ältern Nachrichten der Inder von ihrem Patali-putra, das noch im siebenten Jahrhundert von Chinesischen Buddhisten als eine heilige Stadt ihres Religionsstifters besucht wurde. [1])

Wie in dem berührten Falle, so hat in unzähligen andern ein gründliches Studium der orientalischen Monumente und Spra-

---

[1]) Will. Franklin Inquiry concerning the Site of ancient Palibothra. London 4. Rovershah Memorandum on the Site of Palibothra. Calcutta 1845. 8. Ueber die Zustände des alten Indiens siehe v. Bohlen das Alte Indien mit besonderer Rücksicht auf Aegypten. Königsberg 1830. Lassen Indische Archäologie. Bd. III. 1857.

chen, zumal aber des Sanskrit, seiner Literatur und Inscriptionen auf den Architekturen, in den Poesien und Prosen der ältesten Zeiten Angaben der Alten gerechtfertigt, bestätigt, näher erläutert. Aus diesen in unserm halben Jahrhundert so glänzend fortgeschrittenen Studien geht hervor, daß schon einige hundert Jahre vor Alexanders Eindringen in Indien dort die höchste Blüthezeit der Künste und Wissenschaften, ihre classische Zeit, vorüber war.

Das Wunderland Indien darf uns nicht allein beschäftigen. Die kurzen zwölf Jahre, die Alexanders Regierung dauerte, haben die geographische Kenntniß auch nach vielen andern Seiten hin erweitert. Auch darf ein Gesammtüberblick über seine Züge nicht fehlen.

Durch ihn wurde vom Granikus an das ganze mittlere Kleinasien bekannter als zuvor, von dem Schlachtfelde am Granikus bis zum Taurus. — Durch den Sieg bei Issus am Amanus-Gebirge wird die Natur der Syriae Pylae, oder der Eingänge in das Perserreich, und ganz Vorderasien aufgeschlossen. Die Lage der phönicischen Küstenstädte, zumal von Neu-Tyrus, der Inselstadt, die Pelusische Mündung des östlichen Nilarms, die Alexander mit seiner Flotte beschiffen ließ, um Memphis zu erobern, die Gründung des Welthafens Alexandria, der Zug nach dem Orakeltempel des Zeus Ammon sind besonders hervorzuheben. Das Ammonium (jetzt Siwah) liegt zwölf Tagereisen in Westen von Kairo nach Hornemann, zwölf Tagereisen in Westen von Memphis nach Plinius. Alexander ging aber auf einem andern Wege vom Hafen Alexandria dahin, über Parätonium (jetzt Baraton) am Meere. Ein eigener Fürst beherrschte die Oase; in der Nähe seines Palastes lag der Zeustempel mit dem berühmtesten Orakel des Zeus, für dessen Sohn sich Alexander anerkennen ließ. Herodot (IV. 181) hatte jenen Orakelort gesehen mit dem Sonnenquell im Palmenhaine und der Tempelburg mit dreifacher Ummauerung. Von Hornemann (Reise von Kairo nach Murzuk 1802) und Ehrenberg ist dieser Ort wieder entdeckt.

Die wichtigen Entdeckungen für das Morgenland beginnen auf den Ostseiten des Euphrat und Tigris. Die großen Residenzen von Babylon (das alte Ninive war schon vergessen), Susa, Persepolis, Ekbatana, mit ihren großartigen Monumenten, die so viele Aufschlüsse aus jenen Zeiten gegeben haben, werden bekannter, und die Feldzüge durch die Kaspischen Pforten (Pylae Caspiae) nach Baktrien, an den Oxus und Jaxartes erschließen den Norden.

Durch Alexander wurden zum ersten Mal die Länder zwischen Oxus und Jaxartes (Gihon und Sir), das alte Sogdiana (al Sogd, Paradiesland) besucht, das heutige Mawar al Nahar (Bucharei). Alexander überschritt selbst bei Taxila, dem heutigen Attok, den Indus, den Herodot noch als den äußersten Oststrom der Perser nennen hörte, aber nichts von ihm zu sagen wußte. Mit dem hohen Paropamisus (10,000′), mit dem 20,000′ hohen Schneegebirge (d. i. Hima laya, dem Meru), mit den Hochthälern von Kaspathras (Kaschmir), mit dem Fünfstromlande der Pentapotamie eröffnete Alexander der Erdkunde eine ganz **neue Welt**. Er sollte sie an ihrem Westsaume nur berühren; sie war zu groß für den einzelnen Menschen. Sie zu ergründen, dazu gehörte ein nachfolgendes Jahrtausend. Vom Vordringen ostwärts gegen den Ganges ward er durch den Widerstand seiner Truppen abgehalten, die in so weiter Ferne nach der Heimath verlangte. An der Ostgrenze seiner Entdeckungen zwischen Hyphasis (Bedscha) und Hesudrus (Sutludsch), den er nicht überschreiten konnte, errichtete er den Göttern zwölf Dankaltäre, hoch wie Thürme, sagt Arrian, deren Trümmer aber bis jetzt noch nicht wieder aufgefunden worden. Er schiffte mit seiner Flotte neun Monat abwärts und eroberte die Uferreiche (Malli) bis

Patala. Dann zog er mit dem Landheer durch Gedrosien und Karamanien zurück. Nearchus schiffte mit der Flotte, Anfang Septembers 326, von Patala ab, und kam erst nach fünf Monaten an der Küste des Euphrat an. So war das Indische und Erythräische Meer durchschifft.

Der frühzeitige Tod Alexanders endete die Reihe seiner Entdeckungen, die nach Curtius (X. 1. 10—18) auch bis in den Westen zu den Säulen des Herakles projectirt waren. Schon waren neue begonnen, als seine Todtenfeier in Babylon ihnen eine Grenze setzte. Er hatte Hiero ausgesandt, die Halbinsel Arabien, deren Meerumgrenzung noch unbekannt war, zu umfahren und zu erobern. Er ließ den Kaspischen See, dessen Südende er bei der Verfolgung des Darius gesehen, beschiffen, um sein Nordende zu erforschen. Heraklides sollte aus den Wäldern Hyrkaniens eine Flotte bauen. Man glaubte auf ihm bis in den Mäotischen See einfahren zu können, und dachte an einen Zusammenhang des Kaspischen Meeres mit den Nordmeeren.

Zu den wichtigsten geographischen Denkmälern, die Alexander der Nachwelt hinterlassen hat, gehören noch die zahlreichen Gründungen von Colonien, die er an den merkwürdigsten und ausgezeichnetsten Localitäten öfter mit solchem Scharfblick in die Zukunft anzulegen wußte, daß sie viele Jahrhunderte, ja manche wohl ein paar Jahrtausende überdauert haben, wie Alexandria.

Sie reichen von Baktrien (Afghanistan) und Indien durch ganz Iran (Persien), Mesopotamien, Syrien, Kleinasien, Aegypten: friedliche Colonisation, nicht in dem Styl asiatischer Despoten, wahrer Barbaren, welche wie Darius die gefangenen Eretrier, Milesier und andre Griechen an den Persergolf verpflanzten; oder wie die Assyrierkönige die Stämme Israels in die Gefangenschaft an den Euphrat und Chaboras, oder an die Wasser Babylons führten und dort ansiedelten, und die Besiegten zu Sklaven und Knechten machten. Alexanders Colonien waren Ansiedelungen freier Männer griechischer Bildung, mit Selbstständigkeit des Gemeinwesens, mit eigner Verwaltung der Städte, mit Schonung und Ausbildung des einheimischen Cultus (nicht Zerstörung, wie durch den Fanatismus asiatischer Sonnendiener), mit Freilassung der Besiegten, aber mit Einführung griechischer Sprache, Sitte, Kunst und Wissenschaft.

So blühte Alexandria ad Caucasum (Kabul am Indus), Alexandria am Nil in Aegypten zum berühmten Welthafen auf. Ebenso Alexandria ad Issum in Syrien (jetzt Alexandrette) wurde ein großes Emporium, und schon war ein großer Hafenbau am Euphrat unterhalb Babylon für phönicische und griechische Weltschifffahrt nach Indien und um Arabien nach Aegypten begonnen, um den Weltverkehr zwischen dem Orient und Occident anzubahnen, als Alexander starb. Noch war die Welt nicht reif genug für solchen Fortschritt.

Strabo, Plinius und andere Autoren führen an 70 Städte in Vorderasien auf, die als Alexandria's von Alexander in vielen Ländern und an vielen Flüssen von ihm begründet worden; noch heute bestehen ein halbes Hundert unter demselben Namen Alexandria, aber meist verdreht, wie Alexandrette, Skanderun, Iskender, 'Kandahar, oder mit gänzlich veränderten orientalischen Benennungen. Diese Colonien sind es, welche griechische Cultur nach Asien verpflanzten, durch freiere, republikartige Verfassungen und Einrichtungen den starren, despotischen Orient zu brechen suchten, durch Handel, Kunst und Wissenschaft das meiste zur Cultur und Kenntniß von ganz Vorderasien beigetragen haben.

Dem System Alexanders, den Orient durch griechische Civilisation zu heben, sind auch die Nachfolger Alexanders, wie die Seleuciden in Asien und die Ptolemäer in Afrika großentheils treu geblieben. Griechische Sprache und Kunstbildung drang dadurch sogar auf längere Zeit bis nach Oberindien und in das baktrische centrale Hochasien ein, wodurch auch jene fernen Erdgegenden immer mehr aus dem Dunkel hervortreten mußten, in das sie freilich oft wieder zurückgesunken sind. In Barygaza (Baroda bei Surate) auf dem großen Emporium galten zur Zeit, wo der Periplus Maris Erythraei geschrieben ward, die Gold- und Silbermünzen mit griechischem Stempel so gut wie die Dariken und östlichen Goldstücke. Die Parthermünzen hatten größtentheils griechisches Gepräge, und das ganze Münzwesen Westasiens erhielt griechischen Stempel. Philhellenen wird Beiname der Partherkönige. Als Crassus zur Zeit Julius Cäsars als Triumvir bei Carrhä in Syrien (53 v. Chr.) geschlagen war, wurden in der Residenz des Partherkönigs die Bakchen des Euripides zur Festfeier des Siegs aufgeführt für König Orodes. In Syrien, Palästina, Kleinasien, am Kaukasus bei den Mithridatischen Königen am Pontus, fand überall die griechische Sprache und Sitte Eingang. Dies wurde die Grundlage, auf der späterhin die Römer überall so leicht Eingang fanden in Westasien und ihre Herrschaft behaupteten.

Jene Diadochenzeit ist ein Vorbild unsers Jahrhunderts, das seinen civilisirenden Einfluß auf den ganzen Erdkreis gewonnen hat. [1]) Ehe wir jedoch uns zu den für die Erdkunde so wichtigen Ptolemäern wenden, geziemt es sich wohl, auf die beiden Hauptvölker des Orients, Inder und Chinesen, einen Blick zu werfen.

---

[1]) Droysen die Hellenischen Colonien des Orients und die Städtegründungen Alexanders und seiner Nachfolger. 1843. 8.

Inder und Chinesen.

Bei den Indern war zu Alexanders Zeit schon manches geschehen, was selbst den Macedoniern neu war, Manches vollendeter ausgearbeitet, als bei den Abendländern: so die Kosmographie und Geographie. Die alte gelehrte Priesterkaste der Brahminen besaß ihre Landkarten, wie einst die Priester am Nilstrome, sowohl Karten von dem ganzen Erdkreise wie Specialkarten von ihren besondern Landschaften. Sie hatten ihre Astronomie, ihre Kosmologie und geographischen Systeme. Diese waren mit Gelehrsamkeit und eigenthümlicher Speculation ausgearbeitet. Die merkwürdigsten Kenntnisse betreffen Asien, weniger Genaues ist über andere Erdtheile bei ihnen zu finden.

Ein genaueres Studium der Sanskrit-Werke hat die Erdkunde des Orients schon um manches bereichert, und wird noch immer größere Ausbeute geben: denn wir sind, erst seit ein paar Jahrzehnten, im Anfange der Kenntniß der Sprache wie der alten Literatur der Inder begriffen. [1])

Das Studium der alten Geographie der Inder ist aber ohne ein gründliches Studium ihrer Mythologien, Kosmogenien und Religionssysteme nicht möglich, und bleibt immer schwierig, weil alle Wissenschaft bei ihnen in symbolisch-religiöser Gestalt erscheint.

Wird doch die Erdkunde geradezu auf göttliche Autorisation zurückgeführt. Im sechsten Buche der indischen Ilias, dem Epos Mahabharata, findet sich eine geographische Episode von 300

---

[1]) Den Anfang und Anstoß dazu hat erst die Asiatische Societät in Calcutta, die zu Anfang dieses Jahrhunderts aufblühte (nachdem sie von Johnston 1798 gestiftet war), in ihren Academieschriften, deren an zwanzig Bände in Calcutta erschienen, gegeben. Andere Asiatische Gesellschaften sind denen gefolgt.

Versen. Brahma selbst beauftragt seinen Diener, den weisen Sandschyas, den Menschen die Kenntniß der Erde zu verkünden:

Der Flüsse und der Berge Namen, o Sandschyas,
So auch der Dörfer, und was sonst auf Erden wohnt,
Die Maße auch, o Maßkundiger, insgesammt,
Alles berichte Du, und auch die Wälder, o Sandschyas.

Und nun beginnt die Aufzählung der beiden Oceane, der sechs Hauptgebirge und alles Uebrigen.[1] In dem zweiten großen Epos, dem Ramayana, ist die Eroberung des großen indischen Königs Rama der Insel Lanca, d. i. der heiligen Insel Ceylon beschrieben. Man hat dieses alte Abenteuer Rama's und seines Gefährten Hanuman, des Königs der Affenvölker, wohl mit der Odyssee verglichen. Das vierte Buch dieses Epos der Ramayana enthält eine Beschreibung der ganzen Erde, in der die heilige Lanca, Ceylon, Taprobane (d. h. Büßerinsel) der Griechen, die Hauptrolle spielt.

In den verschiedenen Religionslehrbüchern der Brahminen, den Vedams, kommen (ebenso wie im Alten Testamente der Hebräer) wichtige geographische Angaben vor. Diese Vedams in 16 Foliobänden sind nun schon in mehreren Exemplaren im Besitz der europäischen Orientalisten, sowie auch viele Commentare ihrer Priester über dieselben, welche Purana's heißen und aus verschiedenen Jahrhunderten herstammen. Daran befindet sich immer ein Capitel zur Erklärung der Geographie, Bhavana darsa, d. i. Weltspiegel, genannt.

Die Inder besaßen eine Erd- und Welttafel, die mit der Mosaischen Kosmogonie einzelne Züge (wie das Hervorgehen aus dem Wasser) gemein hat, sonst aber ganz eigenthümlich gestaltet ist. Eine heilige Blume der Hindus ist die Lotosblume (Nym-

---

[1]) Uebersetzt von Rosen, in's Deutsche, herausgegeben von C. Ritter. S. Monatsberichte der Berl. Geogr. Gesellsch. 1848. B. V. S. 35—44.

phaea Lotos), eine Verwandte unsrer weißen Wasserrose. Die Welt ist eine auf dem Wasser schwimmende Lotosblume. Die gewordene Welt ist die entfaltete Blüthe; die Knospen sind werdende Weltschöpfungen.

Die Lotosblume wurzelt in der Tiefe des Wassers, und wenn ihr Stiel Blumen treibt, steigt er erst an die Oberfläche des Wassers hervor und blüht dann auf zur schönen, prachtvollen Blume. So soll auch der Weltschöpfer Brahma in der Tiefe des Oceans ruhen, und aus diesem erst schaffend hervortreten, wie seine Erde. Die Mitte dieser Lotosblume, ihr Fruchtboden mit dem Pistill, ist die Mitte Hochasiens: Hochindien, Tübet, die hohe Tartarei der Kegel der Mitte, Meru bedeutet den Himalaya, dessen ewig reine Schneehöhe ihnen Kailasa, der Versammlungsort der Götter ist. Es ist ihr Olymp. Aus den Staubfäden und Honigbehältern, die um den Fruchtboden stehen, lassen sie die befruchtenden Ströme der Erde nach den vier Weltgegenden fließen. Nach diesen liegen aber auch die vier Hauptblätter der Lotosblume auf dem Wasser ausgebreitet: gegen Südenvihr Indisches Halbinselland, das Hauptblatt Dwipa (d. i. meerumflossen), dessen köstlichste Frucht die Jambu (Eugenia Jambu), die Speise der Götter ist, wie Ambrosia bei den Griechen. Daher nennen sie Indien Jambu Dwipa. Weil es aber die günstigste Lage gegen die Sonnenseite nach Süden hat, so heißt es auch Dacshina, d. h. die rechte Seite, als die vornehmste, indogermanische. Noch heute heißt das Südende Vorderindiens bekanntlich Dekan. Arrian schreibt mit griechischer Verstümmelung den Namen Δαχιναβάδης. Dasselbe Blatt, India der Europäer, das der Inder niemals mit diesem Namen belegt, wird, wie Teutschland von Teut, so auch Bharata kanda, das Land Bharata genannt, weil Bharata als Urstammvater der Inder verehrt wird.

Die übrigen Blätter der Blume sind: gegen Osten Chin

(China); gegen Norden Kuru, Uttara Kuru (Atta Cori bei Plinius), das nordische Sibirien; gegen Westen Javan, Jon (Jonien), Land der Javan, d. i. Iran und das Abendland. Zwischen den großen vier Hauptblättern nach den Weltgegenden, denen auch die Flüsse folgen (zwei chinesische in Ost, zwei indische in Süd, zwei westliche Sir und Gihon, mehrere nordische sibirische) liegen kleinere Blättchen, so Hinterindien. Banka (noch heute in Malakka, d. h. ma = maha, magna, und lakka für das nasale lanka), so Sankha (Zanguebar). Um die Blüthenblätter herum liegen dann wie bei der Victoria regia noch Blätter zerstreut, das sind die Inseln: so Taprobane, die Malediven und Lakkediven.

Manches ist hier sinnreich ausgedacht, Anderes weniger naturgemäß und unpassend.

Die Idee eines Ganzen, und zwar eines organischen Gewächses, dessen Wurzel im unerforschlichen Ocean ruht, dessen Blüthe sich gen Himmel an der Sonne entfaltet, liegt dieser kosmogenischen Ansicht zu Grunde. Der Lotosfruchtboden bildet in der indischen Sculptur die Unterlage aller Götterbilder, im Stehn oder Liegen. Darüber speculirten und philosophirten die indischen Weltweisen und bildeten danach ihre kosmologischen Systeme aus, wie dies bei den Jonischen Philosophen der Schule des Thales zu Milet der Fall war. Unsre mathematische, geometrische, topische Auffassungsweise der Landkarte war ihnen fremd. Sie verfolgten mehr das Genetische in der Zeit; die Abendländer suchten mehr das Gewordene im Raume geometrisch darzustellen. Auf ihren Specialkarten, wo das Genetische keine Anwendung finden konnte, folgten sie auch mehr geometrischer Anordnung.

Ein anderes System verfolgten die Buddhistischen Hindus, die alle Begriffe mehr auf das Materialistische, und zumal auf mathematische Formeln reducirten. Ihnen ist der Triangel die vollkommenste, sinnreichste Form. Sie zeichnen also die Erde als ein großes Dreieck, wovon ihr auserwähltes Indien wieder das kleinere südliche Dreieck in vollendetster Form bildet. Rund umher sollen die übrigen Länder und Inseln im Meere wie im Kreise liegen. Ptolemäus, der später wohl in seiner Beschreibung Indiens manche Notiz aus diesen Quellen geschöpft haben mag, giebt die Zahl solcher Inseln auf 1378 an.

Vom europäischen Westen haben die Hindu wohl erst in späteren Jahrhunderten erfahren. Die Fabeleien der Priester können nicht etwa das Gegentheil erweisen. Manche der heutigen Brahminen am Ganges, und ihre Gelehrten, die Pandits, sind aus Eitelkeit und Hochmuth, weil sie gegen ihre Vorfahren meist in grobe Unwissenheit herabgesunken sind, desto geneigter, die lernbegierigen Fremdlinge, die Europäer, zu betrügen. Anfangs im alleinigen Besitz alter Sanskritschriften und im ausschließlichen Besitz ihres Verständnisses durch die Sanskritsprache, konnten sie ihren neugierigen Sanskritschülern, die zu ihnen in die Schule gehen mußten, gar Manches daraus weiß machen. Und daran ließen sie es zu ihrer eignen Verherrlichung so wenig fehlen, wie in ähnlichen Fällen die eiteln Bonzen in China. Sie datirten ihre Chronologie und Literatur um viele Zehntausende von Jahren zurück und wollten schon die ganze Welt der Europäer gekannt haben in ältester Vorzeit. Colonel Francis Wilford in Calcutta, ein eifriger Schüler der Brahminen, wurde eine Reihe von Jahren hindurch von ihnen ärger irre geführt, als je Herodot von ägyptischen Priestern. Er theilte nach ihren Aussagen in den ersten Bänden der Calcuttaschriften (Bd. III. 1792. Bd. V. 1798 u. 99) unglaubliche Dinge über Mythologie, Geschichte, Geographie mit. So sollten die alten Inder schon die Britischen Inseln in Europa gekannt und Heilige Inseln, 'Sacred Isles, Irland Invernia (daher Jerne) genannt haben. Erst im Jahr 1805 im achten Bande entdeckte

Wilford den ganzen Betrug, den ihm die Pardits gespielt hatten. Sie hatten seinen antiquarischen Eifer durch plausible Erdichtungen zu befriedigen verstanden. [1])

Eine ganz neue Quelle für die indisch-asiatische Erdkunde bilden die indischen an die Zeit Alexanders d. Gr. erinnernden Statthalterschaften in Baktrisch-Persischen Provinzen, in Oberindien, welche noch lange nach den Diadochen, von denen sie sich meist unabhängig machten, fortbestanden, die aber wegen der weiten Entfernung und der Unterbrechung des unbedingten Verkehrs verschollen und vergessen sind. Außer wenigen Nachrichten in der Geschichte der Seleuciden wußte man nichts von ihnen. Aber die jüngsten Forschungen der Reisenden bei den Eroberungszügen der Engländer im obern Induslande, in dem alten Bak-

---

[1]) Wir stehen erst seit ein paar Jahrzehnten im Anfange unsrer Kenntniß der Geographie aus Indischen Quellen. Wie wichtig aber diese Sanskrit-Quellen nach und nach werden, ergiebt sich schon aus folgenden Werken: A. W. v. Schlegel Indische Bibliothek. 1827. Darin im zweiten Bande zumal die ersten kritischen wichtigen Geographischen Abhandlungen über Sanskritquellen. Christ. Lassen Commentatio Geographica de Pentapotamia Indica. Ders. Zur Geschichte der Griechischen und Indoskythischen Könige in Baktrien, Kabul und Indien. Bonn 1838. Dess. Schriften in der Zeitschrift Kunde des Morgenlandes 1837—1846. 7 Th. Dess. Indische Alterthumskunde. Bonn 1843. in 4 Bänden noch unbeendigt. Das umfassendste, reichhaltigste Werk, aus den Quellen mit Kritik geschöpft, wie keine andere Nation ein ähnliches besitzt. Die Geographie darin sehr vollständig vertreten. Dazu H. Kiepert Karte vom Alten Indien. Joannes Gildemeister Scriptorum Arabum de Rebus Indicis loci et opuscula inedita. Bonnae 1838. Megasthenis Indica Fragmenta collegit etc. Schwanebek. Bonn. 1846. Johannsen (C. Th.) Die kosmogenischen Ansichten der Inder und Hebräer. Altona 1833. Reinaud Fragmens Arabes et Persans inédits relatifs à l'Inde avant le XI. Siècle. Paris 1845. Reinaud Mémoires géogr. histor. scientifics sur l'Inde avant le XI. siècle d'après les écrivains Arabes, Persans et Chinois. Paris 1849. Reinaud Géographie d'Abulfeda. Paris 1848. Vol. I. Introduction générale.

trien, in Afghanistan, haben unendliche Schätze von Münzen ans Licht gebracht, welche von den Nachfolgern Alexanders in jenen Ländern geprägt wurden. Bereits sind fast vollständige Genealogien der Herrscher zusammengestellt. Der wichtigste Aufschluß findet sich in Ariana antiqua Antiquities and coins of the Baktr. and Ind. von Wilson, London 1841, mit den Abbildungen der Münzen, die sich jetzt zu vielen Tausenden in den Museen von Europa niedergelegt finden. Dadurch ist ganz anderes Licht über die innerasiatischen Völkerverhältnisse gekommen. Die europäische Civilisation, die durch die Alexandrinischen Gründungen auf den Orient wirkte, hat auch wieder zurück auf europäische Cultur gewirkt, auf die Periode der Völkerwanderungen. Der Hauptsitz war in den gebirgigen Umgebungen des alten Baktrien, dem Arjah der Perser, Ariana (daher Wilsons Ariana antiqua). Durch solche Forschungen ist die Zeit aufgeklärt über Völker, die früher als rohe Völkermasse zusammengeworfen wurden.

Von den geographischen Kenntnissen der alten Inder haben wir also erst seit ein paar Jahrzehnten Kenntniß erhalten. Auf ähnliche Weise verhält es sich mit der alten Geographie ihrer östlichen Nachbarn, der Sinen, der heutigen Chinesen.

Auch China war schon vor Christi Geburt ein blühender Culturstaat, und zu Alexanders d. Gr. Zeit nicht ohne Bedeutung, obwohl die Völker des Abendlandes über dasselbe völlig unwissend geblieben waren.

In dem Propheten Jesaias scheint die erste Spur ihres Namens und einer dunkeln Sage von ihrem Volke vorzuliegen. Cap. 49. V. 11. Ich will alle meine Berge zum Wege machen, und meine Pfade sollen gebahnet sein. V. 12. Siehe, diese werden von ferne kommen, und siehe, jene von Mitternacht, und diese vom Meer, und jene vom Lande Sinim. Wenigstens ist von einem sehr fernen Volke die Rede, dessen Macht, wenn es heranzog, zu fürchten war. Gesenius und anderen Orientalisten schien dies auf das chinesische Volk zu deuten, das in jenen frühen Jahrhunderten dem vordern Asien schon näher gerückt sein konnte als in der Gegenwart. Doch hatten die Macedonier zu Alexanders Zeit keine nähere Kenntniß von diesem großen Ostreiche, sonst würden sie doch wohl irgend eine Nachricht darüber hinterlassen haben. Zwar nennt Eratosthenes (Strabo I. 65) die *Θῖναι* im äußersten Osten der Erde, und konnte in Aegypten, wo er im zweiten Jahrhundert v. Chr. lebte, wohl von macedonischen Griechen diese Kunde erhalten haben; doch führt er nichts weiter als diesen Namen von dem Ostende der Erde an.[1]) Ptolemäus erst, im zweiten Jahrhundert n. Chr., kennt besser Sinarum regio, die an das Land Serica der Seidenhändler (Seren) grenze, und jenseit des Gangeslandes oder Indiens liege (VII. 3.). Wir können kaum daran zweifeln, daß er diese Nachrichten von den Sitzen der Sinen und Seren am Westende ihrer Herrschaft, in den heutigen Bucharischen und Turkestanischen Landschaften am obern Oxus und Jaxartes, durch seine Landsleute, die griechisch-baktrischen Könige, erhielt. Denn diese blieben ja eine Reihe von mehreren Jahrhunderten hindurch die Herrscher jener Landschaften, welche die Macedonier als Baktrien und Sogdiana zwischen Oxus und Gihon entdeckt und sich unterworfen hatten. Auch mit den syrischen Königen traten sie wohl in Berührung; wenigstens hat Wilson auf einer Indischen Inscription die Namen von Antiochus und andern griechischen Königen vorgefunden (Athenäum No. 970. S. 556). Jene längere Herrschaft beweisen die schon angeführten Münzschätze der Ariana antiqua.

---

[1]) Diese früher allgemeine Annahme ist beseitigt durch die Aenderung der Lesart *διὰ Θινῶν* in *δι' Ἀθηνῶν* bei Strabo: s. Kramer ad l. c.
(Anm. d. Herausg.)

Die Sinen aber waren dort, wo schon Cyrus seine Grenzstadt Cyreschata (das später so berühmte Samarkand) angelegt hatte, längst einheimisch geworden. Ihre mächtige Dynastie, die sich Thin nannte, saß schon drei Jahrhunderte v. Chr. in Mittelasien auf ihrem Throne, und nach ihr wurde ihr Volk von den Abendländern Sinen genannt. Mit ihnen und ihren Stammverwandten, den Seren (den Seidenhändlern), welche noch zur Parther- und Römerzeit ihre Handelswege mit Seide und Seidenzeugen zum Kaukasus und Pontus nahmen, mußten die griechisch-baktrischen Könige, nach Alexanders Zeit, in vielfache Berührung kommen, und so Nachrichten von dem alten Reiche der Thindynastie, dem nachherigen chinesischen Reiche, erhalten. Daß die Seren ihre Stamm- und Sprachverwandten sein mochten, könnte wohl daraus hervorgehen, daß im Chinesischen Ser den Seidenwurm und die Seide bezeichnet, die sie aus China, der Heimath des Seidenwurmes, nach dem Westen verhandelten. Daher Serica der Römer, Sericum, die Seide. Da aber manche der Chinesen-Dialekte das r nicht aussprechen können, so blieb Se und Seta, Seide, die bei andern germanisch-getischen oder gothischen Völkern gebräuchliche Benennung, auch im spätern Lateinischen. So wurde, wie dies im Alterthum öfter der Fall war, die Waare früher den Westvölkern bekannt, als das Volk, das sie verführte, und als das Land, in dem sie erzeugt wurde.

Kein Wunder auch, daß die byzantinischen Kaiser im fernen Westreiche eine Kunde von diesem mächtigen Ostreiche erhielten, und geneigt wurden, sich mit ihm in freundschaftliche Verbindung zu setzen, zumal in der Zeit, als die Kriege der Mohamedaner aus Centralasien gegen Westen das byzantinische Reich in Syrien und Mesopotamien zu bedrohen anfingen. Aus dieser Zeit, vom Jahr 638, ist uns die Nachricht von einer Gesandtschaft zwischen dem Kaiser Heraklius und dem chinesischen Kaiser Thaitsing überliefert, welcher in seinem chinesischen Schreiben die Residenz des

Heraklius mit Folin oder Bolin bezeichnet, was früher unverständlich geblieben, bis man darin die griechische Abkürzung des Namens Constantinopel (Stambul), nämlich εἰς τὴν πόλιν, wieder erkannte. Aus den chinesischen Schriften geht auch hervor, daß die Chinesen weit nach Westen den byzantinischen Gesandten entgegenkamen, bis Baktrien und zum Kaspi-See.

Das Alles sind jedoch nur sehr sparsame und ganz vereinzelte Andeutungen von einem Bekanntwerden dieses fernen Volkes am Ostende der Erde, das aber von der Westhälfte seines Erdtheils selbst schon weit früher eine viel bessere geographische Kenntniß derselben besaß, als man lange Zeit im Abendlande sich träumen ließ.

Aus einheimischen chinesischen Annalisten wissen wir erst seit einigen Jahrzehnten, daß die Chinesen schon 200 Jahre v. Chr. sehr eifrig im Einsammeln geographischer Kenntnisse von Nachbarländern und Nachbarvölkern waren. Sie sind das auch bis heute geblieben: nur freilich auf ihre eigene Art.

Wie die Römer und Araber nur über die von ihnen unterjochten Völker genauere Berichte und Beschreibungen in ihren Schriften hinterlassen haben (weil die übrigen in ihren Augen keiner besondern Aufmerksamkeit werth schienen), so haben auch die Chinesen nur so weit, als die Grenzen ihres politischen Reiches sich ausdehnten, ein geographisches Interesse gezeigt — weiter aber nicht. Allerdings ist zu bedenken, daß die chinesische Ostwelt an sich schon groß genug war, und unser kleines Europa mehr als zweimal, ja fast dreimal, an Größe überbot. Si-yu (von Si, Westen) nannten sie die Westwelt von Asien, dessen Ostseite Pei-Kin schon 75 v. Chr. auf einem Eroberungszuge kennen gelernt hatte, sammt Europa. Von allen Ländern und Völkern, welche den Monarchen in China Tribut zahlen mußten, wurden Geographie und Historie niedergeschrieben, von Staats wegen; von den andern Völkern aber nicht. In diese tributpflichtigen Länder, die der Größe von Europa wenig nachgaben, wurden sehr häufig Gesandtschaften geschickt. Die Gesandten waren seit den ältesten Zeiten verpflichtet, jedesmal einen Reisebericht über ihre Sendung bei Hofe einzureichen. Es entstand so eine Art Geographie und Statistik des besuchten Landes, ganz in der Weise wie es bei den Legationen der byzantinischen Kaiser, oder bei Venedig der Fall war. Die Berichte der Gesandtschaften wurden in den Staatsarchiven der Kaiser aufbewahrt.

Mit jeder wechselnden Dynastie wurden von den neuen Regenten bei ihrer Thronbesteigung diese Archive geöffnet, und ihr Inhalt in historischen und staatswissenschaftlichen Werken veröffentlicht.

Außerdem mußten die tributären Völker ihren Tribut durch eigne Gesandtschaften zur Hofstatt nach der Residenz in China bringen. Dort wurden die Sendlinge über ihr Land und ihre Leute ausgefragt, und auch diese ihre Antworten mußten von Staats wegen in den Chroniken genau aufgezeichnet werden. So gewann man Nachrichten über die Tatarei, Tübet, Tunkin, Turkestan, die Bucharei, von Cochinchina, über die Grenzländer Indien, Persien, Sibirien, über die fernen Inseln, Formosa, Japan, Java, über ganz Hinterindien. So sammelte sich lange Jahrhunderte in China ein außerordentlicher Schatz geographischer Nachrichten über ganz Ostasien an.

Da die Buchdruckerei in China mit ihren Stereotypen in Holzschnitttafeln weit früher als in Europa erfunden ward (die Editio princeps des ersten chinesischen Buches, des Nou-king, ist vom Jahr 952 n. Chr.), so kamen auch viele dieser chinesischen Geschichten und Geographien in Druck heraus. Diesen Schatz chinesischer gedruckter Literatur haben wir erst seit Kurzem durch ein gründliches Studium der chinesischen Sprache kennen gelernt. Denn was einmal während einer kürzern Periode im sechzehnten Jahrhundert die Jesuitenmissionen von chinesischen Nachrichten verbreitet hatten, das waren meist nur oberflächliche

Auszüge aus chinesischen Compendien, ohne Sprachstudium. Die Pariser Bibliothek besitzt wenigstens 25,000 bis 30,000 Bände chinesisch gedruckter Bücher; ebenso die Londoner. Die Berliner Königliche Bibliothek zählt an 4000 Bände classischer chinesischer Schriften. Die Sinologen sind nun schon mit ihrem Inhalte ziemlich vertraut geworden, und wir besitzen sehr lehrreiche Bearbeitungen dieser Literatur, die uns die reichsten geographischen Schätze auch aus ältester Zeit über Ostasien darbietet. Vor der Benutzung dieser Annalen war unsre europäische Notiz von Central- und Ostasien voll Irrthümer und Fabeleien. Nun erst konnte die compendiarische Geographie aus ihrer frühern Schmach und Absurdität gereinigter hervorgehn. Aus diesen Annalen ergiebt sich, daß die geographischen Nachrichten der Chinesen über das westliche und mittlere Hochasien bis etwa 200 Jahre v. Chr. hinaufreichen. Damals, um 140 v. Chr., ging die erste der chinesischen Gesandtschaften viele hundert Meilen westwärts bis in die hohe Bucharei, nach Khotan, wo zuvor ein blühendes Königreich selbstständig bestanden hatte, das aber nun tributpflichtig geworden war. Die Gebrüder Schlagintweit entdeckten 1856 dieses Land wieder. Von dieser Periode (also gleichzeitig mit der Zerstörung Karthago's durch die Römer) beginnt die Reihe der reichhaltigen chinesischen Quellenschriften für die Geographie und Ethnographie Mittelasiens, sowohl über Si yu (die West- und Südländer) wie über Pe yu (die Nordländer). [1])

---

[1]) Abel Remusat Recherches sur les Langues Tartares, ou Memoires etc. Paris 1820. 4. Histoire de la ville de Khotan, tirée des Annales de la Chine. Paris 1820. 8. Memoire sur l'Extension de l'Empire des Chinois du Coté de l'Occident. Mélanges asiatiques. 2 T. 1825 u. 26. Nouveaux Mélanges asiat. 2 T. 1829. Klaproth Tableaux historiques de l'Asie. Paris 1824 — 26. mit dem historischen Atlas. Memoires relatives à l'Asie. 3 vol. 1826 — 28. Große Karte des Chinesischen Reichs und von Centralasien nach chinesischen Quellen. Viele Memoiren in den Schriften der Pariser Akademie, im Journal Asiatique. Schott in den Schriften der

Die wichtigsten einheimischen Quellen der ältern geographischen Literatur sind ihre Reichs-Geographien. Sie wurden mit größter Sorgfalt aus dem vorhandenen Material von Staats wegen für jede neue Dynastie, die den Thron von China bestieg, ausgearbeitet, und (was in der Statistik der europäischen Staaten so selten geschah, wo man meist alles als Staatsgeheimniß zurückhielt) veröffentlicht.

Die älteste Geographie ist das berühmte Werk des Matuan lin vor dem Jahr 1207. Ihr Titel ist: Wen hian thung khao, d. h. Genaue Untersuchung der alten Denkmale, und sie besteht aus 348 Büchern in 100 Bänden. Es ist ein Auszug aus der ältesten chinesischen Literatur etwa in der Art, wie die Encyclopädie der römischen Literatur, wie sie aus Plinius' Compilation, seiner sogenannten Historia naturalis bekannt ist; aber mit mehr Sorgfalt von dem größten chinesischen Gelehrten jenes zwölften Jahrhunderts, von Matuan lin, gearbeitet. Darin handeln neun Bücher über die Geographie von China aus verschiedenen Epochen früherer Jahrhunderte und neun Bücher über die Geographie der fremden Länder und Völker.

Die Reichsgeographie der Ming, welche bei der Thronbesteigung der Ming Dynastie (seit 1368) ausgearbeitet wurde, besteht aus 260 starken Bänden in 15 Abtheilungen, welche die Topographie, Hydrographie, Antiquitäten, Architecturen, die Beschreibung der Naturproducte aus allen drei Reichen, der Völker und ihrer Sitten enthalten, mit vielen Karten und Plänen.

Die neueste Reichsgeographie der Mandschu-Dy-

Berliner Acad. d. Wissensch. Foe Koue Ki ou Relations des Royaumes Bouddhiques, eine Missions- oder Pilgerreise Buddhistischer Priester aus China durch Mittelasien nach Indien, im vierten Jahrhundert. Stanislas Julien Histoire de la Vie de Houen-Thsang et de ses Voyages de l'Inde, von 629—645 p. u. traduite du Chinois. Paris 1853. 8. Mit vielen geographisch wichtigen Erläuterungen für das alte China.

nastie, welche 1644 zur Herrschaft kam, ist auf der Berliner Bibliothek vorhanden. Aus diesen chinesischen und indischen Originalwerken nebst andern orientalischen Werken ist dann auch zum großen Theil meine Vergl. Erdk. über China entstanden.

Die Geographie in Aegypten unter den Ptolemäern.

Wir kehren nun mit der Macedonischen Zeit nach Westen zurück.

Die geographische Wissenschaft nahm hier einen ganz andern Gang der Ausbildung, zumal unter dem Schutze Ptolemäischer Könige in Aegypten, welche dort die Nachfolger Alexanders bis zur römischen Kaiserzeit wurden.

Die Ptolemäer brachten die Bildung und die Kenntnisse der Griechen, Liebe zu der griechischen Sprache, ihren Wissenschaften und Künsten mit auf den Thron. Sie waren in den Schulen eines Plato und Aristoteles ausgebildet. So konnte sich die Alexandria am Gestade Aegyptens sehr schnell zum Mittelpunkte der Cultur, des Welthandels, zur hohen Academie der Wissenschaften, zur größten Weltstadt ihrer Zeit emporheben.

Alexander hatte seine Zeitgenossen aufgeregt, und einen Anstoß nach allen Seiten in die Weite gegeben. Auch die Ptolemäerkönige erweiterten ihre von Alexander überkommene Herrschaft. Sie eroberten die afrikanischen Küsten des rothen Meeres. Landeinwärts breiteten sie ihre Macht und ihren Einfluß nach Nubien und Aethiopien, ja bis zum Nigerstrome aus. Sie wiederholten in größerm Maßstabe, was vor ihnen die Sesostriden für Inner-Libyen gethan hatten. Ein Bedürfniß des Krieges und des Luxus gab zu Streifzügen nach Inner-Afrika nächste Veranlassung.

Elfenbein gehörte damals zum Schmuck der Tempel und Paläste. Der Königsthron der Ptolemäer war aus Gold und

Elfenbein gearbeitet. Seit die Macedonier bei den indischen Königen die schwere Cavallerie der undurchdringlichen Elephantenreihen kennen gelernt, gehörten Kriegselephanten nothwendig zu den Heereszügen der Seleuciden und Ptolemäer. Die Seleuciden verpflanzten die indischen Elephanten an den Orontes und nach Hama. Schon die Karthager hatten ihre Elephantenheerden aus dem Innern Afrika's gewonnen; auch unter den Ptolemäern wurden die zahlreich ausgesandten Elephantenjäger die Entdecker des tropischen, centralen Afrika (Agisymba bei Ptolemäus) und der weit verbreiteten äthiopischen Landschaften im obern Nillande. Daher die vielen neuen geographischen Angaben in des Claudius Ptolemäus geographischen Tafeln.

Bis zur äußersten Ostspitze von Afrika, nahe dem Aequator, zum Cap Aromatum (Guardafui der Portugiesen) drangen die Elephantenjäger der Ptolemäer vor, daher es bis heute bei den Einheimischen den Namen Vorgebirge der Elephanten, Ras Fellis, von Phil Elephant, beibehielt. Daraus ist die spätere Verbrehung Mons Felix entstanden. Vorgelagert ist die Insel Socotora, wohin die Gewürzschiffer aus Ceylon und Indien steuerten. Die wilden Elephantenheerden zogen sich vor den Jägerexpeditionen immer mehr in das Innere zurück, und so wurden damals unstreitig die Quellengebiete des Nils und der Zuflüsse des Niger, der Binnenseen, das innere Aethiopien und die tropischen Centralgebiete der Garamanten und anderen Völker, wahrscheinlich auch schon manche Negerstämme entdeckt. Auch ließen sich in südlichen äthiopischen Gebieten (vielleicht am weißen Nil bei Chartum, im Fazogl oder bei Schillik) Bergleute nieder zur Aufsuchung von Goldgruben und Edelsteinen, unter denen die Smaragde der Ptolemäer gerühmt werden. So erweiterte sich an dieser Nordostseite die Kenntniß des Innern von Afrika ungemein. [1])

[1]) Noch hatte es den alten Namen Libya beibehalten, aber allmählich kam

Westwärts dehnten die Ptolemäer ihre Herrschaft bis zur Cyrenais, der griechischen Colonie der Theräer aus, die nun zu einer ägyptischen Grenzprovinz gegen Karthago geworden, zu mancher erweiterten Kenntniß des Sahara-Landes führte.

Als Feldherr Alexanders in Indien hatte der erste König Ptolemäus I. die Schätze Ostindiens wohl kennen gelernt. Eine Vorliebe, dahin den Handelsverkehr auf dem rothen und indischen Meere zu erweitern, blieb seiner Dynastie. Indien war überreich an Gold, Silber, Diamanten, Rubinen, Edelsteinen aller Art, an Seide und Baumwolle (Sericum, Ὀθόνιον), den kostbarsten Geweben und vielen andern Dingen, an deren Gebrauch und Luxus man sich sehr leicht gewöhnt hatte. Diese auf directem Wege zu beziehen wurden neue Handelsverbindungen zu Land und zu Wasser gebahnt. Zumal Ptolemäus II. Philadelphus war hierin sehr thätig; die Kriege mit den Seleuciden um das südliche Palästina und Syrien hatten den Zweck, sich das Terrain der Karawanenzüge zu Lande durch das Peträische Arabien nach den südlichen Hafenstädten Arabiens und damit den Landhandel zu sichern. In demselben Interesse wurden auf der Ostseite des Todten Meeres Städte und Colonien gegründet: vor allen die Prachtstadt Philadelphia an der Stelle des ältern Rabbat Ammon, in der frühern Ammonitis. In Aegypten selbst sprengte Ptolemäus Philadelphus neue Heerstraßen vom bevölkerten Nilthale durch die arabische Felskette zum Ufer des rothen Meeres. Von Koptos (Keft), nördlich von Theben, ausgehend führten sie zu zwei neu erbauten Häfen, Myos Hormos (Muris Statio) und Berenike (nach des Königs Schwester genannt) weiter gegen Süd-

damals schon von einer geringen Küstenprovinz der Karthager, „Afer“ genannt, das Adjectiv Africus aus Aferland, und Africanus bei lateinischen Völkern in Gebrauch, wonach endlich auch das ganze Land der Erdtheil Afrika genannt wurde, ein Name, der in moderner Zeit alle frühern Namen verdrängt hat.

osten. Von da aus schifften nun ägyptische Handelsflotten nach Ostindien und Ceylon (Taprobane) und konnten bald wichtige und neue nautische Entdeckungen benutzen.

Hippalus, ein ägyptischer Schiffscapitän, entdeckte die Gesetze der Meeresströmungen und die regelmäßigen Abwechselungen der Monsune (Jahreszeitenwinde), nach welchen die indischen Meeresfahrten nun direct gegen Nordosten und Südwesten hin und her halbjährlich mit Sicherheit eingerichtet werden konnten. Die beschwerliche und langweilige Küstenfahrt konnte nun verlassen werden. Nach dem Entdecker dieser Gesetze, dessen Person selbst aber unbekannt geblieben, wurde nun das Meer selbst Meer des Hippalus genannt. Seitdem strömten die Reichthümer, die Waaren, die Kenntnisse des Auslandes, zumal Indiens, nach Aegypten. Der größte Ueberfluß, Luxus und Reichthum kehrte damals im Nilthale ein, und den Thron seiner Beherrscher umgab der höchste Glanz. Die Waaren wurden von der Küste Malabar, Barygaza, vom Indus und von Taprobane (Ceylon) auf den Flotten der Ptolemäer zu ihren Hafenorten am rothen Meere gebracht. Von diesen wurden sie durch Karawanen zum Nilthale nach Edfu Thebä oder Koptos (von *Αἴγυπτος*) geführt, und von da stromab geschifft nach Memphis und Alexandria. Das Nilthal gewann ein engeres Handelsleben als zuvor, und der Name der Kopten ist bis heute der gewerbthätigen Bevölkerung jener Zeiten, wenn auch nur in ihren abgeschwächten Ueberresten, unter dem Drucke einer jüngern muhamedanischen Einwanderung, geblieben.

Damals wurde auch das bis dahin blos noch in Arabien einheimische Lastthier, das Kameel, zum Landtransporte der indischen Waaren bis Koptos nach Aegypten verpflanzt — von da hat es sich seitdem erst über ganz Afrika verbreitet. Auch andere fremde Thiere und Gewächse wurden seitdem in die botanischen Gärten und Menagerien der Ptolemäer und zur Zucht eingeführt: so der indische Elephant, die indische Musa Pisang und anderes. Das Museum zu Alexandria ward der Sammelort der Naturproducte aus fremden Weltgegenden; Alexandria selbst Mittelpunkt des großen Weltverkehrs auch der Sitz der Wissenschaften, der Gelehrsamkeit. Die Alexandrinische Schule, das Museum, die große Bibliothek zu Alexandria in jener Zeit sind weltberühmt. Die Verbindungen mit allen Erdgegenden und mit allen Völkern kamen auch der Erdkunde zu Gute und das Studium der Mathematik und Astronomie gewann dort seine höchste Ausbildung.

Eratosthenes (276—190 v. Chr.), in Cyrenais geboren, in der Aristotelischen Schule ausgebildet, war in Alexandria der größte Gelehrte seiner Zeit, als Astronom, Mathematiker und Geograph und Vorsteher der berühmtesten Bibliothek zu Alexandria.

Er wagte den ersten Versuch zwischen Alexandria und Syene, aus der Messung eines Breitengrades der Erde den Umfang der ganzen Erde annäherungsweise zu bestimmen; nicht wie zuvor durch Bematisten die Messungen geschahen, sondern in einem höhern wissenschaftlichen Sinne. Er arbeitete eine erste systematische ausführliche Universalgeographie aus nach dem großen Schatze eigner Erfahrungen und den literarischen Hülfsmitteln, die ihm damals zu Gebote standen, die erste ihrer Art, in der schon vortreffliche Betrachtungen über den physischen Zusammenhang der Gebirge und über Länderformationen angestellt waren. Er gab darin eine vollständige Uebersicht der damals „bekannten und weniger bekannt gewordenen" Welt. Denn der große Mann war bescheidener als die heutige Compendiengeographie, die sich in ihren Titeln mit einer „vollständigen Beschreibung aller Theile der Erde" brüstet, während sie noch immer viele gar nicht kennt und andere halbgekannte sehr unvollständig beschreibt. Eratosthenes ordnete die Völker und Länder nebst ihren Ortschaften und

Wohnsitzen auf dem Erdball zuerst nach ihrer wirklich gemessenen oder nur vermutheten astronomischen Stellung, nämlich nach der Polhöhe über ihrem Horizonte an. Nur Bruchstücke sind der Nachwelt von diesem classischen Werke übrig geblieben, das noch einem Strabo bei der Ausarbeitung seiner geographischen Werke zur Grundlage dienen konnte. [1])

Bald nach Eratosthenes vervollständigte Hipparch aus Nicäa in Kleinasien sein System durch Eintheilung der Erdoberfläche nicht blos nach Breitengraden, sondern auch nach Längengraden der Erde. Hipparch war der größte selbst beobachtende Astronom des Alterthums, Schöpfer der wissenschaftlichen Astronomie und Urheber der astronomischen Tafeln. [2])

So war am Himmel das Netz gefunden, welches die Erde für alle folgenden Jahrtausende zum Verständniß aller Wissenschaft und alles Menschenlebens, nach Grad und Minute, nach den Grundsätzen der Sphärik eintheilen sollte. Jeder Punkt der Erde konnte nun mathematisch genau im Abbilde bestimmt werden, und jede neuere Entdeckung konnte sogleich auf das Bestimmteste dem schon früher bekannt Gewesenen sich anreihen. Es ist dies in der That keine der geringen Erfindungen des menschlichen Geistes. Diese Eintheilung der Erde ist als der Anfang einer wissenschaftlichen Geographie anzusehen. Von nun an trat mathematische Sicherheit an die Stelle der Vermuthungen. Für die Gestaltung der Erde war eine Kritik, eine Prüfung der Angaben möglich geworden; es war durch das Maß am Himmel das Maß auf der Erde gefunden.

---

[1]) Eratosthenica composuit Godofredus Bernhardy. Berolini 1822. 8. Seidel, Eratosthenis Geographicorum Fragmenta. Götting. 1789. 8., wo die Fragmente in 3 Büchern zusammengestellt sind.

[2]) Vgl. Reinaud, Abulfeda Introduct. T. I. p. CCXXXII. über Longitudo und Latitudo.)

Wenige Erfindungen können für das Schicksal der Wissenschaften, wie für das Wohl der Völker von günstigerm Einflusse gewesen sein, als die, welche sich an die Namen Eratosthenes und Hipparch knüpfen. Von nun an erst konnten Geographie und Astronomie ihre Erfahrungen sich gegenseitig mittheilen, austauschen und dadurch sich gegenseitig aufklären. Nun konnte der Schiffer durch zuvor nie besuchte Meere seinen Weg hin und zurück finden, und für seine Nachfolger aufzeichnen. Die Karawane konnte auf noch ungebahnter Straße, mitten durch eine Wüste oder einen ganzen Erdtheil, in noch unbesuchte Gegenden, ihr Endziel erreichen. Die Nachwelt konnte nun erst die geographischen Entdeckungen der Vorwelt benutzen, die so oft wieder vergessene oder verdunkelte Lage von Ländern und Ortschaften konnte nun durch die fixirte Zahl nach Länge und Breite wieder aufgesucht werden. So können heut zu Tage die Quellen des Nilstroms im Innern von Afrika wieder aufgefunden werden, die vor anderthalb Jahrtausenden schon von Claudius Ptolemäus in seine Tafeln eingetragen, aber längst wieder vergessen waren.

Die Römer.

Die geographischen Kenntnisse der Alexandrinischen Schule gingen auf die Römer über, zumal als Aegypten zur römischen Provinz wurde.

Die Römer lernten die Erde (orbis terrarum) durch Eroberungen kennen. Sie verwandelten, so weit sie konnten, den Erdkreis in das Römerreich, in einen Orbis Romanus. Ihre Länderkarten blieben nur Marschrouten ihrer Legionen. Sie bildeten sich ihre Erdkunde nach den Vorarbeiten ihrer Vorgänger weiter aus, nahmen aber daran kein historisch-wissenschaftliches Interesse, sondern nur ein politisches. Ihnen fehlte der Entdeckungsgeist: sie waren kein Handelsvolk, ganz verschieden von den Griechen, Phöniciern, Karthagern. Sie waren Krieger, Staatsmänner, Rechtsgelehrte, Juristen und Encyclopädisten. Ihnen fehlte der Sinn zur Erforschung der wichtigsten Angelegenheiten der Menschheit, die Richtung zur Speculation und Philosophie, und darum auch zur Erforschung der Sprachen und Ideen in dem Entwickelungsgange der Völker und des ganzen Menschengeschlechts. Sie waren in den Formen der Heimath und der Griechencultur festgebannt, daher bei hoher classischer Ausbildung auf diesem ihrem Gebiete für die außerhalb desselben liegenden unempfänglich geworden.

Zuerst kannten sie nur Latium, Süditalien, dann Sicilien und Karthago durch Eroberung, dann Spanien durch Hannibals und der Scipionen Feldzüge. Erst die Punischen Kriege machten sie in ihren nächsten Küstenländern und Gegengestaden einheimisch. Polybius klagte noch (150 v. Chr.) über die grobe Unwissenheit der Römer in geographischen Dingen. Er unternahm absichtlich größere Reisen, um seine Historien schreiben zu können. Um Hannibals Züge richtig zu beschreiben, besuchte er Spanien, Gallien und die Alpen, die Hannibal mit seinen Karthagern zum Staunen der Römer überstiegen hatte, die sich bis dahin um das Alpengebirge, das ihnen doch so nahe im Rücken lag, gar nicht bekümmert hatten. Als Geschichtschreiber besuchte er Byzanz, den Pontus, Syrien, und zur Regierungszeit des Ptolemäus Physkon auch Aegypten. Dann machte er, nach der Einnahme Karthago's, auf Scipio's Befehl, die Flottenfahrt nach Westen.

In Vorderasien drang Sulla, Lucullus, Pompejus bis zum Kaukasus am Pontus vor. Lucull zerstörte des Armenischen Königs Tigranes Residenz Tigranocerta am obern Tigris. Aber so wenig geographisches Interesse belebte die römischen Eroberer, daß die Situation dieser Capitale den Römern selbst im Dunkeln blieb, und daß wir ihre Lage bis heute noch nicht entschieden nachweisen können.

Als Seefahrer blieben die Römer ungeübt, weil sie, wie die continentalen Perser die Phönicier, so ebenfalls die im Seewesen erfahrenen Völker sich unterwarfen: die Etrusker, Karthager, Sikelioten, Massilier und andere Griechen, die aber unter römischer Herrschaft in dieser Kunst und Wissenschaft eher zurückgingen, als daß sie darin gefördert worden wären. Mit etruskischen Matrosen haben die Römer ihre Siege über die Karthager erfochten, wie die Perser mit den Phöniciern Aegypten besiegt hatten.

Im Besitz sehr ausgedehnter Küsten am Atlantischen Meere unternahmen die Römer dennoch keine Entdeckungsreisen, landeten z. B. niemals in Irland, das ihnen gleichsam im Angesichte lag. Sie lernten die Kassiteriden der Phönicier nicht einmal kennen, sie bildeten sich viel darauf ein, niemals Britanien umschifft zu haben. Zur Erweiterung der Kenntnisse von Indien haben die Römer selbst gar nichts beigetragen, nur die Nachrichten der Griechen gesammelt und aufbewahrt. Einmal wurde ein römischer Schiffer durch Sturm bis nach Taprobane verschlagen. Es ist zu bedauern, daß die Schrift Seneca's über Indien verloren gegangen; nach seinen Fragen aus der Naturwissenschaft, Quaestiones naturales, zu urtheilen, hatte dieser Philosoph Sinn für geographische und naturhistorische Forschungen. Plinius H. N. VI. 21. sagt: Seneca etiam apud nos tentata Indiae commentatione, sexaginta amnes ejus prodidit, gentes duodeviginti centumque. Par labor sit montes enumerare. Fast sollte man glauben, er hätte diese Notiz aus einer Geographie der Chinesen geschöpft, die auch heute noch Alles in Zahlenreihen vorführen.

Auch über ihren afrikanischen Küstenbesitz ist von den Römern nichts Genaues mitgetheilt; über die Insulae Fortunatae (die Canarien) lassen sie uns in Unsicherheit. Der erste Meridian der Ptolemäischen Erdtafel läuft daher sehr problematisch im äußersten Westen, den sie unaufgeklärt lassen. Auch des Königs Juba von Mauritanien Schifffahrt nach den Insulae Fortunatae ist für uns verloren gegangen, eben so wie ein Werk des Cicero (Ep. ad Attic. II. 4: De geographia dabo operam, — magnum opus est).

Auch die Eroberungen der Römer im Osten und Norden auf asiatischem Boden sind für uns wenig fruchtbar geworden. Sie blieben mit ihren Eroberungen am Südfuße des Kaukasus sitzen, ohne je einen Versuch zu machen diesen zu ersteigen, näher kennen zu lernen, noch gar zu übersteigen. Pompejus entdeckte dort (66 v. Chr.) Iberien und Albanien (das heutige Georgien oder Grusinien); auch erfuhr er bei diesen Handelsvölkern (den damaligen Stellvertretern der alten Kolchier) etwas von der großen Handelsstraße durch Mittelasien bis Baktrien und Indien, welche längst den Kolchiern bekannt gewesen war. Aber kein Römer wagte auf ihr die weitere Landentdeckung. Sie ließen durch Andere jene Wege zurücklegen und die Waaren in den Pontischen Handel bringen. Erst von da fanden sie ihren Zug nach Byzanz und Rom. Pompejus erbeutete die Schatzkammer des Königs Mithridates von Pontus im alten Kolchierlande, die mit den kostbarsten Perlen, Edelsteinen, Gemmen u. s. w. angefüllt war. Aus ihr weihte der Sieger bei seinem Triumphzuge dem Jupiter Capitolinus außer seinem eigenen Brustbilde aus orientalischem Perlenschmucke noch 33 Kronen aus Perlen und Edelsteinen zusammengesetzt, die er von orientalischen besiegten Fürsten erpreßt hatte. Perlen und Edelsteine waren aber, wie Plinius, der als ein für uns sehr wichtiges Document ein Verzeichniß jener Schätze einreicht, (H. N. XXXVII. 6) versichert, früherhin unbekannt; ebenso das Sericum, das auf diesem Wege ebenfalls erst nach Rom kam. Seit Julius Cäsar fingen die Römerinnen erst an, sagt Plinius, Serica (seidene Stoffe) zu tragen; und bald, klagt er, seien durch den schnell überhandnehmenden Luxus dafür fünf Millionen außer Landes gegangen. Woher der Stoff kam, kümmerte die Römer nicht.

Nun erwachte die Habsucht und die Prunksucht im ernsten Römerreiche. Von nun an strebte ihr Handel und Verkehr auch in weite Ferne. Aber Waaren- und Länderkenntniß ging doch nicht daraus hervor. Plinius und Strabo kennen so nun auch die Baktrische Landstraße nach Oberindien und dem Lande Serica aber nicht durch die Römer. Sie beschrieben sie nach Anderer Aussagen, zumal der Seren und Parther, seitdem die Römer durch dieses tapfere Volk bis an den äußersten Osten ihrer Herrschaft, zum Euphrat und Tigris vorzudringen genöthigt wurden. Die Parther versperrten nun den Römern und ihren Handelsleuten aus Eifersucht und Feindschaft die Wege zu den Seren (Chinesen). Der Euphrat blieb die Ostgrenze der römischen Erdkunde.

Dagegen öffnete sich den Römern, mit der Besitznahme Aegyptens, über Alexandrien ein anderer Seeweg für den Verkehr nach Indien, der ihnen die Waaren zuführen konnte, als der Landweg vom Pontus nach Baktrien und Nordindien durch die Parther verschlossen war. Aber auch diesem Wege folgten die Römer nicht selbst, sondern ließen Andere die Geschäfte betreiben und die Seefahrten nach Indien machen.

Die Mithridatischen Kriege (88—64 v. Chr.) waren es, durch welche die Römer mit den Pontischen, Armenischen, Kaukasischen Ländern und Völkern etwas näher bekannt wurden: ein sehr wichtiger Zuwachs der geographischen und ethnographischen Kenntnisse für Ost- und Mitteleuropa, und für uns um so interessanter, als auch Völker germanischen Stammes in das Licht treten, dort, wo (um mit J. Grimm zu reden) „der alte Sitz nordischer Asen, Odin's Fürstenhaus gewesen, wo die Geten und Gothen saßen, wo noch heute Ossen oder Osseten germanisch reden, im Kaukasus.“

Die kaukasische Landenge war mit einer Menge kleinerer und größerer Völkerschaften besetzt, die dort ihr Asyl gefunden hatten: Reste größerer Völker nach zerstörenden Kriegen, die in unbekannten, dunkeln Zeitperioden dorthin verschlagen und angeschwemmt waren, wie Schiffstrümmer nach Stürmen am Oceangestade. Sie lebten in freier Unabhängigkeit, theils im Bunde, theils in Fehden mit ihren Nachbarn und erhielten sich seit jenen Zeiten durch Tapferkeit und Heldenmuth frei. Wie Herodot bezeugt, blieben sie auch unter der Perserherrschaft ununterjocht; nur die Kolchier zahlten den Perserkönigen Tribut. Was jenseits nach Mitternacht lag, das kümmerte sich nicht um die Perser. Strabo (XI. 498) führt siebzig verschiedene Völker im westlichen Kaukasus an, die man im Handelsorte Dioskurias kennen lernte, der eine alte Colonie der Milesier war; übertrieben sei die Annahme des Timosthenes von dreihundert Völkern. Dennoch wiederholt auch Plinius (H. N. VI. 5) diese Angabe mit dem Zusatze: daß sie alle verschiedene Sprachen geredet, und daß zu seiner Zeit die Römer noch immer 130 Dolmetscher nöthig hätten, um mit den dortigen verschiedenen Völkern ihren Handel zu betreiben. Auf dieses Völkergewühl deutet auch der Name Vagina gentium im Mittelalter. Dorthin verlegte man die Wurzel und Quelle der Völker überhaupt; von dort bemühten sich Historiker eine Zeit lang die Zuglinien aller Völker der Erde herzuleiten, weshalb auch die Benennung einer kaukasischen Menschenrace in Gebrauch kam.

Allerdings beginnt mit den Mithridatischen Kriegen für Sprachen- und Völkerkunde des alten Europa ein ganz neues Feld der Entdeckung für die Menschengeschichte der sogenannten Kaukasischen Race. Von dort her ging allen Bewohnern des Nordens von Europa das Bedürfniß auf, viele Sprachen zu lernen, was für geographische Studien so unentbehrlich ist. Indeß der Grieche und Lateiner nur seine Sprachen verstand und die andern als barbarisch verachtete, war König Mithridates durch seine Stellung am Pontus und in Berührung mit den vielen kaukasischen Völkern dahin gekommen, 22 lebende Sprachen zu sprechen. Alle Völker des Nordens und Ostens von Europa sind darin seinem Beispiele mehr oder weniger gefolgt, die des Westens nicht.

Die wichtigsten Quellen für diesen schwierigen Theil der Erdkunde unsers eignen Erdtheils, sowie die ethnographische und geographische Kenntniß unserer Stammverwandten im Osten finden wir bei den Geschichtschreibern der Mithridatica: Appian, Justin, Memnon, bei Plinius in der Historia naturalis und in Strabo's Geographischen Büchern. Die letztern sind um so reichhaltiger und wichtiger, da Strabo, der größte Geograph des Alterthums, selbst nahe der kaukasischen Landschaft in Amasia (in Cappadocien) geboren war und aus einer alten fürstlichen Priesterfamilie abstammte, deren Schicksal mit in diese Mithridatischen Angelegenheiten sehr genau verflochten war.

Noch viel zu wenig sind bisher diese dunklern Theile der Geographie und Geschichte studirt und erforscht worden — und doch bieten sie nach den verschiedensten Seiten hin so bedeutendes Interesse! [1])

Es ist bekannt, daß Mithridates als sechzigjähriger Greis sich an das Nordufer des Pontus Euxinus zurückziehen mußte,

[1]) Doch verdanken wir Klaproth, Rosen, Sjogren, Jak. Grimm, d'Ohlson über kaukasische Völker der alten Zeit und ihre Länder manches Lehrreiche durch Sprachforschung. Klaproth Reise in den Kaukasus. 1812. Chevalier d'Ohlson Les peuples du Caucase au moyen age. 1826. Vivien St. Martin Recherches sur les peuples primitifs du Caucase. 1846. Jak. Grimm über Jornandes und die Geten. 1846. Rosen über Lazen in Grusien. Sjogren über Ossen oder Osseten. Wichtig Karl Neumann die Hellenen im Skythenlande. Beitrag zur alten Geogr., Ethnogr. und Handelsgesch. Berlin 1855

wo er als König über das heutige Südrußland (das Kosakenland Don, um Cherson und Odessa) und die Halbinsel Krim (Chersonesus Taurica) herrschte. Dort saßen damals getische oder gothische Völkerstämme mit keltischen zusammen. [1])

Mit ihrer Hülfe wollte Mithridates die Donaustraße aufwärts ziehen und über die Tiroler Alpen in Norditalien einbrechen, wie dies Hannibal, der Karthager, nicht sehr lange zuvor vom Westen her ausgeführt hatte. Mithridat hatte schon durch das ganze Donauland, Ungarn, die östlichen Alpenländer, Tirol Verbindungen angeknüpft. Kelten, die Bewohner der Tauern, waren seine treuesten Verbündeten. Der gewaltsame Tod des alten Königs ließ den Plan nicht zur Ausführung kommen. Was damals nur Project eines Einzelnen gewesen war, das führten fünfhundert Jahre nachher ganze Völkerschaften aus. Denn durch die Donaustraße und die östlichen Alpen zog die große Völkerwanderung vom Pontus aufwärts, bis zu den Alpen, und brach durch diese in Norditalien ein, von wo aus das Römerreich zertrümmert wurde.

Doch vorher, während des halben Jahrtausends von den Mithridatischen Kriegen bis auf die Vöklerwanderung, wurde durch die Römer erst von andern Seiten her auch der Westen, die Mitte und der innere Norden von Europa erkundet, und wenigstens theilweise aufgedeckt.

Selbst ihre nächsten Nachbarn, die Gallier, kannten die Römer anfänglich nur aus den Zeiten des Brennus her (390 v. Chr.), wußten aber nicht, woher sie gekommen waren. Seit dem ließen sich die Gallier oder Kelten in Norditalien, der heutigen Lombardei, am Po nieder, und es ist fortan öfter von Galliern in Italien die Rede. Von den griechischen Bewohnern

[1]) Maßmann die alten Gothen in der Krim und Jak. Grimm die Geten.

Massiliens kamen ihnen wohl einzelne Nachrichten von Südgallien zu.

Erst durch Hannibals Zug nach Italien im zweiten Punischen Kriege (218—201 v. Chr.) wurde der Blick der Römer auf ihre nördlichen Grenzgebirge, die Alpen, gerichtet. Dieses für unüberwindlich gehaltene Bollwerk Italiens wurde von Hannibal und seinem Karthagerheere überstiegen. Man lernte zunächst das dahinter liegende Alpenland der Allobrogen kennen (das heutige Savoyen). Aber so ungenau wurde noch von einem Livius dieser Uebergang über die Alpen aus Mangel an Gebirgskenntniß beschrieben, daß der Uebergangspunkt keinesweges genau zu bestimmen ist, ob über Cottische oder Grajische Alpen (Mont Genèvre oder Kleiner Bernhard), der längste, aber bequemste Weg.

Nun erst eröffnete sich den Römern ein ganz neuer Erdtheil und damit eine neue nordische Welt, die Gallisch-Germanische, die bis dahin den Römern noch so unbekannt war, wie uns heute das innere Afrika und Australien, das große Gallisch-Germanische Mitteleuropa, von den Pyrenäen über die Alpenländer und den Hämus bis zum Pontus und zum Nordfuß des Kaukasus.

Die Geschichte des römischen Reiches ist zu allgemein bekannt, um lange bei den Entdeckungen der Römer zu verweilen. Hier nur Hauptmomente.

Cimbern und Teutonen eröffnen ihnen die Norischen Alpenthäler. Kriege mit diesen Völkern, 114—100 v. Chr., lockten zuerst die römischen Legionen nordwärts über die Alpen, zur Rhone in Gallien, wo Consul Silanus die erste Schlacht verlor, und nach Tirol und Kärnthen, wo Consul Carbo bei Noreja geschlagen ward, im Glanthale nördlich der Drau, nordwestlich von Klagenfurt in Kärnthen bei St. Veit. Erst durch die Doppelsiege des Marius bei Aquä Sextiä (Aix in der

Provence, wo die Montagne Victoire liegt) und auf den Raudischen Gefilden bei Verona an der Etsch (101 v. Chr.) wurde dieser erste Krieg gegen jene Völker zu Ende gebracht.

Das war aber nur der Anfang von einem mehr als dreihundertjährigen Kampfe gegen nördliche Völker, der nur selten durch Friedensjahre auf kurze Zeit unterbrochen war.

Julius Cäsar machte durch seine Eroberungen 58—51 v. Chr. erst eine sichere Kenntniß der Nordalpenländer möglich. Und was er gesehen, das hat er auch in seinen Commentaren als Geograph, Historiker und Feldherr meisterhaft beschrieben. Er ist der Entdecker der Quellen des Rhodanus, des Genfer Sees, des Rheinstroms, ja von ganz Mittel- und Nordfrankreich. Er entdeckte Britannien für die Römerwelt, ebenso die Nordsee. In den Jahren 55 und 54 schiffte er zweimal nach Britannien über. Nachdem Polybius den Atlantischen Ocean im Süden befahren hatte, war dies die erste Römerflotte im nordatlantischen Ocean. Er drang zwar nur bis zum Thamesis und Londinum (Themse und London) vor, lehrte aber doch das Volk der Briten und Belger kennen. Sein Feldzug im fernen Norden erregte am Tiberstrome allgemeines Erstaunen; denn früher kannte man diese große Insel im Norden nicht, und die Gallier selbst konnten Cäsar nichts genaueres von Britannien sagen.

Auf dem Festlande eroberte er ganz Gallien bis zum Aquitanischen Ocean. Im Norden drang er bis zum Scaldis (Schelde) und der Arduenna Silva (Ardennerwald) und zu den Eburonen nach Calais vor. Seine Benennungen sind noch heute in Gallien die geltenden geblieben. Gegen Osten hin setzte er zweimal zu einem Streifzuge gegen die Sueven über den Rhein. Der stolze Römer wollte dem mächtigen Rheinstrome, wie er sich ausdrückte, ein Joch auflegen, und schlug im fünften Kriegsjahre im Rheingau zwischen Moguntiacum und Bingium die erste Brücke über den Rhein. Dadurch war der Rhein entdeckt. Im Osten drang der Besieger Galliens aber nicht tief in Germanien ein. Schnell umzukehren hielt er beidemal für rathsam. Nur um die Germanen zu schrecken, sagte er, habe er diese Streifzüge gemacht. Sein östliches Vordringen erreichte nur die Silva Bacenis, die damalige Grenze zwischen den Sueven und Cheruskern. Die Lage dieses Waldes bleibt ungewiß; ob der Westerwald, der Vogelsberg, der Reinhardtswald bei Cassel oder noch nördlicher der Westerwald. So entdeckte Julius Cäsar auch die großen Wälder Germaniens, die damals in Rom, eines im Ganzen waldarmen Landes Hauptstadt, zum Sprüchwort wurden, als Hercynia Silva (der Harzwald), wie in neuern Jahrhunderten die Amerikanischen Urwälder.

Plinius schildert die schattige germanische Waldung als ein wahres Naturphänomen, und nennt den Eichwald als den Charakter Germaniens.

Kaiser Augustus hatte es nun während seiner Herrschaft mit den Germanen in ihren Gauen zu thun. Ohne besonderes Kriegsglück werden doch von ihm die linken Rheinländer und die südlichen Donauländer durch ihre eigene innere Zerwürfniß als römische Provinzen unterworfen. Beide Hauptströme, Rhein und Donau, werden nun die große Nordgrenze des römischen Reichs, und fortan als Limes Imperii Romani angesehen.

Tiberius ist auf seinen Feldzügen in Oberdeutschland der Entdecker der nördlichen Schweiz (Land der Helvetier), des Bodensees (Bodamicus? Lacus) und der Donauquellen (Strabo VII. 292). Auf dem großen Landsee, der die Helvetier und Rhätier im Süden von den Vindeliciern im Norden schied, sagte Strabo, habe Tiberius die Vindelicier in einer Seeschlacht besiegt. Tiberius hatte auf einer Insel (unstreitig Reichenau am Westende) sein Standquartier genommen, und von da aus, nach dem Siege, die nordwärts liegenden Quellen des Danubius entdeckt und die vier Landschaften Rhätia, Vindelicia, Noricum und Pannonia zu römischen Provinzen gemacht.[1])

Nicht weniger als sechzig verschiedene Völkerschaften führt Plinius (H. N. III. 24) als Bewohner des ganzen Alpengebirgslandes vom Obern zum Untern Meere (d. h. von den Seealpen bis zum Adriatischen Meere), welche Augustus durch seine Feldherren, von der Provincia (Provence) bis nach Pannonien, an Danubius und Dravus, unter das Joch der Römer gebracht habe, namentlich auf: die größte und wichtigste Völkerentdeckung, die in Mitteleuropa je gemacht worden ist.

An vier Localitäten, an den Paßeingängen über die Hochgebirge, wurden als Siegeszeichen Triumphbogen mit Inscriptionen der Völkernamen erbaut. Alle vier haben sich in ihren grandiosen Ruinen erhalten, bei Nizza (Nicaea) im la Turbra, bei Susa im Westen von Turin an der Dora, bei Aosta (wo die Praetoriana Augusta am Gebirgspaß über den Großen Bernhard) und zu Petronel bei Carnuntum, an der Grenze von Oesterreich in dem heutigen Ungarn. Bei diesen Städten liegt alles voll Trümmer antiker Ueberreste von frühern dort angelegten Colonien (Nicaea, Susa, Augusta, Carnuntum).[2]).

---

[1]) Noch heute stehen die Ruinen von Tiberius' Triumphbogen, den er nach Besiegung dieser vier römischen Provinzen erbaut hat, unterhalb, wenige Stunden von Wien, auf dem Acker zu Petronel, in der Nähe der Ruinenstadt Carnuntum, des Hafenortes der römischen Donauflotte abwärts zum Pontus.

[2]) Die Mitte der Westalpen erhielt ihren Namen der Cottischen Alpen, weil ein Gebirgsfürst, der König Cottius, der zwölf dieser Alpenvölker beherrschte, es vorzog, sich friedlich dem Kaiser Augustus zu unterwerfen, und die Heerstraße den römischen Legionen über seinen Gebirgspaß Mons Cenisius (Mont Cenis) an der Dora Cenisa nach Gallien zu bahnen. Von allen römischen auf die Alpenvölker bezüglichen Inscriptionen hat sich nur diese am Frontispiz des Triumphbogens zu Susa in Metall eingegrabene mit den Namen der zwölf Cottischen Alpenvölker bis heute erhalten.

Aber auch nordwärts des Rheins und der Donau schritten die Römer durch die Märsche ihrer Legionen in Nordgermanien weiter vor; über die Weser bis in das Herzogthum Bremen, wo bei Beverkesa südlich von Otterndorf ihre Balkenbrücken durch das Torfmoor für ihre Märsche entdeckt sind. Sie sind von Holz und etwa 10 Fuß breit, und halten die Richtung von Nordwest nach Südost. Es ist 5 Fuß hoch Torf darüber gewachsen.

Durch Drusus' vier Feldzüge (13—9 v. Chr.) wird das Land der Bataver (Insula Batavorum, Holland) entdeckt. Es wird (im J. 12) die Ems (Amisia) beschifft; eben so der Römerkanal oder Durchstich aus dem Rhein zur Issala und dem Flevo lacus (jetzt Zuider See). Das Land der Cauchen an der Emsmündung zur Nordsee, und ganz Friesland und Westphalen tritt allmählich aus dem Dunkel hervor. Im zweiten Feldzuge (im J. 11) dringt Drusus vom Unterrhein, der Lippe (Luppia) aufwärts gegen Nordosten, zur Weser (Visurgis), dem Wohnsitz der Cherusker, vor; er legt dort das Castrum Alisonis (Lippspringe) an. Im dritten Feldzuge (im J. 10) folgt er der Lahn (Lana), die oberhalb Coblenz (Confluentia) in den Rhein mündet, und entdeckt das Land der Chatti, d. i. Hassia, Hessenland, wo Mattiacum an der Adrana, der Hauptort an der Eder, eingenommen wird. Im vierten Feldzuge setzt Drusus vom Taunus (zwischen Main und Lahn) über den Visurgis (Weser oder Werra der Thüringer) und entdeckt ostwärts einen neuen großen Strom Germaniens, den Albis (Elbe), etwa in der Gegend von Wittenberg oder Dessau, wo die Tropaea ad Albim errichtet sein sollen. Aber ein böses Omen schreckt ihn vom weiteren Vordringen zurück. Sein auf dem Rückwege erfolgter Tod ist bekannt.

Durch Varus' Niederlage (9 n. Chr.) tritt die Silva Teutonica, der Teutoburger Wald, zum erstenmal in der Geographie hervor. Auf dem Grotenberge in Lippe-Detmold soll Hermanns Denkmal die Stätte des großen Germanensieges und die Wendung der Römerherrschaft an dieser Stelle bezeichnen. Diese erhabene Stelle gewährt wenigstens einen trefflichen Ueberblick des ganzen Teutoburger Waldes, des Winfeldes, der Römerbeke, welche das Schlachtfeld auch heute noch bezeichnen, bis zur Porta Westphalica und gegen Nordwesten über Bielefeld und Westphalen hinaus bis Münster.

Die oberen Wesergegenden treten noch deutlicher durch die drei Feldzüge des Germanicus (14—16 n. Chr.) in den obern und mittlern Wesergegenden, wo ihm der ganze Cheruskerbund tapfer entgegentrat, in das Licht. Im Jahr 14 zog er gegen die Marsen im Münsterlande (Tanfana), im folgenden Jahre in den Teutoburger Wald und an die Ems, im dritten zur Ems, Weser, und ihrem Gebirgslande, dem Süntel, wo an der Porta Westphalica (Hausberge bei Minden) und dem Steinhuder See die Doppelschlacht geschlagen wurde.

Mit dem Osten Germaniens wurden die Römer nach Hermanns Ermordung (21 n. Chr.) auf einem mehr friedlichen Wege bekannter, und hiermit beginnt die erste durchaus verlässige Bekanntschaft mit dem Innern des Ostens von Mitteleuropa, mit Frankenland, Böhmen, Schlesien und Sarmatien.

Der Bund der Marcomannen im südlichen Germanien, durch den Sieg des Cheruskerbundes geschwächt, zog es vor, unter seinem in Rom erzogenen Könige Marbod, einem Römerfreunde, seine westlichen Wohnsitze zu verlassen, und in östlichere Gebiete überzusiedeln. Nur wenige bestimmte historische Angaben geben uns hierüber hinreichend Aufschluß. Seitdem sitzen Marcomannen im Lande Bojahaemum (Bojerheim oder Böhmen). In der Hauptstadt des neuen Herrschers in diesem Lande, zu Marobodunum, fanden sich nun häufig römische Handelsleute und Abenteurer ein. Nur Vermuthung kann es sein, ob das heutige Budweis die Lage der alten Capitale Marbods bezeichnet — oder in der Ruine des Marcomannenthurmes am Zusammenfluß der Woltawa und Moldau bei Klingenberg, im Norden von Budweis, der eine dominirende feste Lage hat, ihr Andenken erhalten sein mag.

Durch römische umherreisende Handelsleute von Marobodunum aus werden zwischen Elbe, Oder und Weichsel die böhmischen, schlesischen und Weichselländer, zumal in ihren Hauptmarktorten bis Mähren, Polen und Galizien hin immer bekannter. Die Routen der römischen Meßkaufleute haben sich bis heute erhalten, über den Viadrus (Oder) hinaus bis zur Vistula (Wissel, Weichsel).

Ptolemäus hat sie in seinen systematischen geographischen Tafeln aufbewahrt, Conr. Mannert in unserer Zeit wieder entdeckt und erläutert. [1])

Vornehmlich trug der Bernsteinhandel viel zur weitern Aufdeckung des mittlern Europa bei. Wie so manche andere Waare, Gold, Zinn, Salz, Pelzwerk, Elfenbein, Gewürze, spielt auch der Bernstein in der Geschichte der Länderentdeckungen eine merkwürdige Rolle; zumal, da er fast ein Unicum genannt werden kann, dessen häufiges Vorkommen nur auf eine sehr kleine, die baltische, Erdstelle beschränkt ist. Schon die Griechen hatten in frühesten Zeiten [2]) von den Milesischen Colonien am Pontus

---

[1]) Vgl. Mannert Germania. Dritter Theil der Geographie der Griechen und Römer. 2. Aufl. Leipzig 1820. Vollständiger von Kruse im Archiv für Alte Geographie und Geschichte, Heft 2. 1822. ausgearbeitet und in seiner Germania magna mit dem Itinerarium Antonini und neueren Namen verglichen.

[2]) In der Odyssee kommt ἤλεκτρον (Ziehstein von ἕλκειν — für ἕλκτρον — von seiner elektrischen Kraft) an drei Stellen vor: XV. 460, XVIII. 295, IV. 33; zweimal als Halsgeschmeide, und einmal als Schmuck in Menelaus' Palaste. Es war entschieden unser Bernstein. S. Buttmann Abhandlung über Electron. Berl. Akad. 1820.

Euxinus, den Borysthenes (Dnepr) aufwärts, dahin ihre Schiffer und Handelsreisenden geschickt, um den köstlichen Bernstein bei den Hyperboräern (Nordvölkern) zu holen. So wurde zuerst Osteuropa von Süd nach Nord, vom Schwarzen Meere bis zum Ufer der Ostsee in Preußen, dem einzigen Hauptfundort des Bernsteins, in seiner ganzen Mitte durchzogen. Schon die Phönicier, die ältesten Händler mit Bernstein zu Homers Zeiten, holten ihn von der baltischen Küste, verschwiegen aber die Wege; und auch die Griechen bewahrten ihr Geheimniß der Herkunft einer Waare, die dem Golde gleich galt. Nicht nur als das köstlichste Räucherwerk in den Tempeln der Götter und den Palästen, auch als der kostbarste Schmuck galt der Bernstein in Vorderasien und im Archipelagus; bald auch im Abendlande, und in Rom zu den Kaiserzeiten ward das Elektron ein Gegenstand großer Nachfrage. Wie Plinius (H. N. XXXVII. 11) erzählt, strebte Kaiser Nero nach großen Massen von Bernstein, um die Netze, mit denen die Arena der Amphitheater zu seinen ausschweifenden Thier- und Gladiatorenkämpfen umstellt wurde, mit Bernsteinkorallen zu verzieren. Deshalb wurde ein Römischer Eques zu Lande von der Donau durch Pannonien zur Bernsteinküste nach dem Vorgebirge Baltica ausgeschickt. Leider hat Plinius diesen Reisebericht zwar gelesen, aber keinen Auszug davon gegeben. Er ist, wie so Vieles aus dem Alterthume, verloren gegangen. Vermuthlich hatte er in seinem großen Werke de Bellis Germanorum darüber mehr mitgetheilt als in seiner Historia Naturalis. Aber auch dieses Werk ist leider nicht auf uns gekommen.

Daß die Römer mit den Anwohnern der Bernsteinküste in Handelsverbindungen blieben, das beweisen die vielen römischen Kaisermünzen, die man an den Preußischen Ostseeküsten ausgegraben hat. Sie fanden sich vorzüglich in vielen Todtenurnen, von der Weichselmündung bis nach Esthland, über Pregel, Niemen und Düna hinaus bis zum Finnischen Meerbusen. Bei Eylau und Königsberg bis Riga sind sie in Menge aufgefunden. Zuerst machte Theophrast Bayer, Akademiker in Petersburg, darauf in seinen historischen Schriften aufmerksam: De Nummis Romanis in agro Prussico repertis, in Bayeri Opuscula. Halae 1770. p. 411. Dann sind ihm andere Beobachter gefolgt. Nicht als Geld, sondern als Schmuck oder Amulete hatten diese Münzen, oder auch ihre zerschnittenen Stücke, für jene Völker einen Werth. Später mögen sie dann wohl zu Geldeswerth gedient haben. Es sind vorzüglich Münzen Marc Aurels und der Antonine.

Nach Ottfr. Müller (die Etrusker S. 256. 285) ging auch von Illyrien (Triest?) ein Bernsteinhandel nach Tarent, der von Etruskern betrieben sein mag; er soll über Augusta Vindelicorum (Augsburg), und von da durch Marcomannen über Böhmen und Nordschlesien nach Nordpreußen geführt worden sein.

Den erworbenen Schatz geographischer und ethnographischer Kenntnisse über die alten Landschaften deutscher Völkerstämme hat uns Cornelius Tacitus, der größte Geschichtschreiber des römischen Alterthums, in seinen Meisterwerken aufbewahrt: in seinen Historien, in den Annalen, und insbesondere in seiner Germania, dem bedeutendsten Werke geographischen Inhalts aus der Kaiserzeit. Das Buch: De situ, moribus et populis Germaniae, ist geschrieben in dem Jahre, wo Kaiser Nerva starb und Trajan den Thron bestieg (98 n. Chr.). Theils aus eigener Ansicht, theils aus Berichten römischer Krieger, und selbst aus Erzählungen von Deutschen, deren viele in Rom lebten, konnte Tacitus seine geographischen Nachrichten schöpfen. Viele der römischen Ritter und vornehmen Jünglinge hatten als Gefangene nach der Varusschlacht, als Knechte in den Wäldern Germaniens gelebt. Seneca lernte unter den Entflohenen solche kennen, die vierzig Jahre in Germanien zugebracht.

Leider ist Tacitus' Germania nur ein Entwurf, sehr kurz, deutet vieles wohl an, führt es aber nicht weiter aus, bedarf daher mancher Commentare. Man hat früherhin das wenig verstandene Werk wohl für eine blos rhetorische, unbegründete Composition halten wollen. Die Einen gaben es auch für den Roman eines Stoikers aus, um die Grundansichten der Stoa an einem Beispiel von streng ungeschwächten Völkern zu zeigen; Andere für eine Satire auf die Verweichlichung und den Luxus der Römer. Durch tiefer gehende Studien ist man von solchen irrigen unhistorischen Ansichten durch den historischen Inhalt der Schrift selbst zurückgekommen. Ihr ganzer Inhalt ist in den letzten Jahrzehnten durch Sprachforschung, Geschichtsforschung, alte Gesetzdocumente, bis ins Einzelne bestätigt. Die Geographie darin ist von einem Meister behandelt und giebt die beste Kritik des Ganzen ab. [1])

Nur kurz aber musterhaft sind die Terrainverhältnisse Germaniens geschildert. Was Tacitus von der deutschen Gauverfassung sagt, kann keine Erfindung sein, ebenso von der Brachwirthschaft der Aecker, von den Heerfahrten in Kriegszeiten, von dem Aufgebot, von den Richtstätten, den Versammlungen der Gemeinden, und den Völkerschaften und ihren Sitten und Sitzen. Die Angabe von Gebirgen, Flüssen, Ebenen, Wäldern, Dorfanlagen, Alles ist durch das wiedererwachte Studium der deutschen Geschichte, Alterthümer und Denkmale vielfach bestätigt worden. Ja wir besitzen noch heute keine Geographie von Deutschland, die so großartige Gesichtspunkte genommen hätte als Ta-

---

[1]) Rühs Ausführliche Erklärung der zehn ersten Capitel des Tacitus über Deutschland. Berlin 1821.

citus. Aber Tacitus hat als Geograph unter den Römern keine Nachfolger gehabt, die etwa für andre Länder gethan hätten, was er für Germanien geleistet.

Von dem zweiten und dritten Jahrhundert an verwandelten sich nun allmählich die Eroberungskriege der Römer am Rhein und der obern Donau in Vertheidigungskriege gegen immer näher heranrückende Feinde. Die Römer überschritten nur selten noch einmal die alten bekannten Grenzen ihres Reiches. Der Danubius blieb nun schon im Norden die Grenze ihrer Länderkunde, die sich nur wenig im Osten donauabwärts bis zum Pontus erweitern konnte. Erst als die Hauptresidenz der Herrscher von West nach Ost verlegt wurde und Rom nach Konstantinopel wanderte, wurden auch Nordgräcien, Thracien und andre Länder dort für die Ortskunde aufgeschlossen.

Aber die Entdeckungen der Römer, welche ja nur durch Kriege veranlaßt waren, hörten nun schon gänzlich auf. Vergeblich hatte Kaiser Hadrian versucht, durch das Vallum Hadriani (Pfahlgraben oder Teufelsmauer in seinen Resten vom Volke genannt) das Römerreich durch die Südwestecke Germaniens zu vergrößern. Es war dies berühmte Vallum die große Verschanzungslinie, die von der Donau bei Regensburg an der Altmühl, und von da durch Baiern, Schwaben und Franken gegen Nordwest über die Jaxt, den Kocher, Neckar und Main bis zum Rhein und zur Lahn bei Coblenz zieht. Es sollte wie eine Chinesische Mauer zur Absperrung und Vertheidigungslinie des römischen Reichs dienen, und wurde dazu mit Thoren, Thürmen und Castris versehen. Die Südwestecke Deutschlands ward dadurch eine Colonisation von römischen Schützlingen, deren Ländergebiet (jetzt Würtemberg und Baden) den Namen Agri Decumates erhielt, das Zehentland, weil die Bewohner den Römern den Zehenten als Schutzgeld zahlen mußten. Römische Veteranen aus den Legionen wurden hier mit Ländereien dotirt und mit der Vertheidigung dieser Militärgrenze beauftragt, gleich den Militärgrenzen der Chinesen gegen die Mongolen, in den neuern Zeiten der Oesterreicher und Russen.

So romanisirte sich das Vorland je mehr und mehr und füllte sich mit Anlagen von Städten, Bädern, Tempeln, Militärstraßen, wovon sich unzählige Spuren und Ueberreste vom Rhein bis zur Donau erhalten haben. So erhielten selbst viele Localitäten im Westen Süddeutschlands ihre römischen Namen, zumal entlang des Limes Imperii: so Basilea Rauracorum Basel; Augusta Vindelicorum Augsburg; Baden, Badenweiler, mit römischen Bädern; Pfortsheim (ad Portas) am Vallum; Reginoburgum Regensburg, Argentoratum Straßburg; die vielen Ortschaften am Rhein bis Moguntiacum Mainz; Castra Cassel; Bona Castra Bonn; Colonia Agrippina Cöln; Vesalia Wesel u. a. m. Auch durch den Osten von Regensburg abwärts von der Altmühl nach Passavia Passau; Juvavia Salzburg; Terioli Tirol; Noreja Kärnthen; Carnia; Vindobona Wien, bis Petronel und Carnuntum, Aquileja, Laureacum, Tergeste Triest u. a. [1])

Aber dauernd waren diese Besitznahmen nicht. Die Völker der Alemannen drangen seit 214 n. Chr. vom Rhein her in das Zehentland zuerst ein. Mit dem Jahre 305 (also nur 91 Jahre später) hört schon jede Spur des Römerbesitzes in diesem Südwesten Germaniens völlig auf. Nur eine Provinz im Norden der Donau, im Osten der Theiß (Thibiscus) bis zum

---

[1]) Ausgrabungen im Schwarzwald, auf der Rauhen Alp, im Odenwald, Spessart, bei Eichstedt an der Altmühl, zu Pappenheim und anderwärts, haben Römermonumente und Römerstraßen aufgedeckt. Vgl. Leichtlen Ueber römische Alterthümer im Zehentlande zwischen Rhein, Main und Donau. 1818. Muchar Das römische Noricum. Gratz 1825. 2 Th. Schmidt Die obere Donaustraße der Peutinger Straße. Berlin 1844. de Ring Sur les établissements des Romains du Rhin et du Danube. Paris 1852. 2 vol.

Dnepr (Borysthenes) hatte Kaiser Trajan zum römischen Reiche gefügt, die Dacia Trajani (Dacia Trajana) genannt, die auch noch ein halbes Jahrhundert länger römisch blieb, bis auf die Besitznahme der Gothen. (Trajans Wall am Pruth bei Belgrad in Bessarabien.) Die Moldau, Wallachei, Siebenbürgen und das Temesvarer Banat sind für die sehr kurze Zeit des Besitzes (von 103, dem ersten Dacischen Kriege, bis 270 zur Ueberlassung an die Gothen durch Aurelian) doch monumentenreich geblieben. Für sie, wie für das südliche und westliche Germanien ist daher, wie für ganz Südeuropa, welches insgesammt mehr oder weniger romanisirt wurde, ein anderer Keim zur Gestaltung geographischer Verhältnisse für das folgende Jahrtausend gelegt und zum Theil auch zur Entwickelung gekommen, als in dem ganzen übrigen mittlern germanischen und nördlichen Europa.

Andere Völker fingen nun an, Entdeckungen auf den bisherigen Gebieten der Römer zu machen, die endlich zu dem Untergange des römischen Reiches ausschlugen; in Mösien, Dacien und an dem untern Danubius zuerst. Feigheit an den Grenzen des römischen Reichs, Schwäche und Parteispaltungen im Innern, riefen andere Völker aus weiter, nordöstlicher Ferne herbei. Die schönen südlichern, reichern Länder lockten und reizten zur Eroberung und Besitznahme. Griechenland, Italien, Gallien, Spanien, Süddeutschland wurden ihre Beute.

So brach die große Völkerwanderung des Mittelalters herein, durch welche viele geographische Kenntnisse und Entdeckungen des Alterthumes wieder ganz verloren gingen, oder doch auf Jahrhunderte hinaus gänzlich vergessen wurden. Nur in Büchern, welche die vielen Zerstörungen überdauerten, blieb Manches, aber doch nur als todte Kenntniß der Gelehrten für die Nachwelt übrig, bis der wissenschaftliche Aufschwung der letzten drei Jahrhunderte, und die noch jüngere Neuzeit einen andern Zustand der wissenschaftlichen Erkenntniß herbeiführten.

Die systematischen Geographien des Strabo und Claudius Ptolemäus, aus dem ersten und zweiten Jahrhundert n. Chr., sind die wichtigsten übrig gebliebenen Quellen der Erdkunde der alten Zeiten, welche den Schatz Geographischer Wissenschaft, so weit ihn das Alterthum gehoben, dem nachfolgenden Jahrtausend überliefert haben.

Strabo, Zeitgenosse von Kaiser Augustus und Tiberius, geboren zu Amasia in Kappadocien, hinterließ zwei Hauptwerke, in denen er seine geographischen Kenntnisse niederlegte: die Geschichten, eine Fortsetzung des Polybius bis auf Kaiser Augustus, und die Geographie in 17 Büchern. Das erste ist ganz verloren gegangen, das zweite besitzen wir ganz, doch nicht ohne Lücken. Er schrieb dasselbe vor der Mitte des ersten Jahrhunderts n. Chr., wahrscheinlich im höhern Alter. An einer Stelle, im vierten Buche, spricht er von Kaiser Tiberius' gleichzeitiger Regierung. Er bereiste vorher viele Provinzen des römischen Reichs selbst, wie er sagt, von Armenien bis Etrurien und Massilien, und vom Schwarzen Meere bis Aethiopien. Er besuchte Aegypten im Gefolge des römischen Statthalters Gallus bis zur Grenze Aethiopiens, Nordafrika, Vorderasien, Griechenland, die Inseln des Mittelländischen Meeres, Italien. Also sehr viele Länder beschreibt er nach eigener Ansicht. Er scheint sich Polybius zum Muster genommen zu haben und ist auf alles Merkwürdige aufmerksam: auf Lage, Umfang, Eintheilung, Naturproducte, Eigenthümlichkeiten und auf viele Naturverhältnisse. Ueberall zeigt er einen sehr gesunden und geübten Blick. Auch auf alle menschlichen und historischen Verhältnisse der Länder achtet er, zumal auf ihre Bewohner, Völker, Staaten, Colonien, auf ihre Geschichte, Antiquitäten. Strabo stellte sehr richtig den Satz auf, daß der wissenschaftliche Geograph vorzüglich auf die natürlichen Eintheilungen der Länder und die Verschiedenheiten der Völker zu sehen habe, und weniger auf das, was Herrscher nach

Laune oder auf kurze Zeit in der Politik bestimmten: er solle das Dauernde und Bestehende angeben, und von dem, was vorher war, das Wichtigere. Darum sind Strabo's Werke gleich unentbehrlich für den Naturforscher, Geographen und Geschichtschreiber aller Zeiten.

Im ersten und zweiten Buche behandelt Strabo die Allgemeine Geographie und giebt seine Quellen und Vorgänger an. Mit Recht hat man ihm seine zu große Vorliebe für die Homerischen Gedichte vorgeworfen. Nicht nur als Dichter galt ihm Homer als der Erste, sondern auch als Geograph. Dadurch verfiel er in vielfachen Irrthum. Er hatte alle Localitäten, die in der Ilias und Odyssee vorkommen, selbst bereist, und ward durch das hohe Interesse, das sie ihm einflößten, zur Parteilichkeit verleitet. Er will überall die Poesie als historische Wahrheit vertheidigen und die Homerische Weltkunde als geographisches System aufstellen. — Das ist eine durchgehende Schwäche des Autors. Zu diesen Schwächen gehört zweitens, daß er dagegen Herodot's Nachrichten nicht gehörig benutzt hat.[1]) Im Uebrigen folgt er größtentheils dem Systeme seines großen Vorgängers Eratosthenes.

Im dritten Buche beginnt Strabo seine specielle Länderbeschreibung oder Chorographie. Er fängt mit Iberien, der Pyrenäischen Halbinsel an, und geht vom äußersten Westen so weiter gegen den Osten durch Europa nach Asien, und kehrt über Aegypten und Afrika zurück. Wir können hier zwar nicht in die specielle Behandlungsart seiner Arbeit eingehen; doch ist Strabo's Werk zu wichtig für die gesammte Historie und Geogra-

---

[1]) z. B. wirft er Ktesias, Herodot und Hellanikus in eine Klasse der Fabulanten über Medien, Persien und Syrien, und meint, er wolle noch lieber für wahr halten, was Hesiod und Homer davon sagen, als diese und ähnliche Schriftsteller.

phie, um nicht an ein paar Beispielen zu zeigen, wie und auf welche Art wir ihn für eigne Forschungen und Untersuchungen zu benutzen haben.

Strabo war nicht selbst in Spanien; er schöpfte seine Nachrichten aus den Werken seiner Vorgänger, und gestaltete so eine im höchsten Grade reichhaltige und interessante Schilderung. Wir sehen Spanien voll Städte und Ortschaften, Völkerschaften, voll Häfen, Heerstraßen, Handel und Wandel. Die Halbinsel scheint sogar damals stärker bewohnt und belebt, ja wohlhabender gewesen zu sein, als sie heutzutage ist. Die vielen antiken Monumente, welche wir dort finden, bestätigen das. Spätere Kriege entvölkerten sie, zumal die Vertilgungskriege der Römer, die Einfälle der nordischen Völker, und die Eroberungen Spaniens 300 Jahre später durch die Araber. Auch gehörte Spanien damals zu den sehr häufig, namentlich von Kaufleuten, besuchten Ländern. Strabo weiß daher genau anzugeben, wie weit die Flüsse zum Transport der Waaren schiffbar sind, und mit welchen Fahrzeugen, wie weit die Hauptörter, die Häfen und Marktplätze von einander entfernt liegen, er kennt alle Völkerschaften u. s. w. Gades war der große Welthafen Hesperiens, wie Alexandria des Orients. Ohne Strabo's Beschreibung würde uns alles dies unbekannt geblieben sein: denn fast alle Schriftsteller, die er excerpirt, sind uns verloren: Artemidorus von Ephesus, ein Zeitgenosse von Ptolemäus VIII. Lathyrus umschiffte kurz vor den Mithridatischen Kriegen mit einer Flotte selbst Spanien; schrieb *Γεωγραφούμενα*, eine Küstenbeschreibung (*Περίπλους*) des Mittelländischen Meeres für Schiffer. Ihm entnahm Strabo die Reisemaße. Posidonius aus Apamea in Syrien starb 51 v. Chr. Er brachte die letzte Hälfte seines Lebens auf der Insel Rhodus zu, wo er astronomische und geographische Werke schrieb und eine Sphaera ausarbeitete. Früherhin hatte er Gallien und Spanien besucht, um an den Westküsten Spaniens die fabelhaften Sagen vom Untergange der Sonne selbst zu prüfen und Beobachtungen über die dortigen Gestirne zu machen, auch um Messungen anzustellen über Ebbe und Fluth des Oceans. Von allen dem hatten die Anwohner des Mittelländischen Meeres keine Anschauung. Posidonius schrieb ein großes Werk über den Ocean und ein anderes über die Völker und Geschichten Spaniens. Aus beiden befinden sich bei Strabo die reichsten Auszüge. Polybius bereiste auch Spanien. Seine historischen Schriften verwebte Strabo in seine Geographie von Iberien, vorzüglich die Berichte von den verschiedenen Völkerschaften der Halbinsel. Timosthenes, ein ägyptischer Schiffskapitän und Admiral Königs Ptolemäus Philadelphus, hatte ein Werk über die Häfen des Mittelländischen Meeres geschrieben. Daraus nahm Strabo die Hafenbeschreibung. Asklepiades aus Myrlea in Bithynien war Grammatiker und Antiquar, der in Spanien lebte und in den dortigen Rhetorschulen lehrte. Er schrieb Werke über die Völkerschaften und Alterthümer Spaniens. Aus ihm giebt Strabo viele Auszüge.

Dies sind unter vielen andern die fünf wichtigsten Quellen, nach denen Strabo seine Geographie Iberiens componirte. Alle diese Schriften besitzen wir nicht mehr. Aus dem kritischen Studium des Strabo können wir uns aber die alte historische Literatur über Iberien restauriren. Die ganze Alterthumswissenschaft würde dadurch wesentliche Bereicherungen erhalten, wenn eine solche Quellenkritik durch alle siebzehn Bücher Strabo's mit Genauigkeit und Forschungsgeist fortgesetzt würde. Darin ist noch viel zu thun. [1])

---

[1]) Vorarbeiten dazu, welche für die Alte Erdkunde sehr wichtig sind, finden sich in Hennicke Geographicorum Strabonis fides ex fontium, unde is hausit, auctoritate aestimanda. Gotting. 1791. 8. Heeren De Fontibus Geographicorum Strabonis Commentatio. 1. 2. 1820. Conr. Mannert Geographie der Griechen und Römer. Uckert 2 Th. Iberien.

Aber nicht alle Länder behandelt Strabo gleichartig: bei jedem ist ein Studium anderer Quellen nothwendig.

Das vierte Buch enthält Gallien und Britannien. Ueber Celtica oder Gallia ist Strabo sehr genau unterrichtet. Im südlichen Theile war er selbst, im nördlichen nicht. Gallien war als römische Provinz ganz romanisirt. Hier erzählt er das mehrste nach mündlichen Berichten, die er durch Römer, besonders durch Handelsleute erhielt, die Gallien nach allen Richtungen durchkreuzten. Sonst benutzte er als schriftliche Quellen den Periplus des Pytheas, Julius Cäsar's Commentarien de Bello Gallico, die historischen Schriften von Polybius und Posidonius, und die Politica des Aristoteles. Darin war unter den vierzig verschiedenen Staatsverfassungen, die Aristoteles in diesem berühmten politischen Werke beschrieb, auch die Colonialstadt Massilia am Rhodanus umständlich beschrieben. Weniger benutzte er die Werke von Ephorus und Timagenes.

Ueber Britannia, Hibernia, Thule ist Strabo weit ärmer an Nachrichten. Seine Hauptquelle ist Julius Cäsar's Gallischer Krieg. Außerdem theilt er Manches mit, was ihm römische Handelsleute erzählt hatten.

Den Nachrichten des Pytheas von Massilia traut Strabo wenig, weil sein Muster Polybius diesen großen Mann nicht verstanden hatte. Die Alpen Mitteleuropa's und ihre Völker beschreibt Strabo ganz nach Polybius und einigen mündlichen Nachrichten. Nur Einzelnes ist darin von Bedeutung für die Geschichte einzelner Alpengaue, z. B. von Como.

Das fünfte und sechste sehr reich ausgestattete Buch schildert Italien und die Inseln. Noch kein neuerer Geograph hat bei seiner Beschreibung Italiens die großartige Darstellung erreicht, die uns Strabo von dieser Halbinsel giebt.

Das siebente Buch beschäftigt sich mit Germanien und dem

Norden von Europa und ist leider das unbefriedigendste. Er hatte keine eigenen Ansichten, keine Erzählungen von Zeitgenossen, nur einzelne schriftliche Nachrichten. Tacitus trat erst später auf. Nur soweit die Waffen der Römer gingen, soweit reichte Strabo's Erdkunde im Norden. Er sagt selbst ganz offenherzig, über die Länder jenseit der Elbe wisse er nichts Bestimmtes zu sagen. Er hätte dasselbe sagen können von den Ländern im Norden des Danubius. Auch die Lage der Alpen, der Gebirge in Thracien, Illyrien und Germanien sei ihm noch sehr unbekannt, u. a. m. Viele Namen von Völkern und Orten giebt Strabo ohne Kenntniß, wo sie wohnen und liegen.

Desto reichhaltiger fließen ihm nun wieder die Nachrichten in den drei folgenden Büchern.

Das achte und neunte Buch behandelt Griechenland, und das zehnte die Griechischen Inseln. Hier viel eigene Ansicht und Benutzung vieler anderer, wie in den folgenden Büchern. Ueber den Orient, Syrien, Kleinasien, Persien, Bactria ist Strabo unschätzbar, über Indien hat er wenig Neues. [1])

Das zweite Geographische Hauptwerk des Alterthums ist Claudius Ptolemäus' Geographie.

Claudius Ptolemäus aus Pelusium lebte als griechischer Astronom in der Mitte des zweiten Jahrhunderts n. Chr. Was Galen für Arzneilehre, und Pausanias für Geschichte der alten

---

[1]) Frühere Ausgaben von Almeloveen. Amsterdam 1707. Isaac Casaubonus. Paris 1620. Siebenkes und Friedemann. Leipzig 1796—1814. 6 Tom. mit lat. Uebersetzung. G. Kramer. 1844—1852. der für die Kritik das Meiste geleistet. Französ. Uebersetzung Strabo's. Paris. 5 Voll. 4 von du-Theil, Coray, Letronne, Guil. Gosselin. 1805—1819. mit fortlaufendem Commentar. Deutsche Uebersetzungen von Penzel. 4 Th. Lemgo 8. 1775—77. von Großkund. Berlin 8, 4 Th. 1831—34. mit kritischen Noten. Aug. Meineke Vindiciarum Strabonianarum Liber. Berol. 1852. 8. Dr. Ernst Meyer Botanische Erläuterungen zu Strabo's Geographie. Königsb. 1852.

Kunst, das hat Ptolemäus für Astronomie, Chronologie und Geographie geleistet. Er schrieb ein großes astronomisches Werk (ἡ μεγάλη σύνταξις, Magna Constructio, Almagest der Araber), dann (um 140) seine vollständige Erdbeschreibung. Sie ist ein gedrängtes, obwohl sehr reichhaltiges, systematisches Verzeichniß geographischer Namen und ihrer Positionen, das in acht Bücher vertheilt ist. Mit Offenheit bekennt er sich für dieses Werk als Schüler des Marinus von Tyrus.[1])

[1]) Ptolemäus rühmt den Marinus als einen Mann, der die größte Aufmerksamkeit auf alle Beobachtungen und Reisen gewendet habe. Wirklich mußte von solchen Schiffer- und Reisenachrichten in den phönicischen Häfen die größte Menge vorhanden sein, die für andre Völker noch ein Geheimniß geblieben waren. Daraus arbeitete Marinus, freilich wohl lange nachdem die Phönicier aufgehört hatten eine selbstständige Republik zu sein, seine Landkarte. Daher der außerordentliche Reichthum, aber auch die phönicische Schreibart und manche Dunkelheit vieler Eigennamen. Diese nahm Ptolemäus so, wie er sie fand, in seine Geographie auf, z. B. Chna für Kanaan, Juernä für Hibernia. Zu einer neuen Herausgabe des Ptolemäus ist die Kenntniß der Sprachen und der Schreibarten des Orients daher nothwendig. Die Tyrische Weltkarte des Marinus befand sich unstreitig auch unter den Schätzen der Bibliothek in Alexandria. Früher ein Eigenthum der eifersüchtigen Tyrischen Handelsleute wurde ihr Inhalt nun erst weltbekannt. Sie war aber so gefüllt mit Namen und Angaben, daß Ptolemäus zu seinem besondern Zwecke nur ein kurzes Compendium davon geben wollte. Er sagt dies selbst: er wolle sich so kurz fassen als möglich, denn Marinus habe einen so großen Reichthum der Nachrichten der Alten und Neuen zusammengebracht, und so viele Werke und Reiseberichte studirt, wie keiner seiner Vorgänger. Auch war auf dieser Tyrischen Weltkarte schon der erste Meridian durch die Insulae Fortunatae (Canarien) gezogen. Also unser Meridian von Ferro ist phönicischen Ursprungs. Ptolemäus gab also einen Auszug aus Marinus Tyrius, verbesserte den Maßstab und die Form der Karten. Er sagt, daß Marinus' Karte oft nachgezeichnet, copirt und verändert sei. Ihm lagen selbst mehrere Editionen davon vor, deren Verschiedenheiten er anführt. Diese Bearbeitung, die er als Astronom und Mathematiker ausführte, machte er unstreitig für seine Schüler in Alexandria zum Verständniß der Tyrischen Weltkarte.

Im ersten Buche giebt er Vorschläge zur graphischen Zeichnung und Entwerfung des Landkartennetzes, drängt auf bessere astronomische Beobachtungen über die Lage der Orte, verlangt nicht blos Breitenbestimmungen, sondern auch mehr Längenbestimmungen als bisher, und giebt die Mittel an, aus der Lage der bekannten Orte die der unbekannten zu finden. Im achten Buche giebt er ganz kurz einen Ueberblick über das Ganze. In den übrigen sechs sind die Register nach Ländern, Längen- und Breitengraden ausgeführt.

Zu diesem Werke zeichnete ein mechanischer Künstler, Agathodämon in Alexandria, aber sehr spät erst, im sechsten Jahrhundert, 27 Landkarten, welche man den meisten alten Handschriften des Ptolemäus beigegeben findet. Denn entweder hatte Ptolemäus selbst Karten gezeichnet und dem Manuscript beigefügt, die aber von den oft ungeübten Abschreibern als zu schwer nicht mit copirt wurden: oder seine Karten in Alexandria hatte Ptolemäus nur in seiner Geographie beschrieben, aber nicht mit öffentlich bekannt gemacht. Es sind 27 Landkarten bei den Ausgaben des Ptolemäus: über Europa 10 Blatt, über Afrika 5, über Asien 12 Blatt. Diese sind die Grundlage aller neuern Landkarten geworden: Ohne sie würden die unsrigen schwerlich ihren jetzigen Grad von Vollkommenheit erreicht haben.

Das Werk des Ptolemäus ist in neuern Zeiten gegen andre Classische Autoren sehr vernachlässigt; freilich ist seine Bearbeitung sehr mühsam. Seit der ersten kritischen griechischen Ausgabe des Ptolemäus durch Erasmus, zu Basel 1533, ist wenig geschehen. Die frühern Ausgaben (1475 zu Vicenza, ohne Karten; 1478 zu Rom und 1490 mit Karten von Sweinheim und Bücking; 1482 zu Bologna und Ulm mit Holzschnitten, worin die ersten Ptolemäischen Landkarten beigegeben waren, gezeichnet für Papst Paul II. von einem Benedictinermönche Nicol. Donis [1]) (sind sehr

[1]) Schon die Karten der Römischen und der Ulmer Ausgabe weichen gnza

unbefriedigend, bloße lateinische Uebersetzungen. Diese lateinischen Uebersetzungen wurden früher bekannt als der griechische Text. Die beste ist von Angelus und Willib. Pirkheimer, Argentorat. 1525. Aber alle sind voll Fehler in Namen und Zahlen, und unbrauchbar. Die beste ältere Ausgabe ist die von Bertius im Theatro Geographico Veterum. Amstelod. 1678 fol. Mehrere neuere Versuche sind von Sickler, Wilberg, Nobbe. Das Geographische Werk und die Karten, welche zum Ptolemäus gehören, behandelt man gewöhnlich als aus einerlei Quelle geflossen. Doch sind es, wie bemerkt, verschiedene Arbeiten, die drei bis vier Jahrhunderte auseinander liegen. An beiden suchten viele Abschreiber, zumal Mönche des Mittelalters, und viele der ersten Herausgeber gedruckter Editionen, und Uebersetzer, willkürlich zu verbessern. Das geschah in Namen und Zeichnung nach Gutdünken und oft sehr beschränkter Kenntniß. Nach dem Texte verbesserte man die Karten, und aus den Karten den Text. Das mußten sehr oft Verschlechterungen werden.

Zuerst drang Schlözer in seinem Meisterwerke, der Nordischen Geschichte, auf eine neue kritische Ausgabe des Ptolemäus (Allg. Weltgesch. Th. 31. S. 148. 176). Sehr stark nennt er den jetzigen Ptolemäus ein unbrauchbares Flickwerk der Mönche des Mittelalters, worin man kaum noch den Alexandrinischen Ptolemäus wegen der vielen Einschiebsel und Zusätze zu erkennen im Stande sei. Das ist zu viel gesagt. Aber Schlözers Urtheil rief eine genauere Kritik des Ptolemäus hervor. C. Mannert hat in seiner Geographie der Griechen und Römer Th. I. S. 180 ff. die besten Mittel angegeben, um die Fehler der spätern Heraus-

---

von einander ab. Doch bilden bei beiden Editionen die ältern Karten die Grundlage. Die spätern Kartenausgaben sind von Gerhard Mercator noch mehr verändert worden. Es existirt noch keine Ausgabe der ältesten Zeichnungen.

geber aus dem wahren Ptolemäus auszuscheiden. Er giebt die Eigenthümlichkeiten und Gesetze an, nach denen Ptolemäus bei Abfassung seiner Beschreibungen verfuhr. Z. B. Ptolemäus befolgte in seinen Beschreibungen die Hauptregel, bei der Karte immer zuerst die Orte in Nordwest zu nennen und dann in der Breite eines Grades gegen Osten fortzufahren bis an das Ende der Karte. Dann verfuhr er ebenso mit dem zweiten, zunächst südlichern Grade der Breite und so fort. So viele Grade der Breite nun ein Land oder eine Provinz hat, so viele Zeilen erhält es bei Ptolemäus. Wo er von dieser Ordnung abweicht, was selten geschieht, da giebt er darüber vorher immer erst einen Wink. Wo diese Ordnung zerrissen ist, da zeigen sich gewöhnlich sogleich die Interpolationen. Andre Kriterien des ächten Textes lassen sich auf diese Weise noch mehr auffinden. Und wir dürfen die Hoffnung keineswegs aufgeben, durch eine kritische Behandlung wieder zum Besitz des ächten Ptolemäus zu gelangen. Dieser Besitz ist sehr wichtig, denn die Geographischen Tafeln des großen Astronomen und Mathematikers sind bewundernswürdig reichhaltig, besonders in den fernsten Gegenden aller drei Welttheile der Alten, über welche Griechen und Römer gänzlich unwissend geblieben sind. Dies lehrt bald eine genauere Ansicht des berühmten Werkes.

An der Küste von Ostarabien, z. B. wo sonst kaum ein Ort Gerra bei den frühern Griechen und Römern genannt wird, da führt Ptolemäus 20 Städtenamen auf, und giebt von ihnen die Dauer des längsten Tages nach dort gemachten wirklichen Beobachtungen an.

Die macedonischen Griechen lehrten zwar die Insel Ceylon, (Taprobane) zuerst kennen, aber es ist nur sehr weniges, was wir von ihr, bis auf Plinius' Zeit, erfahren, der auch einige Nachrichten von der Insel giebt. Aber Ptolemäus kennt dort über funfzig Orte, Flüsse, Berge. In vielen der Namen, die er anführt, erkennen wir noch an der Uebereinstimmug mit den heutigen Namen die richtige Sanskritschreibung; oder die erkennbaren mythologischen Namen der dortigen Buddhisten zeugen für die Richtigkeit seiner Angaben. Dazu fügt Ptolemäus: vor Taprobane (Tapovane, Büßerwald), d. i. im Westen, liegen 1378 Inseln, deren er 19 namentlich nennt (VII. 4). Das sind wohl die Malediven. Auch die Sundainseln kennt Ptolemäus. Er nennt Jabadin die fruchtbarste von allen, Javan div, Gersteninsel, im nördlichen Theile die Argentea Metropolis (Bantam) und nahe dabei Batavia. Seine drei Insulae Sinde sind doch wohl Sunda. Noch drei andere Sabadib, wo div Insel bedeutet, von Menschenfressern bewohnt (die Battas in Sumatra).

In Vorderindien eröffnet Ptolemäus eine neue Welt, die den Griechen ganz unbekannt geblieben war, aber durch den Periplus Maris Erythraei eines Kaufmanns aus dem zweiten Jahrhundert, der irrig dem Arrian zugeschrieben ist, bestätigt wird. Man erstaunt über die große Menge von Orten. Von 39 Orten giebt er außer der ziemlich richtigen Lage auch genau die Dauer des längsten Tages nach Beobachtungen an. Dann giebt er viele Namen von Flüssen, Bergen, Inseln u. s. w., die bis ins sechzehnte Jahrhundert unbekannt blieben.

Ganz Nord- und Ostasien war den Römern und Griechen völlig terra incognita. Ptolemäus nennt schon das Uralgebirge, die Wolga (Rha) und Sina mit seinem gelben Fuß in Nordchina. Dahin giebt er auch die Landstraße vom Euphrat an über Hyrkanien, Caspiae Pylae, Baktrien, über ein hohes Gebirge am Steinernen Thurm vorüber, über den Imaus, und von da nach Sera Metropolis oder Sina in Serica. Er kennt Sinae von Süden und Serica von Norden, also China von zwei Seiten, ohne die Identität zu kennen.

Im Innern der meisten europäischen Länder dagegen ist diese ägyptische Erdbeschreibung ärmer zu nennen, als z. B. die Stradonische, doch glücklicherweise nicht in unserm nördlichen und östlichen Germanien. Hier hat uns Ptolemäus die Namen von neunzig und einigen deutschen Ortschaften, von sechzig und einigen Völkerschaften, von vielen Gebirgen, Flüssen, Wäldern erhalten, deren genauere Kenntniß wir fast nur diesem Alexandriner allein verdanken.

Einige zwanzig Jahre hatte Ptolemäus die neuen, durch die Marcomannenkriege gewonnenen Aufschlüsse sammeln können; daher die Fülle, die uns jetzt in Verwunderung setzt. Wenn er viel mehr, und mit größerer Genauigkeit zu sagen weiß, als seine Vorgänger, Strabo, Plinius und Tacitus, so ist dies ganz in der Ordnung. Er konnte in seiner Germania Magna, Dacia, Sarmatia fast alle Völker, die dort vorhanden waren, nach ihren Wohnsitzen anführen. Der Vorwurf, der ihm so oft von modernen Gelehrten gemacht ist, als habe Ptolemäus selbst kindisch erdichtete Namen und Sachen zur Füllung in seine Karten getragen, zeugt nur von völligem Mißverstehen der Alten Welt. Die Namen slawischer und germanischer Völker mögen von dem Alexandrinischen Gelehrten freilich so verstümmelt sein, wie so viele es in Indien sind. Aber abgesehen von den Interpolationen, die ihm nicht zur Last fallen, läßt sich für den Hauptvorwurf gar kein Beweis aufstellen. Eigene Unwissenheit reicht in solchen Dingen nicht hin, aus Mißtrauen die Kenntnisse der Vorgänger verdächtig zu machen, weil sie uns noch unverständlich sind. Von Irrthümern über Germania Magna und die Länder der Kelten, Slawen, Illyrier, Dacier u. a. konnte freilich der Astronom in Alexandria nicht ganz frei sein. Aus Schriften römischer Autoren über die Zeit der Germanenkriege, die uns verloren sind, floß gewiß manches falsche Datum mit unter.

Zu den mündlichen und schriftlichen Quellen für des Ptolemäus Germanien kommen noch Messungen. Seit Julius Cäsars Zeit begannen die Vermessungen der Länder und Straßen, soweit sich das römische Reich ausdehnte. Sie wurden immer mehr erweitert; denn sie waren das höchste Bedürfniß für die Verpachtungen der Staatsländereien, für die Märsche der Legionen, und für die Küstenfahrten der römischen Kriegs- und Handelsflotten. Aus Aethicus Cosmographie ist der Senatsbeschluß bekannt, den Julius Cäsar veranlaßte, daß alle Provinzen durch Dimensoren ausgeschritten werden sollten, um die Distanzen nach römischen Schritten kennen zu lernen; freilich eine noch unvollkommene Art der Messung. Nach 32 Jahren war diese erste Vermessung im Orient, in Afrika, und im Norden von Italien beendigt. Diese ersten Versuche wurden vielfach wiederholt und berichtigt. Zumal unter Augustus' ruhiger Zeit war Agrippa sehr eifrig damit beschäftigt (Plin. H. N. III. 3). In Italien, Griechenland, Aegypten u. s. w. waren die Messungen sehr genau; in den wenig bekannten Gegenden Europa's natürlich nur Schätzungen der Distanzen nach Tagereisen. Daher sind auch die ersten Nachrichten von der Ausdehnung der Länder meist übertrieben. Plinius, der aus Agrippa's Messungen die Entfernung von der Donau bis zur Ostsee angiebt (H. N. IV. 24), zerrt Ostgermanien viel zu sehr auseinander. Aus Messungen mehrerer Griechen und Römer führt er ebenfalls (H. N. IV. 28) schon die Länge der Nordküste Germaniens an, von Westen nach Osten, von der Scaldis (Schelde) bis nach Sarmatien, ebenfalls viel zu lang. Diese allgemeinen Irrthümer seiner Zeit theilte auch Ptolemäus. Wie alle seine Vorgänger, so setzt auch er die Länge Germaniens von Süd nach Nord, von der Donau zur Ostsee, um zwei Breitengrade zu groß an. Doch war die Handelsstraße des römischen Eques, von der Donau zur Bernsteinküste, von Südwest gegen Nordost, durch die Dimensoren ganz richtig abgeschritten. Ptolemäus' Irrthum bestand darin, daß er sie fast gerade in nördlicher Richtung auf seine Tafel eintrug, statt gegen Nordost, und zu wenig für die Krümmungen über Gebirge und Flüsse rechnete, den Weg mehr in gerader Linie auszog; etwa wie wir es jetzt mit den Reiserouten Mungo Park's, Clappertons und Anderer durch die Mitte Afrika's gemacht haben. Ebenso gab es zu Ptolemäus' Zeit schon gute Messungen von den nördlichen germanischen Küsten der Ostsee. Griechische und römische Handelsschiffer waren hier den massilischen und phönicischen Entdeckern gefolgt. Dies beweisen Schifferdistanzen nach Orgyien oder Klafterlängen von den dortigen Vorgebirgen und Flußmündungen an den meklenburgischen und pommerschen Küsten zu andern Vorgebirgen und Mündungen. Diese theilt Ptolemäus mit, von der Spitze Jütlands bis zur Weichselmündung; also von West nach Ost, von der Flexio Chersonesi Cimbricae bis zum Aufgang, ad Ortum Vistulae, nach seinem Ausdruck. Beweis genug, daß wir uns jene Gestade nicht mehr so ganz dunkel und barbarisch denken dürfen. Aber auch hier begeht Ptolemäus einen Irrthum. Er läßt die ganze Küste in gerader Linie bis zur Weichsel laufen und alle Flüsse unter einem Parallelkreise (dem 56sten) in die Ostsee einmünden. Der Schiffer, aus dessen Periplus Ptolemäus seine Nachricht schöpfte, hatte offenbar im Allgemeinen die Fahrt eine solche von West nach dem Sonnenaufgange genannt. Die einzelnen Schiffermaße von Cap zu Cap und von Hafenort zu Hafenort an den Flußmündungen treffen aber ganz gut zu. Ptolemäus' Angaben sind ihrer Wahrhaftigkeit wegen in dieser Hinsicht gerechtfertigt.

Daß auch Ptolemäus' Nachrichten über die Handelsstraßen im Innern Ostgermaniens keineswegs so unbrauchbar sind, wie Schlözer noch meinte, hat schon Mannert bewiesen, und dann noch mit mehr Genauigkeit Kruse in verschiedenen lesenswerthen Abhandlungen über Ptolemäus' Germanien (s. Archiv für alte Geogr. u. Gesch. Heft 1—3). Seine Handelsstraßen breiten ganz Germania Magna im Osten der Elbe und im Norden der Donau vor unsern Augen aus als ein stark bewohntes, keineswegs barbarisches Land, sondern voll Städte, Burgen, Emporien, Handelsstraßen und Ansiedlungen, deren Monumente wir noch heute in den Tausenden von Grabhügeln mit Todtenurnen und Waffen unserer Vorfahren dort wiederfinden. [1])

Nach den geographischen Werken des Strabo und Ptolemäus haben wir noch die römischen Itinerarien und den Geographus Ravennas zu erwähnen.

Itinerarien verfertigten die Römer für die Märsche ihrer Heere und die Reisen der Kaiser. Es gab deren von zweierlei Art. Vegetius nennt sie Annotata und Pictae Tabulae. In den Annotatis wurden blos die Namen der Orte und Stationen (mansiones) und ihre Entfernungen von einander verzeichnet — wie unsere Postcurse — ohne weitere Nachricht. Bei der zweiten Art wurden außer diesen eigentlichen Stationen auch die Provinzen, ihre Namen, Umfang, Bewohner, Gebirge, Flüsse, Meere angegeben und landkartenartig verzeichnet als Wegekarten. Von ersterer Art hat sich besonders das sogenannte Itinerarium des Kaisers Antonin erhalten, dessen Zeitalter übrigens ungewiß ist. Auf solchen Annotaten wurden jede 1000 geometrische Schritt (Mille passus) durch ein Zeichen bemerkt. Das schriftliche Verzeichniß davon erhielt der Officier oder Magistrats-Commissar, der für das Heer zu sorgen hatte. Bekanntlich hatte Marcus Vipsanius Agrippa, Augustus' Schwiegersohn, alle Provinzen des römischen Reichs ausmessen und danach Karten verzeichnen lassen, für die er einen eigenen Porticus errichten ließ. Dazu schrieb er einen Commentar, der in das öffentliche Archiv kam und den Plinius noch benutzt hat. Von jenen

---

[1]) Heeren Commentatio de Fontibus Geographicorum Ptolemaei Tabularumque etc. Gotting. 1827. G. v. Gumaelius in Ptolemaeum. Upsal. 1821. 8.

Verzeichnissen wurden sehr viele Abschriften gemacht nach verschiedenen Bedürfnissen, zumal für die Märsche der Legionen in den nordalpinischen Ländern. Dadurch sind uns die großen Militärstraßen der Römer längs dem Rhein und der Donau bekannt geworden. Nach ihnen können wir ihre Castra oder Lager, Brücken, Thürme, Mauern, Colonien im westlichen und südlichen Deutschland bis zum Neckar und Main aufsuchen. [1])

Von den mehr landkartenartigen Wegekarten der Römer hat sich glücklicherweise wenigstens eine bis auf unsere Zeit erhalten. Sie befindet sich in Wien auf der Kaiserlichen Bibliothek und ist unter dem Namen der Tabula Peutingeriana bekannt. Sie bildet eine Rolle aus elf Blättern, 20½ Fuß lang und 11½ Zoll breit. Darauf sind die Heerstraßen durch das ganze römische Reich gezeichnet; doch nicht geographisch, sondern ganz willkürlich; nur die Distanzen sind genau angegeben. Der große Gelehrte und Dichter Conrad Celtes in Heidelberg (1459—1508) hatte das Manuscript in einer süddeutschen Bibliothek gefunden, und in Conrad Peutingers Bibliothek gegeben, wo dieser Augsburger Patricier sie sehr sorgfältig aufbewahrte. Marcus Welser, der Geschichtschreiber von Augsburg, ließ sie 1591 in Venedig drucken. Die Originalkarte bekam im siebzehnten Jahrhundert Prinz Eugen von Savoyen, und 1736 kam sie in die kaiserliche Bibliothek nach Wien. Dort ließ sie v. Scheyb 1753 in Kupfer stechen, und nach seiner Ansicht ist sie gezeichnet zwischen 368 und 396, also aus dem Ende des vierten Jahrhunderts unter Theodosius d. Gr., daher sie auch Tabula Theodosiana genannt wird. Dies ist irrig; denn sie

---

[1]) Gesammelt sind diese geschriebenen Wegeverzeichnisse zuletzt von Wesseling, und von ihm edirt unter dem Titel: Vetera Romanorum Itineraria, sive Antonini Augusti Itinerarium curante P. Wesseling. Amsterd. 1735. Itinerarium Antonini Augusti et Hierosolymitanum ex libris manu scriptis ediderunt Parthey et Pinder 1847.

enthält viele Anspielungen auf den Papst, Jerusalem und das Deutsche Reich. Mannert beweist aber, daß sie aus früherer Zeit herstammt, vom Jahre 230, also bis auf Alexander Severus zurückgeht, daß die Karte in Wien aber nur die Copie einer alten römischen Karte ist, die ein Mönch im dreizehnten Jahrhundert gemacht hat, daß also nur eine ältere Karte dabei zum Grunde lag, wie bei den Ptolemäischen. Nach der neuern Untersuchung von Giuseppe Accenti, Bibliothekar in Rom, in seiner Osservazioni sopra la Tavola Peutingeriana. Romae 1809. soll diese Karte unter Theodosius II. (408—450), zu Anfang des fünften Jahrhunderts gezeichnet sein. [1])

Sehr wichtig, oft die Hauptquelle sind diese Itinerarien für die ersten Jahrhunderte des Mittelalters, wo wir bald alle bestimmten Maße und Wege, zumal in Europa, aus den Augen verlieren. Die altdeutsche Geographie längs dem Rhein und der Donau, soweit die Römer vordrangen, verdankt diesen Itinerarien sehr viel. Durch sie hat man dort an den Heerstraßen die vielen römischen Alterthümer an verwüsteten Römerstädten wieder aufgefunden, z. B. das Römerbad bei Badenweiler, und die vielen Monumente bei Mainz, Trier u. s. w. Im Jahr 1818 ist Professor Buchner in Regensburg so glücklich gewesen, mit der Peutingerschen Tafel in der Hand auf seiner Fußwanderung von der Donau durch Bayern, Schwaben und Franken bis zu Jaxt, Kocher, Neckar und Rhein, den Lauf des Vallum Hadriani, der sogenannten Teufelsmauer, durch Deutschland in einigen

---

[1]) Die neueste vollständigste Edition: Tabula Itineraria Peutingeriana, denuo cum Codice Vindobonensi collata, emendata et nova instructione etc. von Conrad Mannert auf Kosten der Bayerschen Academie der Wissenschaften. Leipzig 1824. Petr. Katancsich Orbis antiquus ex tabula itineraria Theodosii et Peutingeri illustratus. Budae 1824.

Hauptspuren wieder zu entdecken, das erstaunlichste Römermonument in Deutschland. [1])

Durch dieselbe Tafel unterstützt konnte Vincenz v. Pallhausen die römische Heerstraße von Verona durch Tirol bis Augsburg verfolgen, und eine große Anzahl von geographischen, historischen und antiquarischen Nachsuchungen veranlassen, die für die Kenntniß des germanischen Alterthums von Wichtigkeit sind. [2]) Die Academie in München hatte daher sehr recht, zum Besten der Deutschen Geographie an einer neuen Ausgabe der Tabula Peutingeriana arbeiten zu lassen.

Außer den Itinerarien ist das erste Allgemeine Geographische Lexicon wichtig, das Stephanus Byzantius (um 500) aus allen vorhandenen Schriften zusammensetzte. Leider besitzen wir bis auf ein Fragment nur den Auszug davon. Indeß auch dieser enthält sehr viele Nachrichten, die wir sonst nirgends wiederfinden. [3])

Zu den Itinerarien und dem Geographischen Lexikon gehört noch der Geograph von Ravenna, das einzige allgemein Geo-

---

[1]) Buchner Reise auf der Teufelsmauer. Regensburg. 3 Thl. 1818. 1821. 1831. Weit vollständiger und classisch sind die reichhaltigen Untersuchungen, die jene in vieler Hinsicht berichtigt haben, von Anton Maier (Domherrn in Eichstädt): Genaue Beschreibung der unter dem Namen der Teufelsmauer bekannten römischen Landmarkung. München 1824. in den Denkschriften der Academie der Wissenschaften. Bd. VIII.

[2]) Vinc. v. Pallhausen Beschreibung der Römischen Heerstraße von Verona über Trient, Botzen, Innspruck nach Augsburg. Mit Karten und Kupfern. München 1816.

[3]) Stephanus Byzantius de Urbibus (περὶ πόλεων) ed. Abraham Beckelius Lugdun. Bat. 1694. fol. Luc. Holstenii Notae et Castigationes in Steph. Byzant. ibid. 1684. fol. Neue Edition von Wilh. Dindorf, (kritisch). Leipzig 1825. 6 Vol. 8. Stephani Byzantii Ethnicorum quae supersunt, ex recensione Aug. Meinecke. Berol. Tom. I. 1849.

graphische und Compendiarische Werk eines gewissen Guido von Ravenna aus dem neunten Jahrhundert, das aus jener Zeit auf uns gekommen ist, aber nicht vollständig, sondern nur als Excerpt. [1])

Der Epitomator, wahrscheinlich ein Mönch in Ravenna, hat gar keine eignen Kenntnisse der Länder, die er beschreibt, sondern excerpirt nur aus dem uns leider verlornen Original eine Menge von römischen und griechischen Autoren, oft sehr schlecht und fehlerhaft. Aus den bekannten Itinerarien hat er manches excerpirt und ohne Kenntniß confus durch einander geworfen. Aber besonders nöthig ist er uns, weil er auch viele andre Bücher geographischen Inhalts nennt, die bei des Guido Geographie benutzt worden, zumal viele altgothische Schriften, und von Franken, also von Germanischen Völkern, die uns ebenfalls nie zur Kenntniß gekommen sind. Nach ihnen beschreibt er vorzüglich den Norden und Osten Europa's von der Elbe bis zur Wolga und dem Kaukasus. Daher ist vorzüglich manches Neue erwähnt über Dänemark, die Ostsee, Deutschland, die slavischen Länder, die alten Sitze der Gothen bis Indien. Der Mönch hat sehr viel Lectüre und Gelehrsamkeit, aber wenig Urtheil. Von den ältern griechischen und römischen Geographen kennt er keinen. Ptolemäus ist ihm der erste; aber er hält ihn für einen König von Aegypten aus dem Macedonischen Königsgeschlechte u. a. m. Leider ist das Buch so voll Sachenfehler und Schreibfehler, daß bis jetzt noch ein sehr großer Theil der Namen uns

---

[1]) Da der Verfasser des Excerptes unbekannt war, erschien die Geographie zuerst zu Paris 1688 unter dem Titel: Anonymi Ravennatis de Geographia libri V. ex manuscripto Codice Regio editi, cum notis per Placidum Porcheron. Eine zweite Ausgabe nach einem bessern Codex von Jakob Gronow. Leiden 1696. [Neue Ausgabe von Pinder und Parthey 1860.]

völlig unerklärbar geblieben ist. Vieles ist durch einander geworfen; es zu ordnen ist eine Aufgabe der Kritik. Jedenfalls macht der schlechte Auszug den Verlust des Originals recht beklagenswerth. Im Jahre 1480 besaß ein Italiener, Antonius Galatäus, noch die ganze Geographie und benutzte sie bei seiner Beschreibung von Calabrien. Vielleicht findet sich diese fast einzige Geographie des Mittelalters noch irgendwo unter den Manuscripten einer Bibliothek.

Unter den uns ganz fremden Geographischen Autoren, die Guido von Ravenna oft als seine Quellen citirt, sind bemerkenswerth: Castorius, ein römischer Geograph; Arsatius und Afrodisius, zwei persische Geographen, die griechisch den ganzen Orient beschrieben; Chachoris und Blantasis, zwei Aegypter, die Afrika beschrieben; Marcus, Mirus, Aithanarit, drei gothische Autoren. Wesselling glaubt, der Mönch citire erdichtete Schriften.

Das Mittelalter.

Die Geographie des Mittelalters umfaßt den Zeitraum von etwa 400 bis 1500 n. Chr., über tausend Jahre, von der Völkerwanderung bis auf die Umschiffung Afrika's durch Vasco de Gama und die Entdeckung der Neuen Welt durch Christoph Columbus.

Mit dieser Periode eröffnete sich ein ganz anderes Feld für die Erdkunde. Römer und Griechen treten mit ihren Kenntnissen in den Hintergrund, wie sie vom großen Schauplatz der Weltgeschichte abtreten. Neue Völker und Länder, neue Sprachen, Lehren und wissenschaftliche Systeme, wie neue literarische Quellen und Erfahrungen treten in den mannigfachsten Formen hervor.

Sieben Hauptmomente haben wir in das Auge zu fassen:

Die Einwanderung neuer Völker auf den alten classisch gewordenen Boden Europa's, in die Länder des Abendlandes.

Die Ausbreitung der Lehren des Evangeliums und der christlichen Kirche in alle Länder der Heiden, und damit die weitere Entdeckung des Nordens, Ostens und Westens der Alten Welt.

Die Eroberungen der Mohamedaner in Arabien, Syrien, Aegypten, die Ausbreitung des Reiches der Khalifen vom Atlas bis zum Indus und Ganges und den Inseln, nordwärts über den Kaukasus hinaus und südwärts in das Innere Afrika's bis zum Niger und Senegal.

Die Seereisen und Abenteuer der Normänner im Norden und Westen von Europa, bis Island, und ihre erste Entdeckung von Nordamerika.

Das Emporblühen der italienischen Republiken Florenz, Pisa, Genua, Venedig, und die Handelsreisen zu Wasser und zu Lande, auf dem Mittelländischen Meere, bis zum Asowschen Meere, über den Ural bis zu den sibirischen Pelzmärkten, ostwärts zu Lande bis China, und westwärts über Augsburg und Nürnberg zur Ost- und Nordsee nach Flandern.

Die Kreuzzüge und das durch sie erneute und erwachte Interesse aller Gebildeten, die Erdkunde über die bisher bekannten Grenzen zu erweitern und sich namentlich mit dem Orient bekannt zu machen.

Der Entdeckungseifer der Portugiesen und das Aufblühen ihrer Marine im Atlantischen Ocean, worauf der Seeweg um das Südcap der Guten Hoffnung nach Ostindien 1498 durch Vasco de Gama, und gleichzeitig durch Columbus die Neue Welt, Amerika, entdeckt wurde.

Die Völkerwanderung.

Von den in Europa einwandernden Völkern können wir so bald keine geographischen Nachrichten, Schriften, Werke erwarten. Aber ihre Kriege und Eroberungen geben uns wichtige geographische Aufklärungen über damalige Zustände fast aller Theile Europa's; zumal in Beziehung auf Ethnographie, Sprachen, über die Kriegsschauplätze des Erdtheils im bis dahin ganz dunkeln Mitteleuropa. Nun gestaltet sich die ganze politische Welt Europa's völlig um — alle Landschaften werden von neuen Völkerschaften in Besitz genommen, oder die Reste der vorhandenen werden in neue geographische Verhältnisse versetzt. Alles theilt sich in neue Grenzen, Herrschaften, Reiche, Staaten, Corporationen aller Art. Die nun seßhaften Wandervölker nehmen neue Einrichtungen, Verfassungen, Sitten an. Sie zerstören die alten Wohnorte und bauen neue Residenzen und Ortschaften. Die Geographische Gestaltung des heutigen Europa bleibt ohne die Kenntniß und Berücksichtigung jener denkwürdigen großen Völkerwanderung in vieler Hinsicht verworren und unverständlich. Eine Vergleichung der alten und neuen Geographie ist ohne die Beachtung dieses Durchgangspunktes unmöglich.

Auch schon aus der gedrängtesten Uebersicht dieser wenigstens 400 Jahre dauernden Völkerwanderung, von dem ersten Uebergang des Hunnenvolkes über die Wolga (374), der dadurch verdrängten Westgothen über die Donau (376) durch Griechenland und Italien, der Vandalen, Alanen, Sueven und Ostgothen nach Gallien, und Spanien (von 406 an), der Burgunden zu der Rhone, der Franken über den Niederrhein, der Vandalen aus Andalusien (Vandalicia) in das gegenüberliegende Atlasgebirge Nordafrika's, bis Karl der Große durch seine Kriege an der Donau und Theiß gegen die Avaren, wie im Norden, an der Elbe und Eider, in den Sachsenkriegen, der Völkerwanderung Stillstand gebot, ergiebt sich von selbst die Bereicherung, welche der Erdkunde zukommen konnte und mußte. Wir dürfen, um diesen Gewinn zu haben, allerdings den genauern Zusammenhang, der zwischen diesem scheinbaren Völkerwirrwarr und den natürlichen Verhältnissen stattfindet, nicht übersehen. Ein ganz neues Licht fällt auf die Wanderungen der Völker, wenn man sie durch die Bodenform bedingt und beeinflußt betrachtet. Die Völkerfluten finden natürliche und nothwendige Geleise, und zwar waren es hauptsächlich die Thäler großer Ströme, wie z. B. das Thal des Danubius, das alle Völker passirten. Auch die großen

Schlachtfelder der Völkerwanderung sind nicht nach Zufall oder dem Willen der Machthaber, sondern nach einer gewissen physischen Nothwendigkeit gewählt. Giebt es doch Localitäten, die in allen Zeitaltern „Theater des Kriegsgottes" gewesen sind. Wir erinnern nur an die Ebene von Lützen, die lombardischen und flandrischen Ebenen, die Mongolenschlachten an den Porogen des Dnepr u. s. w.

Bis jetzt besitzen wir über diesen solidarischen Zusammenhang geographischer Verhältnisse und historischer Begebenheiten im Mittelalter bei den Historiographen nur hie und da gedankenreiche Bemerkungen. Oft ist er ganz mit Stillschweigen übergangen. Noch nirgends ist eine ernstlich durchgeführte Würdigung desselben vorhanden. Ein gründlicher allseitiger Nachweis jener wechselseitigen Beziehungen würde auf bedeutende Partien der Geschichte des Mittelalters ganz neues Licht werfen, über das Entstehen und Vergehen der Staaten mehr Aufklärung geben und selbst für die heutige Politik und die militärische Sicherung der Staaten ganz lehrreich sein.

Von leuchtenden Vorbildern alter und neuer Zeit ist für solche Parallelen zwischen physischen und geschichtlichen Verhältnissen zu lernen. Was Thucydides über solche Beziehungen im ersten Buche seiner Geschichte des Peloponnesischen Krieges bemerkt, was Tacitus in seiner Germania andeutet, was Johannes v. Müller in seinem Meisterwerke, der Schweizergeschichte, was Micali in seiner Italia Antica über die ältesten Wanderzüge in Italien, über den Zusammenhang zwischen Bodenform und Völkergeschichte gesagt haben, das ist mustergültig. Auch Grote in seiner Geschichte von Griechenland ist auf solche Betrachtungen eingegangen, und E. Curtius hat in seiner „Peloponnesos, eine historisch-geographische Beschreibung der Halbinsel" in dieser Hinsicht ein Meisterwerk geliefert, das auch für andre Culturvölker nur würdige Nachfolger in gleicher sinnvoller Bearbeitung finden möge.

Die Ausbreitung des Christenthums.

Ganz unabhängig, oder doch viel weniger abhängig von solchen geographischen Verhältnissen scheinen sich dagegen die Lehren des Evangeliums ausgebreitet zu haben; doch fehlt es auch hier an mannigfaltiger Wechselwirkung nicht. Um nur Eins anzuführen, so wurden die Diöcesen und Kirchsprengel oft mit Rücksicht auf physische Verhältnisse abgegrenzt. Diese Zertheilung in Diöcesen ist der mittelalterlichen Geographie eigenthümlich und erinnert an die Nomen oder Tempelbezirke bei den Aegyptern.

Heutzutage sind es vorzüglich Handel und wissenschaftliches Interesse, welche das Gebiet der Erdkunde erweitern; damals war es Religion und Kirche. In unsern Missionen klingt jene Zeit nach. Viele Entdeckungen gingen damals von den christlichen Lehrern aus, welche die Heiden zu bekehren suchten. Ungeachtet sie keine geographischen Kenntnisse einsammeln wollten, so mußten sich diese, in ihrer Zeit gebildetsten Männer auf ihren Wanderungen durch fremde Länder und Völker doch dergleichen erwerben, und waren gezwungen die Sitten, Religion und Sprachen dieser Völker zu studiren. So drangen sie, zumal in dem noch ganz unbekannten europäischen und germanischen Norden, in die Mitte der Wälder, der Heiligthümer der Völker, ein. Sie wanderten von den Quellen der Bäche, Flüsse und Ströme, die früher geheiligt waren, zu den Furthen und Hafenorten, bis zu den Mündungen und Meeresgestaden. Sie errichteten sich Einsiedeleien, Kreuze, Kapellen, Schulen, Kirchen. So stifteten sie Gemeinden. Es entstanden Klöster, Abteien, Bisthümer und im Anschluß an solche geistliche Stiftungen Städte und Dörfer, meist in den fruchtbarsten Thälern, oder da, wo besondre Naturverhältnisse oder Begebenheiten dazu aufforderten. Von solchen Stellen ging dann die neue Cultur der Länder und Völker aus.

Von unzähligen Orten des mittlern, nördlichen und östlichen Europa, ja von den meisten, möchte man sagen, erfahren wir zuerst etwas Bestimmtes durch diese Apostel des Christenthums. Und diese Mittheilungen sind von allergrößter Wichtigkeit, weil jene Männer sehr oft als die ersten Entdecker der von ihnen bekehrten Landschaften und ihrer Bevölkerungen anzusehen sind. Zugleich sind diese Bekehrer der heidnischen Völker der ersten Zeiten, vom fünften und sechsten bis zum zehnten Jahrhundert unstreitig die weisesten, frömmsten und vortrefflichsten Männer ihrer Zeit zu nennen, deren Beobachtungen schon an sich ihren hohen Werth haben müssen.

Den größten Reichthum ihrer für die Geographie des Mittelalters wichtigen Nachrichten finden wir freilich noch in keinem Geographischen Compendium und in keinem Geschichtbuche vollständig verzeichnet, in keiner Kirchen- und Staatengeschichte geographisch umfassend dargestellt. [1]) Wir müssen ihn noch unmittelbar aus den ersten Quellen schöpfen.

Diese finden sich sehr zerstreut in Chroniken und Urkunden aller alten Stiftungen, besonders aber reichlich in den sogenannten Legendarien, oder in den Lebensbeschreibungen der ältesten Glaubensboten, der bald unter die Heiligen versetzten und als Patrone verehrten Stifter von Kirchen, Klöstern und Bisthümern. Sie sind gewöhnlich von ihren nächsten Schülern geschrieben, um zur Feier des wiederkehrenden Todestages öffentlich der Gemeinde

---

[1]) Ein Anfang ist gemacht in Rettberg Kirchengeschichte Deutschlands. W. Krafft Die Anfänge der christlichen Kirche bei den germanischen Völkern. Berlin 1854. Konr. Maurer Die Bekehrung des Norwegischen Stammes zum Christenthume. München. Bd. I. 1855.

vorgelesen zu werden. Solcher Legenden besitzen wir viele Tausende, zum Theil aus sehr alter Zeit. Bekanntlich ist man so mißtrauisch geworden, daß das Wort Legende fast gleichbedeutend mit Fabel gilt: in mancher Hinsicht mit Recht, in andern wieder nicht. Die ältesten Legenden, die uns zu Quellen dienen sollen, sind in der Regel mit größter Treuherzigkeit und wahrhafter Frömmigkeit in ungeschmückter Einfalt verfaßt. Aber auch der bigotte Schreiber der wundersüchtigen Legende hatte gewöhnlich gar kein Interesse, die Nebenumstände anders anzugeben als nach der Wahrheit; namentlich geographische Nebenumstände, die uns hier in Bezug auf die Ortslagen von besondrer Wichtigkeit sind.

In diesen Legenden ist aber in der That für die Geographie, die Länder- und Völkerkunde, ein nicht geringer Schatz von Thatsachen niedergelegt. Er ist noch wenig benutzt. Nur etwa aus der Legende des Bonifacius, des Severin an der Donau, des Gallus in den Schweizer Alpen, des Anscharius an der Elbe haben die Historiker, als aus den Lebensbeschreibungen einiger Hauptapostel in Mitteleuropa, auch einige geographische Nachrichten mit in ihre Werke aufgenommen. Aus den übrigen aber nicht, obgleich die Ausbeute eben so wichtig sein würde.

Das wichtigste und vollständigste Sammelwerk für Legenden sind die Acta Sanctorum, das große Werk, das aus den Archiven aller Schulen, Kirchen und Klöster Europa's zu seiner Zeit mit gelehrter Kritik gesammelt ist. Es wurde seit 1643 durch eine Gesellschaft ausgezeichneter Theologen und Philologen in den Niederlanden ausgearbeitet. In Antwerpen wurde mehr als hundert Jahre lang im siebzehnten und achtzehnten Jahrhundert von den größten Gelehrten daran gearbeitet; nach langer Pause sind in den letzten Jahrzehnten Fortsetzungen bis zum October erschienen.

Die Legenden der deutschen Apostel und Heiligen sind in Pertz Scriptores rerum Germaniae wiederholt.

Die Acta Sanctorum sind von sehr großem, aber auch natürlich von sehr verschiedenem historischen Werthe. Ueber 30,000 Biographien sind darin bearbeitet. Wegen des mühsamen Studiums ist ihr Inhalt großentheils unbekannt geblieben. Zur tiefern Kenntniß des Mittelalters ist er jedoch unentbehrlich, zumal auch in Geographischer Hinsicht. Es giebt darin allein 540 Legenden oder Berichte von eben so vielen, zum Theil sehr merkwürdigen Männern, die vom fünften bis zum zehnten Jahrhundert nur auf deutschem Boden, an Rhein, Donau, Elbe, Oder umhergewandert sind und das Volk der Deutschen in seinen Wäldern, Bergen und Thälern belehrt haben. Von ihnen ist die älteste religiöse und sittliche Cultur der genannten Gegenden ausgegangen, zugleich aber auch großentheils die erste Landescultur. Die größere Zahl der wichtigsten deutschen Ortschaften ist durch diese apostolischen Männer und ihre Anhänger gegründet und erbaut worden, zumal in allen denjenigen Gegenden, bis zu welchen der Römereinfluß und ihre Civilisation noch nicht vorgedrungen war. Insbesondere ist auch der Ursprung und Anfang der heutigen Geographie Deutschlands recht eigentlich vorzüglich mit in diesen Actis Sanctorum zu finden.

In den Legenden und den zugehörigen Urkunden haben wir auch die ältesten einheimischen Quellen der altdeutschen Gaueintheilungen, die ältesten Elemente zu einer deutschen Gau-Geographie. So wurden z. B. die zahlreichen Schenkungen an Kirchen und Klöster nach den alten einheimischen Gaueintheilungen [1]) und den Namen der Feldmarken, in denen sie lagen,

[1]) Nur wenige Namen derselben haben sich in ihren einstigen historischen Umgrenzungen erhalten; so Rheingau, Allgau, Ammergau, Pinzgau, Kraichgau, Grabfeldgau, Hegau, Pongau, Lungau, Breisgau, Sundgau,

nach Flüssen, Bergen, Wäldern, in den Registern und Urkunden eingeschrieben, und in den Archiven oder Kirchenstiftungen niedergelegt. Es war überhaupt bis in das zwölfte Jahrhundert Canzleistyl, in jeder Urkunde über irgend einen Besitz, Acker, Wald, Teich, Güterverkauf, Schenkung, Stiftung einer Villa, Kirche, eines Klosters u. s. w. die Lage im Gau und der Grafschaft beizufügen. Alle Urkunden der frühern Jahrhunderte sind damit angefüllt; die Wissenschaft der Diplomatik weiß ihren Inhalt zu beurtheilen. Hier steht altdeutsche Geschichte in genauester Verbindung mit altdeutscher Geographie. Es ist daher schon längst Gegenstand der Forschung gewesen, die alte Gau-Geographie der germanischen Länder aus den Urkunden wieder herzustellen. Ohne sie ist zu keiner gründlichen Geschichte des deutschen Mittelalters zu gelangen. Denn die Gaugeographie ist die historische Grundlage aller auch neuern deutschen Chorographie und Topographie. Die Grenzen der Kirchsprengel und Diöcesen aller geistlichen Güter, Bisthümer, Fürstenthümer, bis zu den drei geistlichen Churfürstenthümern (Mainz, Trier, Cöln) und den Fürstenthümern (Würzburg, Bamberg, Salzburg, Eichstedt, Paderborn u. a.) gründeten sich auf die alten Feldmarken und Gaue. Und ebenso der damit gleichzeitig und nachher hervorgegangene rechtliche Bestand alles Grundeigenthums und aller Landeshoheit der Fürstenthümer und Königreiche. Die Erforschung der alten Gaue muß aber, wie wir sagten, aus der Ausbreitungsgeschichte des Christenthums vornehmlich geschöpft werden.

Die Geschichte der Ausbreitung des Christenthums, die wir in ihren Hauptzügen zu verfolgen haben, ist also zum guten Theil zugleich eine Geschichte geographischer Entdeckungen oder Fortschritte.

Wasgau, Wetterau. Hunderte von diesen Gauen sind in Vergessenheit gerathen.

Schon im Jahr 300 n. Chr. gehörte ein sehr großer Theil der Einwohner des weiten römischen Reiches zu den Bekennern des Christenthums. Seitdem Kaiser Constantin (312) den Befehl gab die Christen zu dulden, wurden sie politisch wichtig im Staate. Seitdem begann die Verbreitung des Christenthums mehr auch unter fremden, nicht römischen Völkern. 330 wurden die Iberier am Kaukasus zum Christenthum bekehrt und die erste christliche Kirche oberhalb Tiflis am Südfuß des Kaukasus erbaut. 354 brachte Theophilus das Christenthum nach Südarabien, wo römische Kaufleute christliche Handelsagenten in Aden, Dhafar, Oman hielten. Zur selben Zeit wanderten Frumentius und Aedesius, zwei fromme christliche Männer aus Alexandria bis nach Aethiopien. Zu Axum in Habesch bekehrten sie den König Aizan. Seit dem sind die Abessynier die eifrigsten Christen geblieben. Ihre historischen Annalen, ihre Bibelübersetzung und damit unsre Geographische Kenntniß reicht bis zum vierten Jahrhundert hinauf. Noch heute steht die Hauptkirche zu Axum. Ebenso zog Gregorius Illuminator, der Apostel von Armenien, in das Hochgebirge des Taurus, unter König Tiridat, an den Fuß des Ararat. So treten gleich anfangs drei Gebirgsvölker in Asien und Afrika, die zuvor gänzlich unbekannt geblieben, als christliche auf: Iberier, Abessynier und Armenier, mit ihnen ihre Landschaften. Schon 359 hatte bei den Gothen, als sie noch im Norden der Donau saßen und die Grenze des griechischen Kaiserthums nicht überschritten hatten, das Christenthum Eingang gefunden. König Fritigern schickte den Bischof Ulfilas nach Konstantinopel. Nun eröffnet sich der erste Blick in die Gothenländer zwischen Don und Donau. 450 lernen wir zuerst die Irländer durch den Briten Patricius genauer kennen. Ein Hirte, von schottischen Seeräubern gefangen, der mehrmals auf Märkten in Scotia, Hibernia und Burdigala verkauft wird, kommt er nach Tours, wo St. Martin sein Lehrer wird; ein rusticus profugus indoctus. Dann geht er nach Italien, und kehrt mit einer Legatio Hibernica und neun Gefährten nach Irland zurück, wo seine drei Schwestern mit ihm am Bekehrungsgeschäfte Theil nehmen. Als erster Bischof von Armagh ist er gestorben.

Im Jahre 474 fällt das erste Licht auf die Umgebung von Vindobona am Danubius. Dort lebte Severinus als Klausner und starb 482. Die Gegenden waren durch Attila 443—453 verwüstet; Castra Astura (Stockerau), Faviana Castra (unterhalb Laureacum), Patavium (Passau), Juvavium (Salzburg) und andre Orte waren zerstört. Severin war Wohlthäter und Friedensstifter. Die Völkerhorden, welche gerade hier die Donau zu überschreiten pflegten, ermahnte er, die Taufe anzunehmen: so wurde Odoaker mit seinen Rugiern beim Durchzug nach Italien von ihm bekehrt. Er hatte seinen Aufenthalt bei Wien am Kahlenberge, die Dörfer Sivering und Heiligenstadt sind die ersten von ihm dort gegründeten Kirchen und Gemeinden. Mit seineu Nachrichten, die seine Schüler aufgeschrieben haben, fängt die älteste Geographie für Oesterreich an.

In Südgallien hatte schon früher das christliche Element in der Gallia Narbonensis oder im Aquitanischen Reiche Eingang gefunden. Nun aber tritt auch das nördliche Reich der eingewanderten Franken durch die Annahme des Christenthums bald deutlicher in der Geographie als Frankreich hervor. Der Sieg König Chlodovigs bei Zülpich über die Allemannen 496 bringt Entscheidung. Chlodovig läßt sich taufen, ganz Gallien füllt sich bald mit Kirchen, Schulen und christlichen Institutionen aller Art. Im Jahr 507 schwingt Chlodovig zu Ehren der Apostel seine Francisca (fränkische Axt) auf der Insula Sequanorum (an der Seine), auf der die Parisii wohnten; und nach dem Siege über die Westgothen wird der heil. Genoveva die erste Kirche erbaut, um welche seitdem die Stadt Paris zur

Großstadt heranwuchs. Daher hier das Hoflager fränkischer Könige. Zu Tours erhielt St. Martinus seine Hauptkirche für Frankreich: von da geht Frankreichs Specialgeographie aus.

Im Jahr 560 werden in Nordschottland die Picten und Scoten zu Christen bekehrt durch Columba, der von der Insel Jona (bei Mull) dahin geht, und nun erst tritt die seit Pytheas dunkel gebliebene Nordinsel Thule geographisch als eine der vielen schottischen oder norwegischen Inseln hervor, deren nähere Bezeichnung jedoch unsicher geblieben.

St. Goar, ein Zeitgenosse Columba's (er starb 575), tritt am Mittelrhein auf und lehrt als frommer Siedler die umwohnenden Heiden Christenthum und Gesittung zugleich. So pflegte er für den Gebrauch der Kirche den Weinbau, der dort seitdem so emporgekommen. Einer seiner Schüler, Assuero, Abt von Prüm, erbaute nach Goar's Tode eine große Basilica zu seiner Ehre in der nach ihm genannten Stadt, die Karl der Große durch Lullus einweihen ließ.

So tritt nun allmählich die Geographie der mittlern Rheinlandschaften in den Legenden und Lebensbeschreibungen hervor, während früher nur die Castra der Römer bekannt waren.

Auch der Oberrhein bis zum Bodensee wird nun erst geographisch bekannter, seitdem Fridolin aus Irland (548) die Anwohner dieses See's zur Taufe bekehrt, seitdem die Inseln Reichenau und Meinau die ersten Kirchen und Schulen erhielten. Damals wurden die Götzenbilder gestürzt, die man neuerlich aus dem Bodensee gefischt hat, ein Jagdgott und ein Fischgott.

In Oberitalien nahmen die Lombarden das Christenthum an. Bei den Burgundern wird Geneva am schönen Genfer See Sitz der Kirchen und Schulen, wie der Regierung. Das zuvor nur von Julius Cäsar auf seinem Alpenmarsche durchzogene Thal der Rhone, oberhalb des Genfer See's, gegen den St. Bernhard und St. Gotthard hin, erhielt seine ersten

Kirchen zu Ehren der Heiligen Martinus und Mauritius. So wurden erst die Eingänge und Pässe im untern Rhonethal durch die dort entstehenden christlichen Städte Martinach (Martigny und St. Martin) und St. Moriz, die Zugänge zum See und zum Großen St. Bernhard, auf welchem seitdem ein christliches Hospiz 7000′ über dem Meere steht, geographisch erschlossen. Den ersten lateinischen Namen Vallis hat der Rhonegrund bis heute behalten.

Bis gegen 600 war vom heutigen England nichts Näheres bekannt geworden, als was Julius Cäsar, der Entdecker, gesagt, was durch Agricola Britannicus' Siege während einer siebenjährigen Statthalterschaft (78—84) zur Kunde gekommen war. Auch Kaiser Hadrians Besuch dieser Insel (121) verdankt man einige genauere Nachrichten. Aber alles war längst wieder in Vergessenheit gerathen.

In jener dunkeln Zeit beschifften Handelsleute und nordische Seeräuber die britannischen Gestade. Sie fingen Menschen weg und brachten diese als Sklaven bis auf die großen Märkte Südeuropa's (Burdigala). So wurden damals nordische Gefangene in großer Menge auch auf den Märkten am Mittelmeere, selbst in Rom feilgeboten. Das blonde Haar, die frische rothe Gesichtsfarbe dieser Gefangenen auf dem römischen Sklavenmarkt erregte die Aufmerksamkeit der Bewohner Italiens, zumal des nachherigen Papstes Gregorius Magnus. Man nannte sie mit verschiedenen Namen blos Pagani, oder Dani und Angli, Britanni. Gregor erfuhr von ihnen, daß sie noch nichts vom Christenthume wußten, daß aber die Inseln im Norden zahlreiche Völkerschaften beherbergten. Der große Mann soll im Namen Angli ein gutes Omen (Angeli) erkannt haben, und richtete eine Mission ein, das Christenthum in Britannien zu verbreiten. Augustinus trat mit mehreren Begleitern an ihre Spitze, und wirkte mit dem größten Erfolge. Schon 598 nahm der Angelsächsische König Ethelbert von Kent die Taufe an. Zu Canterbury, seiner Residenz, wurde der römische Heidentempel zur christlichen Kirche geweiht. Seitdem breitete sich die christliche Lehre bald in Britannien bis Northumberland an das Nordende aus, wo zu Eboracum (York) eine Hauptschule zur weitern Belehrung und Verbreitung entstand. In keinem Lande nahm das Christenthum so schnell zu wie auf dieser Insel. Großartige Prachtbauten, Kirchen und Dome, an denen England so überreich ist, stiegen überall empor. Bald war das ganze Land der Angeln und Sachsen christlich gesinnt.

Seitdem erst wird es allmählich heller in der Geographischen Kunde von England, Schottland und Irland, die freilich anfänglich nur eine geistliche Geographie nach Diöcesen, Stiftungen, Kirchenorten genannt werden kann. Seitdem konnte der berühmteste Gelehrte seiner Zeit Beda Venerabilis (starb vor 735) seine Historia Ecclesiastica schreiben, in welcher die erste Geographie Britanniens gegeben ist.

Von England, Schottland, Irland gingen bald neue Missionen aus. Neue Küsten, Inseln, Länder, Thäler, Flüsse, Berge und Ortschaften, die zuvor fast gänzlich unbekannt geblieben waren, wurden durch die englischen Missionare aufgedeckt.

Columban (ein Anderer als der ein halbes Jahrhundert frühere Bekehrer der Picten und Skoten) aus Irland wanderte um 600 den Rhein aufwärts in die Vogesen, durch die Reiche der Burgunder und von da nach dem Jura. Ihm folgten Schüler, die in jenen Gebirgslandschaften predigten und tauften. Der berühmteste ist Gallus, der zu den Helvetiern zog und an einem kleinen Falle der Steinach in dichter Waldeinsamkeit die Zelle seiner Ruhe gründete. Er ist 627 gestorben. Aber die Zelle war bald zum Kloster geworden. Und Abtei und Canton erinnern an den Namen des Apostels. Aus seiner berühmten Stiftung, die in ihrer Bibliothek noch die größten literarischen

Schätze aus jenen ältesten Zeiten aufbewahrt, ist die älteste Geschichte und Geographie Helvetiens hervorgegangen. Von da aus wird das Land der vier Berg- und Waldcantone erst entdeckt. Die Umgebung von Schwyz und Einsiedeln wird der Mittelpunkt der Civilisation mitten im Hochgebirge. Gallus' Schüler Meinradus, Magnus (in Füßen) und Andere setzen das Werk ihres Lehrers fort.

Auf ähnliche Art tauchen viele andere Landschaften nach und nach zum ersten Male aus dem frühern geographischen Dunkel auf. So Flandern und die Niederlande durch Amandus (630), den Stifter vieler Kirchen und sich anschließender Ortschaften. Mehr als zehn Ortschaften in den Niederlanden heißen St. Amand.

Jetzt fing die Mission an, auch mehr in das Innere von Deutschland vorzudringen. Auf Baiern, früher nur die Wüste der Bojer, fällt neues Licht, seitdem die dortigen Herzöge im siebenten und achten Jahrhundert die Christen beschützten. So wird das Salzburger Land zuerst bekannt durch Rupertus, der dort als erster Bischof Kirchen baute und Stiftungen und Schulen auf den Trümmern des alten römischen Juvavium, das von den Hunnen zerstört war, anlegte. Er starb um 700. Die Gegend an der mittlern Donau, wo das alte Reginoburgum gestanden, an der Einmündung des Regenflusses, heute Regensburg, wurde durch den Bischof Emmeran (starb 654) für Christenthum und Bildung gewonnen. Der Tegernsee mit seiner Umgebung wird erst genannt, seitdem dort christliche Stiftungen entstehen, namentlich für die Gebeine des Märtyrers Quirinus 746 eine Kapelle erbaut wird. Sie wurde zum bedeutenden und einflußreichen Kloster.

Die Gegend um Amberg ward durch Alto (starb 760) bekehrt. Das Thal der Altmühl tritt zuerst in der deutschen Geographie des Mittelalters hervor, seitdem Willibald der

Angelsachse auf seiner Rückkehr als Pilger von Jerusalem dort das Christenthum gepredigt und die erste Kirche zu Eichstädt im dortigen heiligen Eichenwalde erbaut hatte. Sie wurde nachher der Mittelpunkt der Cultur und Ansiedelung für das Bisthum Eichstädt. Willibald, der sich auf seiner Pilgerfahrt eine Zeit lang in der Benedictinerabtei zu Monte Cassino ausgeruht hatte, führte überdem Benedictiner in die Kirche Baierns ein, die sich so große Verdienste um die Cultur des Landes und die Schulen und Wissenschaften, auch um die Geographie erworben haben. In Franken hatte Kilian das Evangelium gepredigt und den Herzog Gozbert getauft. Er starb 689 als Märtyrer.

Die Gegend an der Isar wird erst seit der Stiftung der Kirche zu Freising näher bekannt, wo Bonifacius lehrte, und Corbinian als erster Bischof 730 starb.

Die mittlern deutschen Landschaften von Thüringen (Doringi, wo Erpisforda Erfurt), Hessenland an der Werra und Weser, zumal das Fuldische, treten aus dem geographischen Dunkel erst in helleres Licht, seit Winfried der Angelsachse (er nennt seine Heimath, wo er geboren und erzogen ist, transmarina Saxonia, in Southampton), später Bonifacius genannt, als Apostel der Deutschen dort lehrte. An seinen Namen knüpfen wir vornehmlich Deutschlands Bekehrung. Er predigte seit 719 im Hessenlande, wo die Donnereiche unter seinen Streichen fiel, am Fuße des Thüringerwaldes, bei Orborf und Altenberge (wo sein Monument), zu Erfurt und an andern Orten. 731 stand er an der Spitze mehrerer Bischöfe als Erzbischof zu Mainz am Rhein. 744 durchzog er die Buchau an der Fulda und stiftete die erste Kirche zu Fulda und die dortige Schule, von welcher aus damals die Cultur des Bodens, wie die religiöse und wissenschaftliche Bildung über das ganze mittlere Deutschland sich verbreitet hat. Die Namen Sturmius und Rhabanus Maurus sind hoch berühmt. Die Annales Fuldenses und eine ganze

Reihe dort ausgezogener historischer Werke gehören zu den Hauptquellen für die Geographie des Mittelalters.

Bonifacius, dem der Eifer um Gottes Sache auf dem erzbischöflichen Stuhle keine Ruhe ließ, fand als Märtyrer des Evangeliums, 75 Jahre alt, seinen Tod unter den noch barbarischen Friesen in der Nähe von Dokkum. [1]) Durch ihn und seine angelsächsischen Landsleute, Vorgänger und Nachfolger, ward diese Meeresküste der Nordsee seit des Römers Drusus' Zeiten zum zweiten Mal entdeckt. Es ist dasselbe Gestade, das wir früher öfter bei römischen Autoren das Land der kriegerischen Bataver (Insulae Batavorum), doch nur aus der Ferne, nennen hören. Im Jahr 696 bestand nur eine Ueberfahrt über einen nördlichen Rheinarm, ein Ultrajectum, wo so mancher Durchzug stattfinden mochte. Hier hatte der Angelsachse Willibrod schon vor Bonifacius eine erste Kirche erbaut und das Kreuz gepredigt. Er wurde der erste Bischof von Utrecht. Willibrod und Bonifacius folgten viele andere Glaubensboten nach, um die hartnäckigen Friesen zu bekehren. Mit dem Anfange des neunten Jahrhunderts werden die Niederlande und die Nordseegestade geographisch zugänglich und bekannter.

Nachdem nun die Geographie des Südens, Westens, Nordwestens von Deutschland auf diese Weise heller und heller wurde, so fing es durch die Bekehrung der Sachsen auch bald an zu tagen in den Gegenden im Nordosten der Weser und Elbe. Denn Westphalen und Niedersachsen bildeten bisher eine völlige terra incognita.

Die Sachsenkriege, von Kaiser Karl dem Großen zwanzig Jahre hindurch mit größter Anstrengung geführt, setzten in ge-

---

[1]) Die Epistolae des Bonifacius sind uns erhalten, Vieles verloren. In englischen Archiven dürften vielleicht noch Schriften vorhanden sein, die noch nicht an das Licht gezogen sind.

wissem Sinne Winfrieds Werk weiter fort. Aber sie bahnten nur die Wege zur Unterwerfung; die Kirche vollendete erst die Entdeckung von Norddeutschland.

Seit 785 fingen im Sachsenlande, in den mittlern Wesergegenden, die christlichen Ansiedelungen an, zu denen die Taufe Wittekinds, Herzogs der Ostphalen, die Veranlassung gab.

Seit 803 entsteht eine ganze Reihe von Kirchen mit Bischofssitzen, an die sich überall feste Ortschaften anschließen. So die Episcopate von Paderborn, Minden, Osnabrück, Münster, Bremen, Verden, Halberstadt, Hildesheim. Zugleich bildete sich nach den Sachsenkriegen die berühmte hohe Schule Corbei (nova) aus, nach Corbeja vetus in Gallien genannt, wo viele Söhne der Sachsen nun ihre Studien machten und seitdem als Verbreiter des Christenthums ungemein thätig waren. Die Annales Corbejenses sind berühmt.

Nun erweitert sich auch unsere geographische Kunde von den Nachbarländern so wie dahin aus den Stiftungen Deutschlands neue Bekehrungen der heidnischen Völker in weitere Fernen ausgehen.

823 wanderte Ebbo, Erzbischof von Rheims, nach dem Norden, nach Jütland und den dänischen Inseln, wo noch der Götzendienst der alten Scandinaven im Gange war. Er fand Anhang und brachte den König von Jütland Harald mit zurück nach Rheims, wo er die Taufe annahm. Auf dem Rückwege über die Eider nach Jütland empfahl der Abt Wala von Corbei dem Schutze Kaiser Ludwigs des Frommen einen jungen Geistlichen, Anschar, welcher beauftragt wurde, den getauften König der Jüten über die Elbe zu den Dänen zu begleiten. Anschar hatte seine Ausbildung in Corvei an der Weser erhalten, und wurde in vierunddreißigjähriger rastloser Wirksamkeit (826—860) der Apostel des Nordens. Sein Bekehrungseifer reichte von der Mündung der Elbe bis nach Stockholm und

Upsala. Wir müssen ihn aber auch den ersten Entdecker des scandinavischen Nordens und der nördlichen Ostseeländer nennen. Am Ausflusse der Elbe war von ihm die erste Kirche zu Hammaburg gegründet, die im Jahr 845 schon an Schätzen reich genug war, um von einer Raubflotte der Normannen geplündert zu werden.

Erst durch Anschar's apostolische Wanderungen durch Holstein, Schleswig und Jütland zerfließt die Nebelgestalt der Chersonesus Cimbrica. Seit dem tritt die dänische Halbinsel in die Geographie herein. Zu Slesvic (Schleusenbucht) an der Ostküste und zu Ripe an der Westküste stiftet Anschar die ersten Kirchen. Vom Hafen Slesvic schiffte er zweimal aus nach Scandinavien. Er drang über die Gegend des heutigen Stockholm bis Gamla Upsala, d. i. Alt Upsala vor. Dort baute er die erste Kirche auf der Anhöhe von drei Hügeln, den nordischen Göttern Othin, Thor und Freya geweiht, die noch bis heute zu erkennen sind und im Munde des Volks die Erinnerung an das alte Heidenthum bewahrt haben. An den felsigen Meeresbuchten lagen zwei große Marktplätze, Birca und Sigtuna, auf denen die damals heidnischen Völker des weiten Nordens auf ihren Flotten von der Ostsee zusammenströmten. Beide lagen nur eine Tagereise auseinander. Beide bauten nun ihre Kirchen auf, und die ehrwürdigen Trümmer der Sigtuna-Kirche haben sich bis heute erhalten, obgleich das alte Emporium untergegangen. Die Steinplatten des Kirchbodens hinter den Gräbern sah ich noch mit Runenschrift bedeckt. Am Stocksund trat dafür ein neues Emporium hervor, nur wenige Stunden südlich entfernt, auf einem Holm (Insel), nämlich die nordische Königsstadt Stockholm.

Anschar schickte genaue Tagebücher über seine Reisen in die Heimath. Sie wurden in den Archiven zu Corvei aufbewahrt; aber 1260 vom Abt Thro vollständig nach Rom geschickt. Schon vorher, 1075 (200 Jahre nach Anschar's Tode) hatte Adam Bremensis daraus sein berühmtes Werk De Situ Daniae ausgearbeitet. Die Originale sind seitdem leider verschollen. In Bremen blieb Anschar's Geist lebendig: es blieb lange der Mittelpunkt der Mission für den europäischen Norden und Osten. [1])

Norwegen wurde um das Jahr 930, von England aus, durch christliche Priester besucht, die bei den dortigen Normannen die ersten Gemeinden und Kirchen stifteten. Alte Nachrichten der Missionsberichte über den Norden sammelte der wißbegierige und gelehrte König Alfred der Große (872 — 900) in England. Er erhielt außerdem auch mehrere Reisetagebücher von normannischen Schiffern wie von Other's Schifffahrt von Norwegen um das nördlichste Vorgebirge von Europa (Nordcap) nach dem blühenden Handelsreich Biarmialand (Permien); also nach Nordrußland am Weißen Meere, und zum Nordende des Uralgebirgs. Vom Schifferwege in diesen hohen Norden erhielt das Küstenland Norwegen seinen Namen, der ihm bis heute geblieben. Der Normann Wulfstan unternahm eine Fahrt auf dem Oestersund oder Austrasalt (d. i. Ostsee) von Sleswike bis Truso, (d. i. Drausen See) bei Ilfing (Elbing) am Ostarme der Wisle, Weichsel. Am Drausen See war damals der große Hafen und Markt für preußische und slavische Völkerschaften, die dort zusammenströmten, wie die Scandinavier in Sigtuna und Birca.

Auch diese Berichte übersetzte König Alfred ins Angelsächsische und fügte sie seiner angelsächsischen Uebersetzung der Historien des Paulus Orosius bei. [2])

[1]) Kraft, De Ansgario, aquilonarium Gentium Apostolo. Hamb. 1840. Grünhagen, Adalbert Erzbischof von Hamburg und Idee eines nordischen Patriarchats. Leipzig 1854.

[2]) Daines Barrington, The Anglo Saxon Version from the Historian Orosius by Alfred the Great. London 1773. 4. Langebeck

Nach und nach, doch langsamer, beginnt auch der Osten von Europa licht zu werden.

Im Jahr 860 gingen die Bulgaren an der untern Donau zur christlichen Kirche über. Seit 880 nahmen die Russen zu Kiew am Dnepr die Taufe an. Christliche Lehrer aus Konstantinopel hatten sie bekehrt. Daher lernen wir die erste Geographie des südlichen Pontischen Rußlands aus griechisch-byzantinischen Nachrichten kennen, zumal aus des Kaiser Constantinus Porphyrogenitus Werke De Thematibus im zehnten Jahrhundert, worin er seinem Nachfolger Romanus eine Geographie und Statistik der Provinzen und Präfecturen des Byzantinischen Reichs giebt. [1]) Doch schrieb schon um 1100 der Mönch Nestor zu Kiew Rußlands Geschichte, zugleich die älteste einheimische Geographie von Osteuropa.

Im Jahr 895 nahmen die Böhmischen Herzöge und ihr Volk, und zu Anfang des zehnten Jahrhunderts die Ungarn an der Donau und Theiß das Christenthum an, das unter König Stephan, dem Apostel der Ungarn, tiefere Wurzel faßte. Nach Böhmen und Mähren kam die Lehre vom Pontus aus von der Hafenstadt Cherson an der Mündung des Dnepr. Aus der dortigen byzantinischen Schule drangen Cyrillus und Methodius bis Melnik südlich von Prag vor, wo Ludmilla, die erste Fürstin der Böhmen, die Taufe annahm. [2])

Scriptores Rerum Danicarum. Eine verbesserte Ausgabe des Angelsächsischen Originals mit Dänischer Uebersetzung und wichtigen Anmerkungen von Rask. Alfred's Germania, ein Aufsatz von Dahlmann in seinen Forschungen auf dem Gebiete der Geschichte. Altona 1822. Heft I.

[1]) Constantinus Porphyrogenitus de Thematibus et de administrando Imperio ed. Imm. Bekker. Bonn. 1840.

[2]) W. Waltenbach Beiträge zur Geschichte der christlichen Kirche in Mähren und Böhmen. Wien 1849. Godofr. Schwartz Initia Religionis Christianae inter Hungaros etc Halae 1740.

965 traten die ersten Polen an der obern Weichsel unter ihrem Herzog Mieczislaw zur Kirche über, Krakau und Gnesen wurden die Metropolen der Polnischen Kirche.

Vincent Kadlubek, Bischof von Krakau (1208) ist der älteste Geschichtschreiber der Polen; wir verdanken ihm aber auch wichtige Mittheilungen über die älteste polnische Geographie.

Nun blieben zur Entdeckung und Bekehrung der Völker noch die Länder zwischen der östlichen Elbe, Havel, Spree und Oder, ostwärts bis zu Pregel, Memel und Düna; im Süden die Striche zwischen Don, Karpathen und den preußischen Ostseeküsten übrig. Diese letzte Erweiterung und Vollendung der Europäischen Erdkunde beginnt mit der Regierung des Kaiser Otto I. (937—973) und seiner Nachfolger. Vorzüglich durch drei Umstände wurden diese Entdeckungen begünstigt: durch Otto's glückliche Kriege mit den bis dahin unbesiegt gebliebenen Slaven- und Wendenvölkern, durch die Stiftung vieler Bisthümer in den eroberten Landschaften, von welchen aus der Bekehrungseifer immer zu neuen Entdeckungen von Ländern und Völkern führte, und durch Einrichtung der Grenzmarken in den eroberten Ländern, denen die Grenzgrafen oder Markgrafen vorstanden. Durch sie wurden überall die Ländergebiete nach dem Osten hin erweitert und erhielten feste innere Einrichtung. Im Jahr 946 hatte Kaiser Otto I. zu Havelberg und Brandenburg, unter den Sorben und Wenden, Bisthümer gestiftet, aber sie waren nicht besonders gediehen. 968 wurde in der Markgrafschaft Meißen an der Elbe das erste Bisthum errichtet; seitdem wird erst das schöne Elbthal bis Dresden und zum Fuße des böhmischen Erzgebirges bekannt und beschrieben. Zu gleicher Zeit hatten Merseburg, Zeitz, Posen ihre Kirchen und Bischofsitze erhalten, und in der Mitte dieser Stiftungen erhob Kaiser Otto I. den Bischofsitz zu Magdeburg zum Primat dieser christlich gewordenen Länder. Helmold, im zwölften Jahrhundert, ein

Priester aus der Gegend von Lübeck (das 1120 die erste christliche Kirche erhielt), hatte seinen Bischof Gerold auf Reisen unter die Slavenvölker begleitet und schrieb in seinem Chronicon Slavorum die wichtigsten Nachrichten über die Slavenländer nieder. An Heinrichs des Löwen Namen knüpft sich der vollständige Sieg des Kreuzes in Holstein und Mecklenburg.

Die Geschichtschreiber dieser Zeit, Widukind, Bischof Luitprand, Gesandter Otto's in Konstantinopel, Ditmar von Merseburg (starb 1018), werden zu Hauptquellen der Geographie.

Pommern's Apostel wurde im zwölften Jahrhundert Otto, der achte Bischof von Bamberg. Er reiste unter Heinrich V. zuerst von Bamberg über Prag, Breslau an der Oder, Posen und Gnesen. Auf einer zweiten Reise 1124 zog er an der Elbe über Halle, Magdeburg und Havelberg, durch einen fünf Tagereisen langen Wald im heutigen Mecklenburg, über Neustrelitz, Neubrandenburg und den Müritzsee. Er predigte in Cammin, Julin, Stettin und Colberg, wohin er damals die Rebe verpflanzte um Wein zum Abendmahl zu erzielen, und taufte am Ottobrunnen bei Pyritz. Auch die Insel Rügen betrat er und sprach mit Bewunderung von der großen Ostsee. Seine Briefe, in seiner Vita mitgetheilt, geben uns die ersten geographischen Nachrichten von jenen Landschaften, und bei ihm werden zum ersten Mal jene oben aufgeführten pommerschen Ortschaften genannt. [1])

Daß der von Otto auf Rügen zu Anfang des zwölften Jahrhunderts ausgestreute Samen christlicher Lehre schon in dessen zweiter Hälfte, als der Bischof Absalon von Roeskilde

---

[1]) Memoria Ottonis Episcopi Bambergensis Pomeranorum Apostoli ed. Busch. Jena 1824. Vita eines Anonymus bei Ludovicus in Scriptores Bambergenses. Vol. I. p. 490 sq. Barthold Geschichte von Pommern und Rügen. 1839. Erster Theil.

mit dem Dänenkönig Waldemar durch das Schwert die Insel Rügen eroberte (um 1160) und sich den Rugienbekehrer nannte, wieder vernichtet war, lag in der Barbarei jener Zeiten. Des Absalon Gefährte war Saxo Grammaticus, der Geschichtschreiber der Dänen, bei dem wichtige geographische Nachrichten zu finden sind. [1])

Im Jahr 997 zog der Bischof von Prag, Adalbert, zur Bekehrung der Preußen über die Oder, Warthe und Weichsel. Und somit fängt das geographische Dunkel auch aus diesen Ländern an zurückzuweichen. Adalbert wurde als Märtyrer von den noch ungebändigten Preußen (Borussi), deren Name hier zum ersten Male hervortritt, erschlagen. Im Jahr 1000 stifteten der Kaiser Otto III. an der Grabstätte des Märtyrers das Erzbisthum Gnesen, das nun die hohe Schule für die Bekehrung und Entdeckung des fernen Ostens von Europa wurde. So wurde eine Stätte, die den Segen des Christenthums empfangen, Ausgangspunkt des Segens für andere Regionen. So war Rom zuerst es für Britannien gewesen; Britannien mit seiner Schule der Angelsachsen für den Rhein, Helvetien und das mittlere Deutschland durch Bonifacius. St. Gallen sorgte für die Schweizerlandschaften und den Jura; Fulda für Hessen und Franken; Salzburg und das von dort als christliche Stiftung gegründete Lorch (Laureacum) für Ungarn, Mähren und Bulgarien; Corbei mit seiner Hochschule für die Sachsenländer und Nordalbingien; Magdeburg mit seinem Primat für die Grenzländer der Slaven und die Marken; Bamberg, Prag und Gnesen für den fernen slavischen Osten.

---

[1]) Absalon Bischof von Roeskilde und Erzbischof von Lund, Eroberer der Insel Rügen, Bekehrer derselben zum Christenthum, von Estrup. Aus dem Dänischen übersetzt von Mohnike. Leipzig 1832.

In Preußen und den nördlicher gelegenen Ostseeländern ist das Bekehrungswerk gar sehr durch des Schwertes Macht unterstützt. Schwertritter eroberten 1198 Liefland und Curland: 1300 ward das Bisthum von Riga gestiftet. Deutsche Ritter hatten 1212 in Siebenbürgen für das Kreuz gekämpft, dann wurden sie von dem Herzog von Masovien und Christian, der zum Bischof von Preußen ernannt war, nach Preußen gerufen.

Aber die Eroberung und damit auch die erste Entdeckung ganz Preußens von der Weichsel bis zum Pregel und Memel dauerte 53 Jahre, von 1230 bis 1283. Von Thorn, das mit seiner Burg Vogelsang zuerst genannt wird, beginnt diese Entdeckung und Eroberung, und endet mit der Einnahme des Sudauer Landes und des Samlandes im äußersten Winkel, zwischen Pregel und Memelfluß. 1239 entstand eine christliche Ansiedelung zu Elbing, an der Mündung des östlichen Weichselarmes. 1255 wurde erst die Burg von Königsberg angelegt, um die sich die Hauptstadt des Landes gelagert hat. Seitdem wurde die eroberte Landschaft von der Weichsel bis Memel in vier Diöcesen mit vier Bischofsitzen vertheilt: Pomesanien, Culm, Ermeland und Samland und jeder Bischof erhielt für seine Kirche ein Drittheil des Landesantheils als Eigenthum. Seitdem beginnt die Geographie Preußens, mit kirchlicher Gestaltung wie überall im Mittelalter.[1])

So war denn endlich, nach einem vollen Jahrtausend, nach und nach die Geographie des mittlern und nördlichen Europa's, auch ein Theil des Ostens an das Licht getreten. Nur über drei bis daher ganz ungenannte Völker unsers Erdtheils herrschte

---

[1]) Johannes Voigt Geschichte Preußens und des Deutschen Ritterordens aus den Archiven zu Königsberg. 1827 u. 28. Schuller Forschungen und Entdeckungen über die erste Ansiedelung der Deutschen Ordensritter in Siebenbürgen im Jahr 1211.

noch gänzliche Unwissenheit. Diese Lücken wurden erst viel später ausgefüllt. In die schwer zugänglichen Sumpfwaldungen der Lithauer, zu den polaren Völkern der Lappen und Samojeden kamen erst weit später christliche Lehrer; bis dahin blieb uns auch die Geographie dieser drei Völker völlig unbekannt.

Erst im Jahr 1330 drangen die ersten christlichen Missionen in das wilde und kalte Land der Lappen ein. Seitdem wird es erst mit dem Namen seiner Bewohner genannt, und ist erst seit wenigen Jahrzehnten durch jüngere Missionen und Naturforscher näher bekannt geworden. [1])

Die Bekehrung der Lithauer wurde durch die Vereinigung Lithauens mit Polen 1386 herbeigeführt.

Von den Samojedenländern vom Weißen Meere bis zur Waigatzstraße, erhalten wir erst im sechzehnten und siebzehnten Jahrhundert einige geographische Nachrichten. Von Archangel aus ist die Bekehrung der Samojeden, wie ihrer südlichen Nachbarn, der Tschuwaschen und Mordwinen, nur langsam fortgeschritten, und ebenso langsam die geographische Kenntniß ihrer Länder. In den letzten Jahrzehnten, seit 1805, hatten die Missionen im europäischen Rußland etwa 3500 Samojeden zur Taufe gebracht. Man schätzte die übrig gebliebenen Samojedenfamilien diesseit des Ural auf etwa 600 bis 700. Hier haben in den letzten Jahren naturhistorische und geologische Expeditionen erst die Lücken ausfüllen müssen, welche die Mission in der Erdkunde von Europa übrig und noch unerforscht gelassen hatte.

---

[1]) Joh. Schelter Lapponia. 1648. Leems Mission. 1734. Laestadius Journal. Stockholm 1833. 2 Thl. Zelterstedt Resa. 1833. Stockfleb neuer. Missionare.

Die Eroberungen der Muhamedaner und das Khalifenreich.

Während im Occident sich eine christliche, vornehmlich germanische Staatenwelt ausbaute, erwuchs im Orient der Muhamedanismus, auch für die Erweiterung der Erdkunde von großer Bedeutung. Beide Welten kamen in den Kreuzzügen in großartigen und folgenreichen Conflict.

Der Islam drückte seinen Bekennern das Schwert zum Kampfe gegen die Ungläubigen in die Hand und verhieß seinen Kämpfern das üppigste Paradies. Seine rasche Verbreitung ist leicht begreiflich. Muhamed sah 632 bei seinem Tode Arabien unterworfen. Seine Nachfolger oder Khalifen sollten bald Größeres sehen. Gegen Osten und Norden drang Omar schon (639) in Persien und Syrien ein; Amru gegen Westen in Aegypten (640). Schon nach funfzig Jahren, in der Mitte des siebenten Jahrhunderts, war ganz Persien und Parthien erobert, nordwärts bis zum Oxus in Baktrien, ostwärts bis gegen den Indus. Gegen das Jahr 700 hatten sie ganz Nordafrika durchzogen, von Aegypten bis zum Atlas und Atlantischen Ocean. Im Jahr 698 war Neu Carthago von ihnen erobert. 712 setzten sie bei Gibel el Tarik (Gibraltar) nach Europa, nach Spanien über. Maurische Araber eroberten diese südliche Halbinsel bis zum Ebro hin. Seitdem blieben die Araber an 800 Jahre lang im Besitze von Südspanien.

In der Blüthezeit des Khalifenreichs umfaßt die geographische Kunde der Araber die ganze Alte Welt, von China durch ganz Asien bis zu dem portugiesischen und atlantischen Westende Europa's, und ganz Nordafrika bis zum Nigerstrom und in die jenseitige Südhälfte weit hinab. Zu gleicher Zeit war ein außerordentlich lebhaftes Interesse für Länderkenntniß, Naturbeobachtung und Gelehrsamkeit entstanden. Ganz besonders fühlten sich sehr viele Männer jenes so hoch begabten semitisch-arabischen Völkerstammes zu den historischen und geographischen Studien hingezogen. Zumal als Bagdad, die Residenz der Khalifen, durch ihren Schutz die hohe Schule der Künste und der Gelehrsamkeit geworden war. Wie einst, fast ein Jahrtausend zuvor, in Alexandria unter den Ptolemäern, so sammelten sich auch in den Bibliotheken und hohen Schulen zu Bagdad am Tigris die ausgezeichnetsten wissenschaftlichen Kräfte und Kenntnisse. Aber auch die andern Capitalen des Khalifats, Schiras in Persien, Bassera, Kufa, Damaskus, Alexandria, Fez, Marocco, Cordova wurden Sitze der Wissenschaften und der Gelehrsamkeit. Die Schriften der Griechen und Römer wurden damals dem größten Theile nach in's Arabische übersetzt; nicht nur Aristoteles, Hippokrates, Galenus, sondern auch Strabo's und Ptolemäus' Geographien, nebst den Astronomien der Alten, wurden die Basis der neuen Geographien aller Muselmänner. Die Schriften des „Babolema" in der arabischen Uebersetzung waren im Mittelalter viel früher bei den Europäern bekannt, als die griechischen Originale des Ptolemäus.

Und die geographischen Studien der Araber hatten einen umfassenden und in mancher Beziehung völlig neuen Stoff.

Wie die Völkerwanderung in Europa alle ethnographischen Verhältnisse verändert, alle Völker aus ihren Heimathsitzen verdrängt hatte, so führten auch in Westasien und Nordafrika die arabischen Beherrscher eine ganz neue Bevölkerung ein, oder wandelten die alte um. Die ältern Völker wurden ausgerottet oder verjagt, oder in Muhamedaner verwandelt. Die heidnischen Götzen mußten überall der Anbetung des einen Allah und seines Propheten Muhamed weichen. In Spanien zogen sich die letzten Reste der alten Iberer in die nördlichen Gebirgsthäler der

Pyrenäen zurück, wo sie als Basken geblieben sind bis heute. Die gothischen, schon christlichen Bewohner germanischen Stammes zogen über das hohe Plateau Castiliens nordwärts in die nordischen Gebirgsketten Asturiens. Dort entstand das gothische Königreich Asturia. Seine tapfern Ritter stiegen erst gegen das Jahr 1000 wieder auf das Plateau von Castilien hinab. König Ferdinand von Asturien und Castilien wurde nun erst wieder, im Jahre 1035, Meister des hohen castilischen Blachfeldes durch den Helden Don Rodrigo Diaz de Vivar, den Cid.

In Nordafrika wurden die Reste der Vandalenstämme durch die Muhamedaner auf die Gipfel des hohen Atlas hinaufgetrieben, unter die heutigen Schelluh und Kabylen. Die römischen, damals christlichen Bewohner von Neu Carthago, von Mauritanien und Numidien, aus der Cyrenaika, entflohen zur See oder zu Lande. Landeinwärts fanden sie nur Schutz in den Wüsten und den fruchtbarern Oasen. Dahin breiteten sie das Christenthum aus, dort entstanden nun Kirchen mit Bischöfen, welche von da im Mittelalter die Kirchenconcilien besuchten.

Als die Araber endlich auch die Sandwüsten der Sahara als Beduinenhorden durchzogen, und ihre Eroberungen und gewaltsamen Bekehrungen mit dem Schwerte nach Süden ausdehnten, wurden viele der letzten Ueberreste nordafrikanischer Völkerstämme auf die Südseite des Nigerstroms und zum Senegal hinüber gedrängt. Daher auch heute noch dort so mancherlei seltsame Reste von Völkerschaften, die weder Araber noch Neger sind, sondern auf der Grenze zwischen beiden zerstreut lebende, zersprengte Völkerhaufen bilden, die erst seit kurzem als Ueberreste alter Berberstämme unter verschiedenen Namen mit eigenthümlicher Berbersprache bekannt geworden. Zu den verwildertsten gehören die Tuariks und Tuat.

Im Süden der Sahara, den Nigerstrom entlang, von West nach Ost zieht sich ein langer Staatengürtel durch die Mitte des

Erdtheils, der ihn in mancherlei Abtheilungen durchsetzt, und dadurch beachtenswerth ist, daß hier eine höhere Cultur seiner Bewohner vorherrscht, die zum Theil eine ältere traditionelle, zum Theil eine Folge der Annahme des Koran sein mag. Erst im Süden dieses Gürtels von meist braunen Völkern fangen die schwarzen, die Neger-Völker an. Im Norden wohnen die Araber, die eingewanderten Beduinen. Dieser Staatengürtel der braunen Fellani mit Timbuctu, der Haussa, der Bornu am Tschad-See, sind Gegenstand der Forschung unserer heldenmüthigen deutschen Reisenden geworden, die leider dort oft den Märtyrertod für die Wissenschaft gefunden. Früher hoffte man wohl noch manche Spur altägyptischer, äthiopischer, karthagischer Tradition bei jenen Völkern aufbewahrt zu finden. Im Mittelalter sprach der muhamedanische Reisende Ebn Batuta im Jahr 1350 noch von weißen Christen, welche Gasthäuser am Nigerstrome hielten. Er nannte sie Nazareni. Overweg und Barth entdeckten Spuren von Felssculpturen, den ägyptischen ähnlich, und Inschriften seltsamer Art bei den Tuarik.

Auf jeden Fall wurde damals durch die Eroberungen der Muhamedaner erst im centralen Afrika, südlich vom Niger, das Gebiet der Negervölker entdeckt. Unsere heutige Kenntniß reicht in diesem Sudan der Neger kaum so weit, als die Kunde der arabischen Geographen im Mittelalter.

Im Jahr 943 hatten sich Araber von Ali's Secte zum ersten Mal auf der Südseite des Nigerstromes niedergelassen und dort das Reich Melli gestiftet in der Nähe des goldreichen Wangara. Dahin konnte noch kein Europäer vordringen. Die Namen Wangara, Ghara, Takrur oder Tokurur, Kaku, Haussa treten hervor; später Sennaar, Darfur, Bornu, Kaschra, Timbuctu, Kano. Von einzelnen Orten sind die Positionen genauer bekannt geworden. Es scheint Wangara viele Länder zu bezeichnen, die Goldausbeute gaben; Tokurur oder Takrur eine weite Landschaft aus vielen Ländern bestehend, das ganze Sudan von Haussa ostwärts bis Darfur.

Unter den Reichen, die am Niger von Muhamedanern gestiftet sind, ist Timbuctu, im Jahr 1220 erbaut, als großer Handelsmarkt am berühmtesten geworden.

Am Nil besetzten die Araber ganz Aegypten. Oberhalb der Nilkatarakten hielt sich das christliche Königreich Dongola in Nubien durch seine tapfern Vertheidiger bis 1285, wo die nubische Christenstadt von den Arabern erobert ward.

In Asien breiten sich die Araber und mit ihnen der Koran mit gleichem Glück und gleicher Schnelligkeit aus wie in Afrika. Die Provinzen des morschen römisch-byzantinischen Reichs in Asien fielen gleich im ersten Jahrhundert der Hedschra in die Gewalt der Muselmänner: Nordarabien, Syrien, die Länder am Euphrat, Palästina, Armenien und ein Theil von Kleinasien. Araber stürzten die neupersische Dynastie der Sassaniden, sie verdrängten den alten Feuercultus des Zoroaster aus Persien. Der größere Theil der Perser nahm die Beschneidung und den Koran als Gesetzbuch an. Die geringere Zahl der Anhänger des alten Feuercultus, die Guebern (Ungläubige) zogen sich in die Mitte der persischen Wüsten nach der Oase Jezd zurück. Und als sie auch da verjagt wurden, flohen sie über Khorasan oder den Persergolf zu Schiffe nach Indien. Sie fanden bei den toleranten Hindus ein Asyl. Das sind die heutigen Parsen in Bombay und Surate, die ihre altväterischen Sitten und Gebräuche beibehielten.

Schon 684 drangen die Waffen der Khalifen nordwärts über Persien hinaus über den Gihon (Oxus) bis in die heutige Bucharei. Sie eroberten Samarkand, einen Handelsmarkt, der damals Medjikant, d. i. Götzenhaus, hieß, und von Völkern erbaut war, die Chinesen, oder doch mit ihnen verwandt waren. Durch diese Gegend entfloh Jezdedgerd, der letzte Sassanidenkönig, und fand ein Asyl bei den Chinesen, die damals ihre Handelscolonien bis Samarkand und Bochara (d. h. Bücherstadt) vorgeschoben hatten. Schon unter Khalif Walid (704—715) gingen von da arabische Gesandte durch Kaschghar auf der alten Serenstraße nach China, und kehrten mit reichen Geschenken zurück. Seitdem beginnen die Landreisen der Araber durch Centralasien.

Nur wenig später begannen auch muhamedanische Missionen. Der arabische Geograph Edrisi zeigt, daß diese Missionen schon unter dem Khalifen Wathik (846—847) über das ferne Gebirge Gog und Magog hinaus, jenseit Kaschghar bis zu den Hakas, d. i. zu den Ost-Kirghisen, jenseit Aksu bis zum Altai vorgedrungen waren.

Unter den nordasiatischen Völkern, die für den Islam gewonnen wurden, erheischt das eine nähere Betrachtung.

An den Quellen des Kokscha, des jetzigen Gihon, stießen die Araber um 700 auf zahlreiche Völkerstämme, die sie Turkur d. i. Räuber nannten. Schon Plinius (Hist. Nat. VI. 7. nennt Jyrcae, vielleicht Turcae; aber Genesius und Theophylaktes Simokatta kannten zu Chosroes Zeiten dies kriegerische Gebirgs- und Steppenvolk, hinter dem Kaspischen und Aral See, im Bunde mit den Hunnen schon genauer. Sie bewohnten im Lande der alten asiatischen Scythen am Imaus den Westhang Hochasiens, und von da als Nomaden die Steppen bis zum Aral und Kaspi See. Ueber sie ostwärts hinaus saßen die Stämme der Hakas, d. i. Ostkirghisen. Ihr Land nannten die Araber Turkestan, d. i. Land der Turk.

Mehrere Jahrhunderte waren die Araber in blutige Kriege mit diesen heidnischen Gebirgs- und Steppenvölkern verwickelt, bis sie endlich auch dem Islam folgten.

Um das Jahr 1000 gingen die ersten Turkfürsten zum Islam über, und im Jahr 1300 waren alle Horden die eifrigsten Zeloten für den Koran. Vom unteren Gihon ergossen sich ihre

Völkerströme Jahrhunderte lang gegen den Westen durch Asien und Europa — als Milizen und Vorkämpfer der Araber, deren tapferste Truppen sie wurden. Ihre Fürsten traten mit ihren Völkern in die Kriegsdienste der Khalifen, und verzweigten sich bald auf der Nord- wie auf der Südseite des Kaspischen See's auch gegen Vorderasien: eine wahre Türkenüberschwemmung, anfänglich nur in Asien, der dann auch Europa gefolgt ist. Erst Kriegsgefangene, Sklaven, Mameluken, die zur Beschneidung gezwungen wurden, um ihr Leben zu fristen; dann kühne Rottenführer, die sich zu Fürsten, zu Begs und kleinern Tyrannen und Dynasten emporschwangen, endlich den entnervten Arabern über den Kopf gewachsen, wie die Prätorianer den römischen Cäsaren: das ist im Kurzen die Entwickelungsgeschichte der Turk.

Muhamedanisirte Turkstämme sind es, die nun mit den Arabern gegen die heidnischen Völker Sibirien's zogen, bis zum Altai, um sie mit dem Schwerte zu bekehren. Dort stifteten sie die Reiche Kipschak und Sibir unter Isker im Jahr 1200. Dorthin folgten ihnen die arabischen Kaufleute auf die Pelzmärkte von Astrakan, Ogor (Jugrien) in der Gegend des heutigen Tobolsk. Da lernten die Araber die Terra caliginis, den dunkeln Norden kennen, wohin sie zur Winterzeit nur auf Hundeschlitten gelangen konnten: die erste Entdeckung Sibirien's.

Gegen Nordwesten wanderten die Reiterschaaren der Turk mit Roßschweifen als Fahnen um den Kaspischen See zur Wolgamündung, am Kaukasus vorüber, über den Don, auf der alten Straße der germanischen und hunnischen Völkerwanderung, und zogen unter den verschiedensten Namen in Osteuropa und Südrußland ein: Turk, Ulzen (Ghozz), Ugr, Polowzen, Komanen, Chazaren, Jazygen; und besetzten im Jahr 1050 die Krim, die Moldau, Walachei u. a.

Südwärts durch die Taurischen Bergketten dringen sie nach und nach immer weiter westwärts vor bis nach Kleinasien, und stiften die Reiche der Seldschukiden, der Atabeken, der Osmanen, deren tapferes Oberhaupt Osman Kleinasien eroberte und Brussa am Fuße des Olymp zu seiner Residenz machte. Er starb 1330. Gegen die Mitte des vierzehnten Jahrhunderts beginnen bleibende Eroberungen der Osmanen auf der Balkanhalbinsel. Immer mehr schwindet das sinkende griechische Reich vor ihren siegreichen Waffen zu einem unbedeutenden Ländercomplex. Endlich ist das Reich auf seine Hauptstadt Konstantinopel beschränkt. Am 29. Mai 1453 fällt auch sie in die Gewalt Mahomed des Zweiten. So waren die Turk aus Söldnern und Leibgarden der arabischen Khalifen zu Begs und Sultanen, zu Herren weiter Länderstrecken geworden und hatten in Babylon, Mosul, in Persien, in Damaskus, Aleppo und Konstantinopel Dynastien gestiftet. So verwandelte sich Osteuropa und Westasien in ein Türkenreich. Die Araber treten nun völlig hinter den Türken zurück, wie einst die Römer vor den Germanen. Wir wenden uns aber nach dieser Türken-Episode zu den weitern Fortschritten muhamedanischer Mission zurück. Auch im fernen Osten gewinnt der Prophet von Mekka seine Anhänger.

Daß sich im Altaischen Gebirgslande der Hakas (Ostkirghisen, wohl am obern Jenesei) moslemitische Missionen der Araber frühzeitig verbreiteten, ist oben erwähnt. Araber sind aber auch die Entdecker des Hochlandes Tübet, das in ihren Annalen zuerst genannt wird. Sie erhoben den Religionskrieg gegen das damals schon buddhistisch gewordene Tübet, das in jener Periode, im achten und neunten Jahrhundert, seine Heldenperiode hatte, seine Selbstständigkeit behauptete. Edrisi, der arabische Geograph, nennt das Land Tobbat.

Auf dem Hochlande Khorasan erhob sich Sultan Mahmud (1000—1028) vom Stamme der Turk und stiftete ein großes Königreich. Von seiner Residenz Ghazna, am Südabhange des Hindukusch, deren Glanz auch Avicenna, Albyrami und Firdusi erhöhten, wurde seine Herrschaft das Reich der Ghaznaviden genannt. Unter allen Moslemen der Erste, überschritt wie Alexander d. Gr. Mahmud im Jahre 1000 den Indus und drang auf demselben Wege durch die Pentapotamie, das Land der Sikhs, als siegreicher Eroberer in Indien bis zum Ganges vor. Damit beginnt die Wiederentdeckung Indiens im Mittelalter. Nach neunjährigen wiederholten Feldzügen eroberte Mahmud die berühmtesten Residenzen der indischen Königreiche, Delhi und Agra am Ganges im Jahr 1011. Die indischen Brahminentempel werden zerstört, die mit Augen aus Rubinen und Diamanten, mit Gold, Perlen und Edelgesteinen reich geschmückten Götzenbilder zerschlagen. Mahmud führte als Hauptbeute den Pfauenthron des Kaisers von Delhi, der an Edelsteinreichthum Alles überstrahlte, mit auf sein Hochland nach Ghazna. Seitdem erwachte die Prunksucht auf dem persischen Hochlande, wie zu Pompejus' Zeit durch die Pontische Beute in Rom. Die persischen Kaufleute brachten Diamanten, Perlen und Edelsteinschmuck aus Indien nach Vorderasien.

Aber nicht allein in der Gangesebene trat der Sultan siegreich auf. Er ging auch den Indus abwärts über Multan bis zum Indusdelta und Guzurate. Hier wurde der berühmteste Tempel der Brahminen zu Somnat, das Hauptorakel und der Hauptwallfahrtsort, zerstört. Die großen, künstlich aus duftendem Sandelholz geschnitzten Thorflügel des Haupttempels wurden im Triumph nach Ghazna geführt und der Hauptmoschee daselbst geweiht. (Sie sind von den Briten nach der Eroberung von Ghizni 1840 als Trophäen nach dem Britischen Museum gebracht.) Das Brahmanenthum war nun nicht zerstört, aber doch geschwächt. Die Lehre Muhameds fand ihren Eingang in Indien. Die Nachfolger der Ghaznaviden, die Großmogulischen Kaiser am Ganges, waren zelotische Muhamedaner.

Hiermit haben wir auch den ganzen Umfang der arabischen

Eroberungen kennen gelernt, sowie den religiösen und politischen Wechsel der Völker und Staaten in drei Erdtheilen. Denn so weit ihre Eroberungen reichten, so weit sammelten sie neue geographische Kenntnisse ein, die ihre zahlreichen Autoren der Nachwelt überliefert haben. Von diesen zehren wir auch heute noch.

Die Länder der Christen und Heiden auf friedlichem Wege kennen zu lernen, hielten sie freilich nicht der Mühe werth. Kafern, Gaur, Gebr schimpften sie alle Völker, die ihren Koran nicht anerkannten. Wo also Kafern wohnten, da hört ihre Grenze des Wissens auf; also bei den Guebern in Indien, bei den Kafern in Kaferistan, im heutigen Himalayagebirge, bei den Kaffern in Südafrika u. s. w. Und der größte Theil von Europa ist ihnen ein Land der Ungläubigen, der Kafern, der Christen geblieben. Also ist auch ihre Unwissenheit über Europa grenzenlos. Issakhn, Abulfeda, und alle ihre ausgezeichneten Geographen fassen sich sehr kurz, wenn sie an die Beschreibung dieser Länder kommen. Dann pflegen sie zu sagen: Doch da wohnen Kafern, von denen nicht viel zu sagen ist.

Was jenseit des Kaukasus und Ural, sammt den Völkern von Gog und Magog (ein dunkler Ausdruck, den Muhamed im Koran in Furcht vor ihren dereinstigen Einbrüchen gebraucht hatte) in weiter Ferne sich ausbreitete, blieb ihnen ein Land der Fabeln und der Barbaren. [1])

Aber nicht blos durch Eroberungen haben die Araber die Erdkunde erweitert, sondern auch durch Seefahrten.

Die arabische Halbinsel durch ihre Weltstellung zwischen zwei tiefen Meeresgolfen und dem benachbarten Mittelländischen

---

[1]) Was in arabischen Autoren etwa darüber vorkommt, zumal auch über russische Bevölkerung, hat der große Orientalist Frähn in Petersburg in einem eigenen Werke zusammengestellt aus den Originalen unter dem Titel: Ibn Foszlan und anderer Araber Berichte über Russen älterer Zeit. Aus dem Arabischen übersetzt. Petersburg 1823.

Meere war zu solchen Fahrten recht eigentlich berufen. Das Rothe, das Persische und Indische Meer waren bald von arabischen Segelflotten belebt, um Seide, Edelsteine, Perlen, Gewürze und andere Schätze Indiens, und das Gold und Elfenbein Afrika's in die Residenzen am Euphrat und Tigris, nach Bagdad und Bassora, den Weltresidenzen, wie nach Mekka und Medina, den heiligen Städten der Moslemen zu führen. Schon im zehnten Jahrhundert schifften sie an der Ostküste Afrika's südwärts, an der Goldküste von Mozambique und Sofala vorüber, bis zum Vorsprung des Cap Corrientes der Insel Madagaskar gegenüber, also bis zu 23° südlicher Breite. An diesem goldreichen Gestade, von Cap Aromatum südwärts bis zum Zambezefluß, wo landein das Reich Monomotapa gelegen, gründeten sie die Städte Melinde, Mombaza, Sofala, Mozambik, arabische Küstenreiche, die im zwölften Jahrhundert in großer Blüthe standen. Dieses neue Ophir des Mittelalters lieferte die größten Goldschätze und trieb Handel mit Indien. Auf der Insel Madagaskar (Magassar) ließen sich arabische Colonisten nieder; noch heute finden wir dort ihre Nachkommen neben malayischer Bevölkerung. Das Meer noch weiter südwärts beschifften die Araber nie; sie sagten es sei unschiffbar — die Völker südwärts blieben Heiden, oder Kafern.

Das Meer zwischen Afrika und Indien beschifften sie, und nannten es Hirkend, Indischer Ocean. Im Persischen Meerbusen blühten unter der arabischen Herrschaft die Häfen Siraf (im Osten von Abustabr), und später der antike Hafen Harmozia, von Alexander d. Gr. gerüstet (er hielt hier gymnastische Dankspiele für die glückliche Rückkehr aus Indien), von neuem auf. Doch ward das neue Emporium auf die vorliegende Insel Tylos verlegt. Dort waren Steinsalzfelsen und süße Wasserquellen, in der Nähe auf den Bahrein Inseln die reichen

Perlenfischereien. Die jüngere Harmozia ist später durch die Portugiesen als Ormuz Hafenstadt noch berühmter geworden.

Die Insel Ceylon an der Südspitze von Dekan war immer seit der Ptolemäer Zeit ein Hauptemporium der indischen Schifffahrt gewesen, die heilige Lanka der Brahmadiener, Taprobane, der Büßerwald. Auf der Westseite war Perlenfischerei in der Ceylonstraße, die reichste der Welt; in seinen Bergen die schönsten Rubine; in den Wäldern die weißen Elephantenheerden, die der König von Siam noch heute göttlich verehrt, weil er in ihnen, nach der Lehre der Seelenwanderung, die Verkörperungen seiner königlichen Vorfahren anerkennt. An der Westküste gab es Kokos- und Zimmtwälder, welche die köstlichsten Früchte und Gewürze lieferten. Von allen diesen und vielen andern Schätzen der Insel machten die arabischen Entdecker bald den vortheilhaftesten Gebrauch. Auch für China war Ceylon seit langem ein wichtiger Marktort. Die chinesischen Schiffer und Kaufleute führten in ihren Holzschiffen mit Verdecken, in den Dschunken, ihre kostbarsten Seidenstoffe und andere Waaren zum Umsatz gegen indische Producte nach Ceylon.

Schon in den ersten Jahrhunderten des Khalifats ging die Schifffahrt der Araber von Mocha in Arabia felix, von Bassora an der Euphratmündung, und von Siraf, an den Mündungen des Indus und der Küste Malabar vorüber bis nach Coromandel im Osten von Ceylon wie zu der Ptolemäer Zeiten. Auf den Küstenstrichen gründeten die Araber, zumal auf Coromandel, ihre Colonien und Städte. Von Ceylon schifften sie bald weiter durch die hinterindischen Gewässer über Malacca, Java, Borneo, und lernten dort die gold- und diamantenreichen Sundainseln und die Gewürzinseln kennen, die Molukken. Auf diesen tausend Inseln verwandelten sie den größten Theil der Bevölkerung, den ganzen Stamm der Malayenvölker bei großer religiöser Zerfahrenheit leicht zu Bekennern des Koran.

Schon im neunten Jahrhundert schifften Araber bis nach Südchina, wie chinesische Seefahrer bis Java, Malabar und selbst bis Siraf im Persischen Golf, also fast bis zur Mündung des Euphrat fuhren. In dem großen Hafen zu Can fu im südlichen Manchin hatten die Araber im Jahr 850 ihren eigenen Kadi, der dort (wie heute die europäischen Consuln in Canton) die Rechte der arabischen Handelsleute wahrte, ihren Handel beschützte und Recht sprach.[1])

Die Reisetagebücher zweier arabischer Schiffer Wahab und Abuzeid, vom Jahr 878, haben sich glücklicherweise unter den arabischen Manuscripten erhalten. Es sind nur Fragmente aus den Goldenen Wiesen des berühmten Historikers Masudi, aber von reichem Inhalt. Diese Schiffer unterschieden zuerst Südchina (Tschin, Sin, oder Ma-chin) wo Can fu lag, von Nordchina (Katai oder Cateja), wo Kan balu, das heutige Peking im Norden, liegt. Beide Reiche waren oft lange Zeiten von einander verschieden — erst in den neueren Jahrhunderten zu einem Reiche vereinigt. Sie erweitern die Erdkunde bis zum äußersten Ostende der Alten Welt, und nennen zum erstenmal die chinesischen Merkwürdigkeiten: den Tschai (Thee), das Porzellan, die Seidenzeuge, den Reisbranntwein, den Moschus. Durch Vermittelung dieser Araber kam der Compaß, der schon lange vorher eine Erfindung der Chinesen gewesen war, nach der Levante und zu den europäischen Schiffern. Die Chinesen nannten den Compaß, den sie auf Land- und Seereisen in allgemeinem Gebrauch hatten, Tschi-nan, den Südweiser. Die italischen Schiffer, welche die Kreuzfahrer nach Palästina führten, lernten diesen Compaß von den Arabern kennen. Der fran-

---

[1]) Canfu ist nicht das heutige Canton, das Hauptemporium für die Europäer, obwohl es früher damit verwechselt wurde. Canton liegt unter dem südlichen Wendekreis $23\frac{1}{2}^{0}$ nördlicher Breite; Canfu liegt viel nördlicher, 30° 28′ n. B. in der Nähe von Hay yan hian.

zösische Dichter Guiot de Provins besingt ihn zuerst (in den Jahren 1203 bis 1208) als Wundernadel. Flavio de Gioja verbessert seinen Gebrauch als Schiffer-Boussole in Amalfi 1302. Jacob de Vitriaco von Viterbo beschreibt ihn in den Kreuzzügen. Alle drei Reisende hatten ihn im Orient bei Arabern, Persern, Indern im Gebrauch gesehen.

Die Schifffahrt der Araber im Westen der Erde, auf dem Mittelländischen Meere und im Atlantischen Ocean, hat nie große Fortschritte gemacht. Da blieben sie nur an den Küsten von Syrien und Aegypten zurück. Erst später treten dort die türkischen Raubstaaten als Seeräuber und kühne Schiffer hervor. [1])

Außer dem Handel und Schiffsverkehr trug eine besondere religiöse Einrichtung der Muhamedaner sehr viel zur Erweiterung der Länderkunde bei: nämlich die Wallfahrten nach Mekka, die noch bis heute in ihrer jährlichen Wiederkehr eine Hauptquelle für Geographie des Orients geblieben sind, zumal für das innere Afrika. Muhamed selbst rechnete zu den fünf Hauptsäulen oder Hauptstützen des Islam die Wallfahrt nach Mekka. Schon früher waren dahin bei den Arabern jährliche Karawanenreisen gebräuchlich gewesen, und Mekka ein Mittelpunkt des Handels und Verkehrs geworden. Dort wurden auch Wettkämpfe und Wettgesänge gefeiert, und die Gedichte der arabischen Dichter, welche den Preis errungen hatten (die Moallakat), öffentlich ausgestellt. Was früher nur für die nächsten Araberstämme Volksgebrauch war, wurde als religiöse Wallfahrt nach Mekka im Koran für alle muhamedanischen Völker der ganzen Erde geboten und als verdienstlich gepriesen. Wenigstens sollte jeder fromme Muhamedaner sie einmal als büßender Pilger zurückgelegt haben. Die Wallfahrtsmonate wurden geheiligt; wäh-

---

[1]) Fr. Stüve Die Handelszüge der Araber unter den Abassiden durch Afrika, Asien und Europa. Berlin 1836.

rend derselben ward weder Blutrache geübt noch Krieg geführt, wie bei den Olympischen Spielen. Die Wallfahrt nach Mekka sollte symbolisch die große Reise in die Ewigkeit vorstellen. Der Pilger mußte daher arm und kümmerlich einhergehen, zumal auf dem heiligen Weichbilde von Mekka, nur im einfachen Pilgerhemd, dem Ihram, das um die Hüften geschlagen ward. Der Fürst ward auf der Pilgerreise dem armen Unterthanen ganz gleich, durch nichts ausgezeichnet. Alle Pilger, Reiche und Arme, sollten Brüder sein. Die Fahrt sollte zu Buße und Reinigung dienen; doch brachte sie doppelten Vortheil, Verdienst im Himmel, Ehre [1]) und Handelsgewinn auf Erden.

Bald kam nämlich ein wichtiger Handelsmarkt zu Mekka, während der Wallfahrtzeit, in Aufnahme, die größte Messe im Orient. Die Pilgerkarawanen galten in allen muhamedanischen Ländern als geheiligt, sie wurden von Priestern und Fürsten in Schutz genommen, sie genossen also größte Sicherheit auf ihren Zügen. Festlich empfangen erhielten sie überall Gaben und weiteres Geleit. Unter ihrem Schutze konnten die größten Handelsgeschäfte im Orient gemacht werden, und das geschieht noch heute durch ganz Nordafrika und Arabien. So entstanden die regelmäßigen Karawanenzüge der Mekkapilger, die oft über 100,000 Reisende aus allen Gegenden der muhamedanischen Welt nach Mekka führten. Sie bestehen wie vor tausend Jahren so noch

---

[1]) Jeder Mekkapilger muß eigentlich den Koran lesen und arabisch schreiben können, und Sentenzen des Koran und Gebete auswendig wissen. Sonst kann er die Kaaba nicht besuchen, noch den Titel eines Hadschi (religiosus Doctor, Fürst) mit in die Heimath bringen, der ihm dort, bis nach Marocco und Konstantinopel hin, die größten Ehren beim Empfange bereitet. Hadschis bilden den orthodoxen Adel bei den Muhamedanern, wie Scherifs sich alle Nachkommen Muhameds tituliren. In den Kaffeehäusern zu Mekka sind überall Petschaftstecher damit beschäftigt, den Pilgern ihr Patent als Mekkapilger in den Siegelring zu stechen, der ihnen überall ihre Wallfahrt zur Kaaba beglaubigt.

heute. Wenn auch der Zulauf nicht mehr so stark ist, wie vor Jahrhunderten, so ist er immer noch bedeutend genug. Diese Mekkakarawanen sind auf das regelmäßigste eingerichtet, und als Hauptstraße, als die große Postroute von Afrika und Asien anzusehen. Der Zusammenfluß von Völkern von allen Racen, Farben, Sprachen, und aus allen Staaten hat die große Länder- und Völkerkenntniß der arabischen Geographen sehr befördert. Mekka ist, wie bei uns Paris und London, das Ziel aller Weltreisenden im Orient. Nicht nur die arabischen Reisenden haben durch diese Mekkapilger ihre mehrsten Nachrichten eingesammelt, sondern auch die europäischen Reisenden bis auf den heutigen Tag. Unter den Mekkapilgern, so unwissend sie auch in der Regel sein mögen, befinden sich doch auch die gebildetsten und kenntnißreichsten ihrer Landsleute, ihre Schriftgelehrten und ihre Fürsten.

In Cairo ist der größte Zusammenfluß der afrikanischen Mekkapilger; Aleppo, Damaskus, Bagdad sind die Vereinigungspunkte der asiatischen. Daher haben sich ältere Geographen und neuere Reisende gerade an diesen Orten die wichtigsten geographischen Nachrichten und Kenntnisse einsammeln können; wie Niebuhr, Seetzen, Burckhardt. Der bei weitem größte Theil unserer Kunde von asiatischen und afrikanischen Sprachen, Völkern und Ländern ist an diesen Vereinigungspunkten der Mekkapilger erlernt, erfragt, gesammelt worden.

Die Weststraße führt die Pilger aus den Ländern der Neger am Niger und Senegal herbei, aus den Goldländern um Timbuktu; vom Atlas aus Marocko, Fez, Tunis, Tripolis und den Oasen von Fezzan, aus Abessynien, Nubien, Aegypten: nicht über 30,—50,000. Auf der Nordstraße sammelt sich zu Aleppo und Damaskus die Große Hadsch, früher unter dem Schutze der Khalifen, jetzt des Großsultans, in großer Zahl, noch immer 30,000, obwohl sehr gestört in neuer Zeit. Die

Oststraße faßt in Bagdad und Bassora als Knotenpunkten eine Menge von Wanderpfaden zusammen; die Pilger strömen theils zu Lande aus der Bucharei, Indien, Persien, aber auch zur See, von China, Malacca, Ceylon und Indien herbei.

Die Araber haben sich durch ihre Eroberungen viel weiter über die Erde verbreitet als irgend ein andres Herrschervolk des Mittelalters. Ihre Zahl ist außerhalb der arabischen Halbinsel um ein Vielfaches größer als in ihrer Heimath. Weit ist ihre Sprache ausgebreitet, und die ausgebildetste und allgemeinste des Orients geworden, weil ihr classisches Buch eben der Koran ist. Daher sind auch die wichtigsten Geographien des Orients in arabischen Manuscripten enthalten. Denn wenn auch Isztachri, ein Perser, Edrisi ein Spanier, Abulfeda ein Syrer, Leo aus Granada war, so haben sie doch alle ihre Geographien und Reisen in arabischer Sprache geschrieben. Die europäischen Geographien sind oft nur kleine Compendien zu nennen gegen die bändereichen Geographien der Araber. Die Zahl ihrer Universalgeographien ist aus den verschiedenen Jahrhunderten ihrer Blüthezeit sehr groß. Viele enthalten freilich summarisch nur dasselbe, oft hat der spätere Autor den frühern nur excerpirt. Die Auswahl ist daher bei ihnen sehr wichtig.

Die ältesten ihrer classischen Arbeiten, die von Augenzeugen herrühren, oder aus sonst unbekannter gebliebenen historischen Quellen fließen, gehören zu den lehrreichsten. Masudi im zehnten Jahrhundert ist der Herodot des Orients, die „Goldenen Wiesen“ sein Plinius. Viele geographische Werke sind in der Form von Reisen, als Tagebücher abgefaßt, weil die Schreiber häufig selbst als Pilger oder Marabuts alle Länder durchwanderten, wo sie fromme Priester, berühmte Moscheen, hohe Schulen, schriftgelehrte Imams, oder Gräber ihrer Märtyrer und Heiligen aufsuchten. Als Gelehrte durchwanderten sie oft viele Städte vom Tajo bis zum Tigris, Indus und Oxus, um den

Vorträgen berühmter Imams beizuwohnen. Ihre Reiselust blieb ihnen als Erbtheil ihres frühern Nomadenlebens; ihre Dichter sangen das Lob des Reisens, wie die keiner andern Nation.

Andere Geographien wurden von Gelehrten den Systemen des Ptolemäus und Strabo angepaßt und für die Bibliotheken ihrer Khalifen niedergeschrieben. Auch mathematische Geographien und astrologische Schriften der Perser, Inder und Magier wurden nachgeahmt. Die descriptive Geographie wurde später als die mathematische gepflegt, nämlich erst in Folge der vielen Gesandtschaften, welche die Khalifen fast über die ganze bekannte Erde auszusenden den Gebrauch hatten, wie z. B. Harun al Raschid an Karl den Großen eine Gesandtschaft richtete.

Die Khalifen in den ersten Jahrhunderten des Khalifats gehörten selbst zu den ausgezeichnetsten Gelehrten ihrer Zeit, zumal die Abbassiden, welche als Astronomen, Mathematiker, Geographen, Historiker thätig waren. Khalif Al Mamum (813—833), der Nachfolger Harun al Raschids, ließ die Schriften des Ptolemäus (Batolema) ins Arabische übersetzen. Die Verehrung für diesen Meister der Astronomen und Geographen seiner Zeit war so groß, daß der berühmte Historiker Masudi ihn in einer seiner frühern Schriften für einen König der Aegypter hielt, ein Irrthum, den er erst später berichtigte. Der spätere Fürst Abulfeda hat in seiner arabischen Geographie überall die Tafeln des Ptolemäus zu Grunde gelegt. Der erwähnte Khalif kam auch, wie früher Eratosthenes, auf den Gedanken, einen Breitengrad der Erde wirklich ausmessen zu lassen, um aus dem einen Grade auf die Größe der 360 Grade des ganzen Umkreises der Erde schließen zu können. Durch die drei Brüder Ben Schaker, die größten Mathematiker in Mesopotamien, ließ er diese Messung in der Nähe seiner Residenz Bagdad ausführen. Man wählte in der großen Ebene Mesopotamiens dazu die Fläche im Nordosten von Damaskus, die Wüste Sindjar zwischen Palmyra und Racca am Euphrat, etwa unter 35° n. Br. Die Messung ist von Abulfeda in den Annales Muslemici T. II. p. 241, auch von dem großen Astronomen seiner Zeit in Mahomedis Alferganis (oder Alfraganus) Elementa Astronomica (edirt von Jacob Golius. Amsterd. 1664) genau beschrieben. Leider ist die Größe des Maßstabes, mit dem gemessen wurde, der Nachwelt unbekannt geblieben; daher sind keine Berechnungen nach den damaligen Angaben für die Nachfolger möglich. Der Khalif ließ aber nach dem Resultat dieser Messung ein großes Bild von den größten Astronomen und Geographen seiner Zeit verfertigen. Masudi giebt darüber nähere Auskunft. Darauf war die Welt mit ihren Sphären, Planeten und Sternen vorgestellt, die Erde mit ihren Meeren, Festländern, bewohnten Landschaften, Städten und Staaten: also ein Planetarium, ein Erdglobus im Sinne der Sphära des Eratosthenes, nach Ptolemäus' System mit der Erde im Centrum der Welt, das erste Kunstwerk dieser Art, dem dann so viele Darstellungen nachgefolgt sind.

Sehr viele, vielleicht die meisten arabischen Geographen und Historiker sind für uns verloren. Verschiedene Ursachen, der Verfall der blühenden Khalifenreiche, die Barbarei der Türken, Krieg und Brand, aber auch mangelndes Studium der orientalischen Sprachen bei den Abendländern in früheren Zeiten, das erst ganz neuerlich wieder erwacht ist, haben dazu mitgewirkt. Daher kennen wir viele der berühmtesten Geographen der Araber nur etwa wie den Pytheas und Eratosthenes aus Fragmenten und Citaten anderer Compendienschreiber. Vieles ist noch ungedruckt, was als Manuscript in den großen Bibliotheken Europa's und Asien's verborgen blieb. Die reichsten Manuscriptwerke der arabischen Geographien finden sich in den Bibliotheken zu Petersburg, London, Paris, Wien, Berlin, Gotha (Seetzen's Manuscripte!) und im Escorial in Spanien. Das Asiatische

Museum in Petersburg hat an 500 Manuscripte und ist durch persische Bibliotheken bei den russischen Eroberungen im Orient, z. B. zu Ardibil, sehr bereichert.

Um einen der ältesten descriptiven Geographen zu nennen, so hat ein Perser aus Persepolis gebürtig (daher Isztachri) um das Jahr 950 n. Chr. ein sehr lehrreiches Geographisches Compendium geschrieben, das aber erst sehr spät, erst durch Seetzen nach Europa kam und spät aus dem arabischen Originale 1839 durch Möller im Druck erschien. [1])

Die ersten und wichtigsten Quellen für alle frühere Geographie des Orients sind die berühmten Werke von Edrisi, Abulfeda und Leo Africanus, drei Autoren aus fürstlichem Geschlechte, welche die Länder größtentheils sehr genau kannten, die sie beschrieben.

Edrisi oder vollständiger Abou Abdallah Mohammed Ibn Mohammed ist Enkel des Fürsten der Gläubigen Edris Ibn Ali el Hammoudi, Königs von Malaga, und zu Ceuta geboren. Vom Throne von Malaga verdrängt, ward er Vertrauter des Königs Roger II. von Sicilien, für den er fünfundfunfzig Jahre alt sein Werk schrieb 1154 n. Chr. Später ging er nach Afrika, starb in Ceuta 1164 oder 1165 n. Chr., und hinterließ eine zahlreiche Nachkommenschaft. König Roger II., sein Beschützer, liebte die Wissenschaften und die Statistik im Besondern; er sammelte Manuscripte und Nachrichten aller Art, auch des Ptolemäus Werke. Die Gelehrten, die er um Rath befragte, konnten ihm keine sichere Auskunft über die Länder und Völker geben. Nun suchte er Erfahrungen und praktische Kenntnisse zu sammeln. Er

---

[1]) Liber Climatum vom Schech Ebn Ishak el Farsi el Isztachri. Gotha 1839. Uebersetzung von A. D. Mordtmann: Das Buch der Länder. Hamburg 1845, worin S. I — XX. der Einleitung vollständige Auskunft über den Autor gegeben ist.

ließ Reisende zu sich laden und erforschte sie durch Interpreten, einzeln oder gemeinschaftlich. Stimmten ihre Aussagen überein, so sah er ihre Berichte als Wahrheit an; widersprachen sie sich, so wurden ihre Angaben verworfen. Der Hof eines solchen Königs war die rechte Stätte für einen Geographen. Dort arbeitete denn auch der gelehrte Edrisi seine Geographischen Gemüthsergötzungen (Oblectamentum Cupidi) aus zur Erklärung einer silbernen Erdkugel, die der König (800 Mark schwer) hatte verfertigen lassen, und endete sein Werk, das großentheils eine systematische Sammlung von Reisen mit Ortsbeschreibungen ist, nach Klimaten geordnet, am ersten Januar 1154. Die meisten Länder des Orientes, die er beschrieb, scheint er nicht selbst bereist zu haben, aber er zeigte sich in der arabischen geographischen Literatur seiner Zeitgenossen ungemein bewandert. Ueber sein Vaterland, das nördliche Afrika, schreibt er als Augenzeuge. Durch die Normannen wurde Edrisi unter allen muhamedanischen Geographen am vertrautesten mit ganz Europa; seine Beschreibungen reichten bis Schweden, Finnland und Irland.

Aus bloßem Irrthum nannte man Edrisi früher den Nubischen Erdbeschreiber (Geographia Nubiensis); er ist weder in Nubien geboren, noch hat er besondere Nachrichten über Nubien aufbewahrt. [1])

---

[1]) Edrisi's Werk wurde zuerst arabisch gedruckt zu Rom 1592, wo es eine Giografia alkobia, i. e. Geographia universalis heißt. In der lateinischen Uebersetzung wird es Nozhat el Moschtac, i. e. Oblectamentum cupidi, genannt. Der Titel ist: Geographia Nubiensis i. e. Accuratissima Totius Orbis Descriptio. Paris 1694. Uebersetzt aus dem Arabischen von Gabriel Sionita und Joann. Hesronita, zwei Maroniten, d. i. Gelehrten vom Libanon.

Die erste Geographia Nubiensis war nur ein Auszug eines größern Werkes. Dieses soll bei einem Brande im Escorial mit verloren gegangen sein; man hielt es früher für das einzige seiner Art. Im Jahr 1818 wurde von Am. Jaubert in der Manuscriptensammlung in Paris ein zweites Exemplar entdeckt, das man für gleich vollständig

Jsmael Abulfeda, geb. 1273, von Geburt ein Kurde aus der Familie der Ejubiden, der auch Saladin angehörte. Schon als dreizehnjähriger Jüngling stritt er tapfer gegen die Kreuzfahrer. Im Jahr 1289 war er bei der Eroberung von Tripolis, und 1290 half er die Festung Acre erstürmen. Später führte er eine glückliche Herrschaft in Syrien und hatte seine Residenz in Hamah. Er ward der große Beschützer aller wissenschaftlichen Bestrebungen seiner Zeit und starb 1331.

Das Hauptwerk des Abulfeda sind seine berühmten Annales Muslemici. Seine Geographie war lange Zeit im Manuscript unter dem Titel: Takwin al Boldan bekannt, bis Reiske sie in's Lateinische übersetzte unter dem Titel: Liber Canonis Terrarum, auctore Rege Forti Principe Hamah. Der Originaltext ist 1829 nach einem Pariser Codex lithographirt. Vorzüglich inhaltreich ist bei Abulfeda als Augenzeugen die Beschreibung von Arabien, Mesopotamien, Syrien, Aegypten. Er giebt wie Ptolemäus die astronomischen Ortsbestimmungen und die Beschreibungen, nennt auch häufig seine Quellen, darunter an 60 arabische Geographische Werke vor ihm, die er benutzen konnte. Doch bleiben noch viele übrig, die ihm unzugänglich waren. [1])

---

hielt. Dies wurde auf Kosten der Pariser Société Géographique von Jaubert übersetzt und 1836 in Paris gedruckt. Ein anderes Exemplar, das Pococke mit aus dem Orient brachte, ist kürzlich erst in England theilweise veröffentlicht worden.

Hierzu kommen einzelne Abschnitte dieses Werkes, welche besonderer Commentare bedurften. Der Theil, welcher Afrika enthält, ist edirt von Th. Hartmann, Gött. 1796, mit einem sehr lehrreichen Commentar, das Trefflichste, was wir über Afrika besitzen. Die Beschreibung von Spanien ist von Don Conde in's Spanische übersetzt: Xerif Al Edris Descripcion de España. Madrid 1799. Ebenso ist Syrien von Rosenmüller herausgegeben: Syria descripta a Scherifo El Edrisio im dritten Theile seiner Analecta Arabica. Leipzig 1828.

[1]) Reinaud Ecrivains Arabes, qui ont traité de la Géographie avant Aboulfeda. Paris 1848. Ferd. Wüstenfeld De scriptoribus et

Leo ist der dritte allgemein bekannte Geograph der Araber. Sein Werk macht den Uebergang zwischen den einheimischen ältern Geographien und den neuern Entdeckungen.

Er war in Granada in Spanien geboren, von hoher Abstammung, aus maurischem Fürstengeschlechte. Durch Ferdinand den Katholischen im Jahre 1491 mit allen seinen Glaubensgenossen aus Spanien vertrieben, floh er als Knabe nach Fez, wo er sich auf der dortigen hohen Schule arabischen Studien widmete. Schon in seinem sechzehnten Jahre begleitete er seinen Oheim, den der König von Fez als Gesandten nach Timbuktu schickte. Dann besuchte er als Reisender viele Gegenden des Sudan, Nordafrika's, wie Fezzan, aber auch Arabien, Syrien, Armenien, die Tatarei, Persien und Aegypten, und hielt sich an verschiedener Fürsten Höfen auf. An der Nordküste der Syrten bei der Insel Djerba wurde er von einem christlichen Corsaren gefangen genommen und nach Rom geführt dem Papst Leo X. übergeben. Dieser erkannte bald den Stand und die Bildung seines Gefahgenen, behandelte ihn mit Auszeichnung und wurde sein Beschützer. Im Christenthum unterrichtet nahm er in der Taufe den Namen seines Patrons und Taufzeugen Joan Leon an. Leo schrieb seine Geographie arabisch und übersetzte sie 1526 selbst in's Italienische; doch nur die Beschreibung von Afrika. Andre Schriften von diesem gelehrten Araber sind nie veröffentlicht worden. Auch diese Beschreibung von Afrika war anfänglich verloren, bis Ramusio

libris, quos Abulfeda in Geographia laudat. Die Provinzen Palästina und Syrien edirt von J. B. Köhler, Abulfedae Tabula Syriae. Lips. 1766. Arabien von Chr. Rommel: Abulfedae Arabiae Descriptio. Gotting. 1802. Aegypten von Michaelis. Gött. 1776; Sogdiana von Graves in Hudson Geogr. Magazin. Vol. III. Oxford 1712. Wüstenfeld Descriptio Iracae, Chuzistanae, Armeniae etc. Gött. 1835.

in Venedig das Manuscript wieder auffand und 1550 in seiner Raccolta delle Navigazioni e Viaggi. Tom. I. in Venedig drucken ließ. Viele Ausgaben, auch lateinische, sind davon erschienen. Die beste deutsche Uebersetzung ist von Lorsbach: Leo des Afrikaners Beschreibung Afrika's, aus dem Italienischen. Herborn 1805.

Wenig Reisende, sagt Mac Guerin, sahen so viel wie Leo; eine einzige seiner Reisen hätte ihm Ruhm gebracht. Die beiden Königreiche Fez und Marocco kannte er am besten und beschrieb sie am genauesten als seine zweite Heimath. Unbedeutender sind seine Nachrichten über Algerien. Seine Nachrichten vom innern Nigerlande sind von Wichtigkeit.

Die ältesten mathematischen Geographen der Araber treten schon im neunten Jahrhundert auf.

Der Secretär und Bibliothekar des Khalifen Almamun (813—833), Al Kharizan (der Kharizmier, weil dies sein Vaterland am Oxus war), mit vollständigem Namen Abu Djafar Mohammed Ben Musa Alkharizmy, hatte seine Studien bei den Judern und Magiern gemacht. Er schrieb über Algebra und ein Erdsystem (Rasm alardh) nach Ptolemäus, astronomische Tafeln und über Astrologie.

Alfergany aus Ferghana am Jaxartes gebürtig, hieß eigentlich Mohammed Ben Ketyr. Er blühte um 833 und schrieb gelehrte Werke De Horologiis, De Astrolabio und Elementa Astronomica, edirt von Jac. Golius, Amsterd. 1669. Darin ist eine astronomische Geographie enthalten, die aus dem Arabischen zuerst ins Hebräische übersetzt wurde, dann von Golius aus dem Arabischen ins Lateinische. Sie ist dadurch wichtig, daß Alfergan zu den Angaben des Ptolemäus nach Breiten- und Längengraden noch die Vertheilung der Länder und Orte in Breitenzonen hinzufügte, die zu leichter Auffindung der Orte dienten. Dies sind die sieben Klimate der Muhamedaner, welche die Haupteintheilung aller muselmännischen Geographie geblieben sind.

Nassir Eddin und Ulugh Bey sind spätere Astronomen und mathematische Geographen der Araber, die vollständigere Beobachtungen und astronomische Tafeln zu Ortsbestimmungen hinterlassen haben als ihre Vorgänger. Ihnen verdanken wir einen großen Theil des astronomischen Netzes für die Ortsbestimmungen Centralasien's, über welches wir ohne sie gänzlich unwissend geblieben sein würden.

Nassir Eddin (gest. 1274) ist der größte praktische Astronom seiner Zeit und lebte am Hofe des damaligen Königs von Persien Holaku Khan, eines Enkels Dschingiskhans. Als gefeierter Astrolog hatte Nassir Eddin dem heranziehenden mongolischen Eroberer auf seinem Heeresmarsche gegen Bagdad und zum Euphrat aus dem Sternenlaufe einen glücklichen Ausgang seines Feldzugs und den Sturz des schon morschen Khalifenthrones in Bagdad prophezeiht. Dieser Sturz und die Eroberung Bagdads war auch im Jahre 1258 eingetroffen, die Gunst des Großkhans gewonnen. Neben seiner Residenz Maragha über dem Urmia-See erbaute der Chan dem Khodjah (Meister) Nassir Eddin auf dem nahen Berggipfel eine Sternwarte. Diese wurde bald durch den Kreis der gelehrten Mathematiker und Astronomen, die sich am Hofe zu Maragha sammelten, berühmt. Jetzt ist dasselbe Land von räuberischen Horden der Kurden durchzogen, wo einst eine Akademie der Wissenschaften blühte.

Nassir Eddin arbeitete eine große Reihe von Ortsbestimmungen aus, die für jene Zeit durch ihre Genauigkeit ein großes Verdienst haben, wenn sie auch unsere heutigen nicht erreichen. Aber der Meister mußte sich auch die Methoden der Berechnung und die Instrumente zur Beobachtung erst erfinden. Und auch darin zeigte er großen Scharfsinn. Seine Ortsbestimmungen haben das größte Verdienst um die Erdkunde, als die ersten astronomischen Tafeln dieser Art, die nicht auf Hypothesen und bloßen Schätzungen, wie viele der Ptolemäischen Tafeln, sondern auf wirklich gemachten Sternbeobachtungen beruhen. Nach ihnen sind die Orte unserer Landkarten im mittlern Persien, Armenien, am obern Euphrat bis zum Kaspischen See in Norden und zum Persischen Golf in Süden, wie zum Schwarzen Meer in Westen eingezeichnet. Sie sind unter dem Titel Zydje Ilekhani, d. i. Königliche astronomische Tafeln, bekannt in lateinischer Uebersetzung aus dem Arabischen von Joh. Graevius.[1])

Sultan Ulug Beig lebte 150 Jahre später als Nassir Eddin, 100 Jahre später als Abulfeda und starb 1450. Er ist der Enkel Timurs, des Eroberers von ganz Mittelasien. Sein Vater Schach Rokh starb als König von Persien in Herat (reg. 1415—1446). Unter der langen väterlichen Regierung war er Sultan in Hyrcanien, und verlegte nach seines Vaters Tode als Sultan von Transoxiana (Maweralnehar, Sogdiana) seine Residenz nach Samarkand, der reichen und berühmtesten Hauptstadt Mittelasiens. Damals stand dieses Reich, das alte Sogdiana, in hoher Cultur; das Land gehörte zu den bevölkertsten und reichsten Gebieten der Erde. Es war in tiefem Frieden unter milder Herrschaft aufgeblüht, ein Paradies des Orients.

Sultan Ulug Beig versammelte die berühmtesten Künstler und Gelehrten in Samarkand. Zumal begünstigte er die Astronomen und erbaute ein Observatorium in kolossalem Styl. Man glaubte damals noch, durch die Größe der astronomischen Instrumente ihren Werth zu erhöhen. Der Radius des großen Quadranten, der dort zur Beobachtung der Gestirne diente, war so groß wie der Halbmesser des Gewölbes der großen Sophienmoschee in Konstantinopel, 180 Fuß im Diameter. Die genauere

---

[1]) Nassir Eddini Tabula Longitudinum in Hudson Geogr. Min. Oxon. 1711. T. III.

Bestimmung der astronomischen Beobachtung für die Polhöhe von Samarkand = 39° 37′ 23″ N.B. zeugt von nicht gemeinen mathematischen Kenntnissen der dortigen Akademie. In Verbindung mit seiner Akademie gab Sultan Ulug Beig seine schätzenswerthen Astronomischen Tafeln über Asien heraus, zu denen er selbst 1449 die Vorrede schrieb. Die darin gemachten Beobachtungen und Messungen der geographischen Ortsbestimmungen fangen vom Jahre 1437 an, wurden also während zwölf Jahren fortgeführt. Sie heißen die Astronomischen Tafeln des Sultans, Zydje Sulthany. In der lateinischen Uebersetzung von Graevius: Tabula Geographica Ulug Beigi Principis Tatarici, in Hudson Geogr. Min. Oxon. 1711. T. III. Er schrieb auch, als Fürst tatarischen Stammes, aber arabischer Bildung, eine Geschichte der Fürsten von Dschagatai oder des westlichen Mongolenreichs. Schon im vierten Jahre seiner Regierung in Samarkand ward der Sultan von den eigenen Söhnen ermordet. Sein Geist ruhte auf seinem Neffen Baber.

Der geistvolle Sultan Baber von Ferghana, durch seinen ritterlichen Heldenmuth und seine wechselnden Schicksale und Abenteuer bekannt, wurde an den Indus verschlagen und ist dort der Stifter des Kaiserreichs der Groß-Moghole und Eroberer von Delhi (1519). Auf ihn scheint seines Oheims Liebe zur Astronomie und Geographie, wie zu den Naturwissenschaften, vererbt zu sein. In seiner Selbstbiographie, die er in seiner Muttersprache, dem Dschagatai, geschrieben, erwähnt er nicht nur öfter Ulug Beigs, sondern er giebt auch wichtige geographische Nachrichten von Ferghana und den centralasiatischen Landschaften, deren Fürst er war. [1])

---

[1]) Sultan Baber's Memoiren, aus dem Dschagatai ins Englische übersetzt von Leyden und Erskine. London 1826.

Auch der große Kaiser Akbar, der Großmogul in Indien, ist ein Enkel Baber's, der die wichtigste neuere Geographie von Indien durch seinen Minister Abul Fazel in Ayua Akbery schreiben ließ (herausgeg. von Fr. Gladwin. London 1800).

Neben den descriptiven und mathematischen Geographen der Araber sind Reisebeschreibungen zu erwähnen.

Nur zwei der berühmtesten Reisenden heben wir hier hervor, die ihre Wanderschaften selbst in umfassenden Werken beschrieben, und so als Augenzeugen einen reichen Schatz geographischer Nachrichten der Nachwelt überliefern konnten.

Ebn Haukal um 950, ein wißbegieriger Kaufmann aus Mosul im zehnten Jahrhundert, ist unter den ältesten arabischen Reisenden einer der lehrreichsten. Sein Reisebericht hat den Titel Mesalek al Memalek, d. i. Buch der Reiserouten Orientalischer Königreiche. Gewöhnlich wird das Werk Itinera et Regia in lateinischer Uebersetzung, oder Ebn Haukal's Orientalische Geographie genannt. Doch bis jetzt ist das Hauptwerk noch nicht edirt; nur Auszüge oder Bruchstücke sind übersetzt. [1])

Ebn Batuta, eigentlich Aby Abdallah Mohammed, ein Zeitgenosse Abulfeda's, ist ein Westafrikaner vom Berberstamme, zu Tanger geboren, daher el Tandjy, aber in arabischer Schule gebildet. Er machte die umfassendsten Reisen unter allen orientalischen Geographen und spricht überall als Augenzeuge. Nachdem er seine gelehrten Studien im Koran beendigt hatte, begab er sich 1324 auf Reisen und setzte diese 30 Jahre lang fast ohne Unterbrechung fort. Als Gelehrter fand er bei allen Moslemen und ihren Fürsten und Sultanen, sowie in allen Moscheen, Medressen und Karawanserais gastliche Aufnahme.

---

[1]) J. Uylenbroek Dissertatio de Ebn Haucali Geographo. Lugd. Bat. 1822., Will. Ouseley Mscr. Oriental Geography, London 1800, wurde eine Zeit lang irrig für das Werk Ebn Haukals gehalten.

Denn er reiste als Derwisch, d. i. als ein frommer büßender Pilgrim. So durchzog er Nordafrika von Marokko nach Aegypten, und südwärts bis Zanguebar, und besuchte mehrmals die heilige Stadt Mekka. Dann durchwanderte er ganz Vorder- und Ostasien, durch alle Länder der Araber, Perser, Inder bis Delhi, und von dort einmal mit einer Gesandtschaft zu Schiffe durch die Sundainseln nach China, und von da durch die Mitte Hochasiens zu Lande nach Bengalen zurück. Auf seinem Heimwege besuchte er Bagdad, die Euphratländer, Syrien, und kehrte über Kairo nach Tanger zurück. Von hier aus lernte er ganz Spanien kennen. Wieder heimgekehrt trat er eine neue Reise an, durchzog die Wüste Sahara, drang in die Negerländer Innerafrika's ein, und verfolgte den Lauf des Senegal, Niger und Nil bis Dongola in Nubien.

Nach dem letzten Besuche in Mekka auf der gewöhnlichen Karawanenstraße in seine Heimath zurückgekehrt, legte er nach 30 Jahren seinen Wanderstab nieder und schrieb am Hofe zu Marokko im Jahr 1354 sein Tagebuch in einem starken Quartanten nieder.

Dieses Manuscript gehörte lange Zeit zu den unbekannten für die Europäer und selbst auf orientalischen Büchermärkten zu den größten Seltenheiten. Nur Auszüge daraus waren hier und da bekannt. Der deutsche Reisende Burckhardt theilte in Kairo die ersten inhaltreichen Bruchstücke davon, Nubien betreffend, mit. Seetzen hatte ein Manuscript in die Bibliothek des Herzogs von Gotha geschickt. Dies entdeckte daselbst der Orientalist Kosegarten und schrieb seine Dissertation: de Mohammede Ebn Batuta, Arabe, Tingitano, ejusque Itineribus. Jen. 1818. Ein zweites Exemplar des Manuscripts, das von einem Zeitgenossen des Ebn Batuta, von dessen Freunde Mohammed Ben Mohammed aus Granada, copirt war, wurde im Jahr 1797 auf dem Büchermarkte in Fez erstanden. Santo Antonio

Moura edirte es unter dem Titel Viagens de Ben Batuta. Lisboa 1840. Aber auch dieses Manuscript war unvollständig. Das vollständige Werk, aus den Manuscripten in Gotha, Paris und Leyden revidirt, ist im arabischen Text und französischer Uebersetzung mit Noten, auf Kosten der Société Asiatique und den Betrieb Jul. Mohl's erschienen: Voyages d'Ibn Batoutah, texte arabe et traduction par C. Defremery et Dr. Sanguinetti. Paris 1854. Die frühere englische Uebersetzung von Lee 1829 erschienen war nur nach einem Auszuge gemacht, dessen Manuscript sich auf der Bibliothek zu Cambridge befindet.

Die großen Fortschritte, welche die Erdkunde durch die Ausbreitung des Khalifenreiches und die Araber machte, lernten die europäischen abendländischen christlichen Völkerschaften zuerst durch die persönliche Bekanntschaft mit dem Oriente in der Zeit der Kreuzzüge kennen und auch begreifen.

Die Kreuzzüge, welche sich durch zwei Jahrhunderte ziehen, bilden eine Periode kriegerischen und friedlichen Verkehrs mit Arabern, Syrern, Aegyptern, Persern, Kleinasiaten, türkischen und saracenischen Rotten der verschiedensten Art. Um in das heilige Land zu kommen, mußten die Kreuzfahrer große Umwege unternehmen, da sie durch die Islamiter verhindert wurden, geraden Wegs zu ziehen. Auch auf der Rückkehr mußten sie sich häufig andre Wege suchen. So tritt in ihren Erzählungen und Beschreibungen eine schöne Beigabe zur damaligen kargen Literatur auf. Viele tausend Europäer besuchten das gelobte Land und viele Theile der Levante, zwar meist nur als Krieger oder Pilger, aber auch als Geschäfts- und Kaufleute, als Schiffer und mitunter Einzelne als wissenschaftlich gebildete Männer. Durch die Zahl der in die Heimath Zurückkehrenden, zumal der Ritter und Priester, breitete sich nach und nach das Interesse und das Studium des Orientes und seiner Sprachen aus. Seitdem gingen unvermerkt nicht blos die Fabel- und Mährchenwelt des Orients, sondern auch seine Architektur, Poesie, Geschichte, schöne Literatur, Gelehrsamkeit und so manche Kenntnisse und Künste zu den Deutschen, Franzosen, Italienern (Venetianern, Genuesen), Briten und andern Europäern über. Durch das Medium arabischer Studien ging die Aristotelische Philosophie und die medicinische Wissenschaft eines bei den Arabern hoch gefeierten Hippokrates und Galenus, die Arzneimittellehre und Pharmakopöe eines Avicenna frühzeitig nach Europa über. Durch die arabische Uebersetzung lernte man ihren Batolema früher kennen als den Urtext des Ptolemäus. Von ihnen nahm man statt der römischen Ziffern das viel bequemere arabische Zahlensystem an, und damit auch ihre Arithmetik, ihre Algebra, ferner ihre Chemie und Pharmaceutik, ihre physikalischen Systeme und naturwissenschaftlichen Kenntnisse; ihre Namen der Sterne und Sternbilder, und so manches aus ihrer Astrologie ging nach Europa über und blieb im Gebrauche bis heute.

Die Mittheilung arabischen Wissens wurde nicht blos mündlich, sondern vielfältig durch die Reisetagebücher der Ritter und Pilger vermittelt. Sehr frühzeitig schrieben die Wallfahrer nach Jerusalem ihre Reisebemerkungen in ihre Tagebücher nieder, und nahmen darin viele Nachrichten von den Wunderdingen des Orients auf. Unter dem Titel: Peregrinatio in Terram Sanctam haben sich viele Hunderte derselben erhalten, und ihnen ist gewöhnlich als Anhang eine Art Weltbeschreibung beigefügt unter dem allgemeinen Titel Mirabilia Mundi. Darin ist auch von Städten und Ländern, von Konstantinopel und Aegypten und den Pyramiden, von Jerusalem und dem Teiche Salomonis, von Arabien und dem Vogel Phönix, von Babylon und seinen hängenden Gärten und seinen Mauern, von Indien und Persien, von Flüssen, Bergen und Meeren, wie von den Völkern, ihren Sitten, Gebräuchen und Religionen die Rede.

Diese Schriften wurden in den Klöstern und Schulen, bei

Tische oder an den Winterabenden zur Erholung und Belehrung gelesen. Mit den Legenden machten sie die Lieblingsunterhaltung des Volks aus. Die Peregrinationen, die Mirabilia Mundi ersetzten damals das Geographische Studium.

Die Zahl dieser Schriften hatte sich im Mittelalter in's Unglaubliche vermehrt. Das älteste dieser Itinerare ist vom Jahr 333: Itinerarium a Burdigala ad Terram Sanctam Hierusalem usque (Parthey Itinerarium Hierosolymitanum. Berol. 1848.) Spätere lehrreiche sind: von Adamnan, Abt der Insel Jona (705), von Willibald, Bischof von Eichstädt (730), vom Mönch Bernhard (870), von Brocardus (1283), von Ludolf de Sucham (1350), von Felix Fabri (1483), von Leonhard Rauwolf (1575). Sie sind natürlich von dem verschiedensten Werthe und gehen nach und nach in wirklich wissenschaftliche Reisen über, wie die schon zuletzt nach den Kreuzzügen genannten.

Die Annalisten der Kreuzzüge selbst, wie Willelmus Bischof von Tyrus, Jacobus von Vitry, Albertus Aquensis, Marin Sanutus der Venetianer, haben wichtige Geographische Werke über den Orient vom christlichen Standpunkte aus hinterlassen. Sie sind gesammelt in den drei Foliobänden der Gesta Dei per Francos. Hanoviae 1611. Die Itinerarien sind zusammengetragen im Reißbuch des heiligen Lands von Sigismund Feierabend 1585 u. 1609. Frankfurt a. M., und in andern.

Im dritten Theile der Gesta Dei per Francos hat der Venetianische Nobile Marin Sanutus seinem Werke: Liber Secretorum Fidelium Crucis den ersten Versuch einer Weltkarte beigegeben, welche von der Annahme ausgeht, daß Jerusalem, die Stadt des Erlösers, auch im Centrum der Erdscheibe liege. Die gleiche Ansicht tritt bei Dante auf, welcher den Inferno mit dem Purgatorio eben so tief unter Jerusalem verlegt, wie den Paradiso über Jerusalem in den Himmel.

Die Seereisen, Aventuren und Geographischen Entdeckungen der Normannen.

Wie die Araber uns den Osten und Süden erschlossen, so müssen wir die Normannen wegen ihrer Seefahrten und Eroberungen an den Gestaden der nordischen Meere, so wie wegen ihrer Abenteuer in weite Fernen hin, die Entdecker des Nordens und der neuen Welt nennen. Sie führen uns zuerst aus der Alten Welt wirklich hinüber in die Neue Welt. Noch ehe die Araber ihre Eroberungen begannen, waren, schon im Anfange des sechsten Jahrhunderts, die Normannen aus ihren nordischen Landschaften und Gewässern in große Bewegung gerathen und hervorgetreten. Wann und wie sie bis in jenen Norden vorgedrungen waren, ist für uns historisch im Dunkel geblieben. Zuerst sehen wir sie auf ihren Flotten durch Seeraub die Gestade der Britischen Inseln und des Aquitanischen Meeres in Schrecken setzen. Woher sie kamen, wird nicht genauer angegeben. Ihre Ueberfälle und Küstenplünderungen wurden anfänglich nur in den Kirchen- und Klosterbüchern mit der Jahreszahl aufgezeichnet, in welcher das Unglück geschehen. Die verschiedensten Namen: Dani, Ascomanen, Wikinger, Heiden (Hethana thioda bei den Friesen), Ostmänner, Eastorlingi in England, Nordleudi und Normannen werden den verwegenen Räubern beigelegt. Ihr Vaterland und Ausgangspunkt ist nicht genauer zu bestimmen. Die Küsten der Ostsee mögen von den dänischen Küsten von Jütland, Schleswig und dem südlichen Norwegen und Schonen aus, die Küsten der Nordsee, der Niederlande, England's, Irland's, Frankreich's bis nach Spanien hin von den Anwohnern Norwegen's und des nördlichen Dänemark heimgesucht sein.

Die Schiffe der Normannen waren sehr stark gebaut von Eichen- und Tannenholz. Ihre Bekanntschaft mit der wilden Nordsee hatte sie genöthigt, ihre Schiffe nicht wie die flachen, niedrigen Fahrzeuge im mittelländischen Meere, sondern hoch zu bauen, mit hohen Verdecken, Vorder- und Hintercastellen zu versehen. Ihre Seefahrten durch die Mitte der stürmischen und wogenschlagenden Oceane bezeugen ihre Kenntniß im Steuern, und der Gebrauch der Segel ihre Kunst, auch mit halbem Winde zu segeln. Statt des Compasses, der ihnen fehlte, mußten ihnen geweihte Vögel mit ihrem Fluge dienen. Doppelte Gefahren hatten sie in den Stürmen des Nordens zu überwinden, bei trübem Himmel, im Kampfe mit den Brandungen der Klippenküsten (Schären des Nordens), mit den Nebelmeeren und den Eisschollen und Eisflotten der polaren Seite der Erde. Daher war aber Schifffahrt bei den Normannen auch das ehrenvollste Geschäft. Es führte zu Heldenruhm, es versammelte Gefährten, die mit auf die Abenteuer ausgingen: da ging's zu Kriegsthaten, zu Beute, zu Reichthum, zu Herrschaft und zu Entdeckungen.

Im Jahr 520 erschienen zuerst D ä n e n in Aquitanien; 570 zuerst an der Nordküste Austrasiens. Erst später wurden sie eine allgemeine Plage von Europa. Im Jahr 732 wagten sie die erste Landung in England, 753 in Irland; 777 kommt das erste Regnum Nortmannorum im Norden der Eider, in Jütland vor: es grenzte an Wittekind's Land, der Alborum et Saxonum Rex heißt (Chron. Andegav. ad a. 784). Dies Regnum Nortmannorum reichte bis in das südliche Norwegen, nicht nach Schweden hinein. Im Jahr 780 werden sie als N o r d l e u d i zwischen Friesen und Winidern in den Annales Lobienses erwähnt. In demselben Jahre lassen sich viele dieser Nordleute als Bardengauer taufen. Im Jahr 782 kommen sie wieder als Ungetaufte unter dem Namen Nordstrani auf den Küsten von Gallia Narbonensis im Mittelländischen Meere vor. Man hielt sie dort für Juden, für Afrikaner, oder für britische Kaufleute. Aber Karl d. Gr. erkannte sie richtig für feindliche Normannen, und sah im Geiste eine große Plage der Franken voraus.

Nach Karls d. Gr. Tode (814), der sie von seinen Staaten kräftig zurückwies, schifften sie sogleich wieder mit ihren Raubgeschwadern in den Strömen weit aufwärts, so 814 in die Mündung der Elbe, wo sie später (845) die erste Anlage von Hammaburg zerstörten. In demselben Jahre kamen sie die Seine aufwärts bis Paris, im Rheine bis Cöln, und in der Mosel bis Trier, das sie belagerten. So drangen sie in die Mitte vieler Länder ein, wo sie wenig Widerstand fanden, machten Beute, brannten und sengten, kehrten zurück in ihre Heimath, oder legten auf Inseln und an festen Punkten ihre Waffenplätze und Standquartiere an. Seit König Egbert's Tode (836) machten sie jährliche Einfälle in England, das sie 851 übermannten. Von da fahren ihre Seekönige auf neue und entferntere Entdeckungen aus. Im Jahr 843 suchten sie den Hafen von Nantes an der Loire heim; 844 traten sie sogar an den Küsten von Spanien in Andalusien auf. Ihre Versuche, in Asturien zu landen, wurden abgeschlagen. Später bedrohten sie Lissabon, umschifften das Cap St. Vincent, plünderten Cadiz und machten am Guadiana einen Streifzug auf Sevilla, das sie eroberten und ausplünderten. Im Jahr 857 wurde die Florentinische Küste von ihnen überfallen und die Städte Luna (bei Carrara) und Pisa ausgeplündert.

Ein Autor der Araber, die damals im Besitz der Südküsten von Spanien waren, Ahmed el Kahf, nennt in seiner Chronik von Sevilla die dort eingefallenen Barbaren mit dem Namen

Russi als ihrem eigentlichen Namen, obwohl er sie sonst mit dem Namen Madschus, d. i. Heiden, bezeichnet; zwei Brüder waren ihre Anführer, Heriold (Harald) und Rorik (Rurik). Beide waren 826 zu Ingelheim auf der kaiserlichen Villa am Rhein getauft worden und mit Rustringen und einem Beneficium jenseit der Elbe belehnt worden.

Derselbe Rurik ward mit seinen tapfern Kriegern, den Warägern, nach dem Kiewschen Annalisten Nestor im Jahr 862 zur Stütze des damals sich bildenden russischen Reichs von Slavenstämmen zu Hülfe gerufen. Am Peipussee und in Nowgorod, dann zu Kiew wurde er Begründer des russischen Reiches, das seinen Namen nicht von den Slaven erhielt, sondern von dem normannischen Herrscher, dem schon früher der Name Roß zukam.

Durch die Ablenkung der kriegerischen Waräger gegen den Osten erhielt der Westen Europa's auf kurze Zeit Ruhe vor ihren Ueberfällen. Aber mit gewachsenen Kräften nimmt 912 Rollo mit seinen Normannen Besitz von einem Theile Neustriens und wird im Nordwesten der untern Seine Herzog der Normandie und der Bretagne, als Vasall der Könige der Westfranken.

Im mittelländischen Meere entreißen die Normannen den Arabern Sicilien. Nach langen Kämpfen wird Roger II. als erster König der Reiche Sicilien und Apulien von den Päpsten und dem Kaiser anerkannt 1130. So sind die Normannen in kurzer Zeit die Stifter dreier mächtiger Reiche außerhalb ihrer Heimath, im Osten, Norden und Süden von Europa geworden.

Auch auf Inseln des Atlantischen Oceans gründen sie Herrschaften: sie sind die Entdecker der Azoren. Im funfzehnten Jahrhundert war der Normanne Bethencourt, der erste Lehensträger der Canarischen Inseln, von König Heinrich III. von Castilien anerkannt. Im Jahr 1365 hatten sie sich schon an den Mündungen des Senegal an der Westküste Afrika's niedergelassen, wo sie Handel trieben.

Auch der ferne Osten that sich ihnen auf. Die Normannen, die als Waräger mit Rurik die Russenherrschaft zu Nowgorod und Kiew errichteten, nahmen dort die Taufe an (880), die ihnen von Konstantinopel zukam. Als die kühnsten Krieger ihrer Zeit traten sie nun als Leibwache in die Dienste der byzantinischen Kaiser, und von da pilgerten sie gern als fromme Christen nach Jerusalem, was ihnen in ihrer nordischen Heimath als Grikiafahrern oder Jorsalafahrern zu großer Ehre angerechnet ward.

Gar manche Gestadeländer von Europa waren durch die Normannen in helleres Licht getreten. Das tiefere Eindringen in das Innere der Länder wurde ihnen durch die allmählige Erstarkung der europäischen continentalen Staaten verwehrt; nur die Meere blieben noch offen für die Unternehmungen ihrer Seehelden. Aus den Seeräubern waren seit dem neunten und zehnten Jahrhundert Stifter blühender Herrschaften und Königreiche, Entdecker, Weltschiffer und Handelsleute hervorgegangen, welche den Fortschritt der Geographie vielfach gefördert haben.

Wie die Schiffer der Argonauten am Pontus, so haben auch die nordischen Schiffer ihre Benennungen der Nachwelt hinterlassen. Von Norwegen zweigt der Austur Veg in die Ostsee (Austra Salt) ab, und der Vestur Veg gegen Westen in den Atlantischen Ocean: die alten Namen für Ostsee und Nordsee oder Westsee; denn Nordsee wurde erst ein späterer Name, der von den Niederländischen Schiffern ausging. Der Niorva Sund (d. i. der enge Sund) bezeichnete die enge Einfahrt in das südliche Mittelländische Meer, Flandern und Nordgallien, von Wallonen bewohnt, nannten sie Walland. Romaborg ist ihnen Rom. Soerkland, d. i. Saracenenland, ist Afrika. Konstantinopel ist Miklagard, Nowgorod die Neue Stadt;

gorod, gard ist jede eingehegte befestigte Ortschaft. Grikia, mit den Grikir oder Girkir das Byzantinerland. Austurland alles Land im Osten des Austursalt, das Osterland, Estland, Kurland, Rußland. Chire ist die Residenz Kiew am Dnepr.

Die Wäringer, Leibwache in Byzanz mit ihrem Lohn, die Jorsalafar mit ihren Erfahrungen, die Handelsleute mit ihrem Gewinn: alle kehrten gern in ihre nordische Heimath zurück, um da von ihren Aventuren zu zehren. So verbreitete sich mit ihnen in den frühesten Jahrhunderten bis Norwegen, Schweden und Island durch den hohen Norden eine geographische Kenntniß und ein Interesse an dem Studium dieses Zweiges der Wissenschaft, in dem damals die Normannen bis nach Island hin den germanischen Völkern weit vorangeeilt waren.

Mitteleuropa lag in geographischer Beziehung noch in tiefer Unwissenheit, und war mit seinen einheimischen Kriegen vollauf beschäftigt. Im Norden dagegen waren Byzanz, Rußland, Asien ganz bekannt, und auf den Runeninschriften damaliger Grabstätten bis nach dem Norden von Norwegen und Island hinauf rühmen sich noch die Verstorbenen mit ihren Thaten in diesen weiten Fernen für die Nachwelt. Auf Island nannte man um das Jahr 1000 sprüchwörtlich diejenigen, die sich nicht in der Welt umgesehen hatten, mit dem verächtlichen Namen der Hiemföbninge, der zu Hause Gefütterten, was in der Volsunga Sage so viel wie Unwissende bedeutet. Alle Ehrenämter und angesehenen Stellen in Island waren nur mit Männern besetzt, die auf Aventuren, zumal in Grikialand, sich etwas versucht und die Welt gesehen hatten. Geographische Kenntnisse gehörten bei ihnen zur allgemeinern edlern Bildung. Wie sollten so wanderlustige Entdecker im Süden und Osten sich nicht auch nach Norden und Westen gewendet haben?

Den Normännerfahrten seit dem neunten Jahrhundert verdanken wir die Entdeckung der äußersten Küsten und Inselgruppen der Nordsee. Nicht nur entdeckt wurden sie, sondern auch von ihnen großentheils bevölkert.

Dänen waren es, die 753 zuerst in Irland landeten. Daher heißt in der irischen Sprache Danair so viel als Fremdling. Dänen gründeten die Staaten von Dublin, Ulster, Connaught. Auch im nördlichsten Schottland (Caithneß) bildete sich frühzeitig ein Normannenstaat.[1])

Die Faröer wurden 861 von einem Raubgeschwader der Normannen entdeckt. Die Anführer nahmen von den einzelnen Inseln Besitz. Den Namen erhielten sie von den Faar (d. i. Schafe), die dorthin verpflanzt wurden und wohl gediehen, auch in dem milden Klima ganz im Freien überwintern konnten. Längere Zeit blieben die Faröer der Aufenthalt nordischer Corsaren, bis sie um das Jahr 1000 von den norwegischen Königen in Besitz genommen wurden, und das Christenthum eingeführt ward. Aus jenen frühesten Zeiten leben noch unter den Bewohnern dieser Inseln die altnordischen Heldenlieder der Nibelungen fort bis heute. Sie wurden dort von Lüngby aufgezeichnet und im Jahr 1817 nach Kopenhagen gebracht.

Die Inselgruppe von Shetland (Jetland, Hiallaland) wurde 964 aufgefunden und seitdem häufig wegen der Häringsfischerei besucht.

Die Orkaden, Orkneys (Ὀρκάδες bei Ptolemäus), die nächsten nordischen Nachbarinseln von Schottland, hatte Julius Agricola schon gesehen, als er nach seiner Eroberung von Britannien (84 n. Chr.) Schottland umschiffte. Aber durch die Normannen wurden sie doch erst näher bekannt. Sie fanden

[1]) In Ossian's Liedern wird der Ueberfall des Seekönigs Svaran von Lochlin (aus Scandinavien) in Erin und Morven (Irland und Schottland) besungen und Fingal's, des nordschottischen Königs, Sieg über ihn.

dort schon Bewohner von unbekannter Art vor, verjagten oder erschlugen dieselben und blieben im Besitz der Inselgruppe.

Die Hebriden (Ebudae, *Ἔβουδαι* bei Ptolemäus) wurden von den Normannen von der Seeseite her, von den Farörn und Orkaden, erreicht. Daher wurden sie die Sudur Oer, die Südinseln, genannt. Im Jahr 893 eroberten sie die Insel Mona oder Man, und stifteten da ein eigenes Königreich Man (Mana, Mona), berühmt in der Geschichte des Nordens.

Die Entdeckungen der Normannen reichten bald noch weiter über die europäische Welt in das Nord-Eismeer, über den Polarkreis hinaus, und bis nach Nordamerika hinüber.

Im Jahr 863 ward ein Norweger, Naddod, der von Schweden ausfuhr, durch Sturm auf die zuvor unbekannte große nordische Insel Island verschlagen. Er nannte sie wegen ihrer hohen Schneeberge das Schneeland, kehrte aber zurück. Es folgte ihm jedoch bald ein zweiter kühner Schiffer, Gardar, der die Insel ganz umsegelte und einen Winter auf ihr zubrachte. Bei seiner Rückkehr rühmte er sie als ein gutes Land, das auch mit Holzung bewachsen sei. Wahrscheinlich sprach er von ihrem südlichen Gestade, wo es milder ist als im Norden. Dies bewog einen kühnen schwedischen Schiffer, der sich schon durch andere Seereisen großen Ruhm erworben hatte, mit einer Anzahl von Reisegefährten auf den Besuch dieser großen Insel auszugehen. Snorro Sturleson, der isländische Annalist, nennt ihn Floke. Um den Weg zur Insel zu finden, nahm er bei der Abfahrt von Norwegen's Küste drei geweihte Raben mit, deren Fluge er auf dem hohen Meere folgte. So gelangte Floke über die Shetland- und Faröer-Inseln an die Südwestküste der großen Insel, bei Sniöfelsnäs, wo auch die älteste Ortschaft Skalholt in der Nähe des Hekla liegt und später die erste Kirche zu Bessastadr erbaut ward. Floke blieb den Winter mit seinen Gefährten dort, fand aber an der Nordküste sehr viel Treibeis, und kehrte, weil das Land ihm nicht gefiel, nach Norwegen zurück (872). Er nannte die Insel das Eisland, Island. Seine Gefährten verbreiteten indeß günstige Nachrichten von der Insel. Diese bewogen nur zwei Jahre später den Norweger Ingulf und seinen Freund Leif, sich dort niederzulassen. Ingulf brachte Gefährten, Geräthschaften und Vieh, Leif bedeutende Schätze, die er in England erbeutet hatte, mit nach Island. Diese Männer und viele andere ihnen bald nachfolgende Norweger sind die Stammväter der isländischen Colonisation. Wie Nordafrika von der phönicischen Küste aus einst mit den edelsten Geschlechtern in den karthagischen Staaten bevölkert wurde — wie Italien als Magna Graecia durch die Colonisation vertriebener Parteien aus dem republikanischen Griechenland sich bald in den blühendsten Städten und Staaten verjüngte, welche ein Asyl der Philosophie, der Wissenschaften und Künste wurden — wie selbst der Muhamedanismus in seiner nordwestlichsten Colonie, in Südspanien, den höchsten Aufschwung nahm und seine reichsten Blüthen entfaltete: so auch die jugendlich frische Colonisation auf Island von Norwegen und Jütland aus.

Die Insel war zuvor ohne Bevölkerung gewesen, sie konnte also auch ohne Blutvergießen in Besitz genommen werden, und auch das mag für ihre edlere Entwickelungsgeschichte nicht ohne günstige Folgen gewesen sein. Vertilgungs- oder Unterjochungskriege waren nicht nöthig. Nur an ein paar Küstenpunkten fand man Spuren früherer Ankömmlinge, aus denen man schloß, daß zuvor einmal irländische Schiffer dahin verschlagen sein mußten. Denn man wollte irländische Schriften, Glocken und Bischofsstäbe daselbst vorgefunden haben. Aber keine nähere Nachricht ist über diese verunglückten Bevölkerungsversuche der Nachwelt überliefert worden. Umwälzungen im Mutterlande wirkten günstig für Islands Weiterentwickelung. Im Jahre 875 erhob sich der mächtige norwegische König Harald Harfagar (Schönhaar) durch Gewalt zum Oberkönig der bisher vielen kleinern Normannenkönige, Fürsten und Herren, und erregte dadurch viel Unzufriedenheit. Eben das that zu gleicher Zeit Gorm der Alte in den dänischen Ländern. Dies erzeugte die große Emigration und begünstigte die Bevölkerung des fernen Island. Die große Zahl der Mißvergnügten wanderte über den Ocean dahin aus; die Freiheit auf der nordischen Eisinsel zogen sie der Unterjochung und Knechtschaft in ihrer Heimath vor. Viele edle Geschlechter, selbst fürstliche Familien mit Gefolge, die eine höhere Cultur und Güter mitbrachten, fanden damals dort ihr Asyl. So wuchs sehr schnell schon vor dem Jahre 1000 unter dem Polarkreise, in Island, ein merkwürdiger Freistaat, der zu ausgezeichneter Blüthe gelangte. Dort blühte Cultur, welche die der mitteleuropäischen Staaten weit übertraf, und sich selbstständig in Poesie, Geschichte, Geographie, Handel und Literatur entwickeln konnte. Dort erhielt sich das antike Idiom der nordischen Sprache in seiner Reinheit und Ursprünglichkeit, dort wurden die Eddas, religiöse Bardenlieder, und Sagas aufbewahrt, welche die ersten Ansiedler aus ihrer Heimath mit dahin genommen. Island wurde die Wiege einer historischen Literatur von größter Wichtigkeit, wie sie in solchem Reichthum und gleicher Ursprünglichkeit kein anderes Land aufzuweisen hat.

Die Isländer mußten zu ihrer Selbsterhaltung Meister der Schifffahrt sein; so wurden sie auch Entdecker des großen Oceans.

Schon im Jahr 877 soll Gunbiorn der erste gewesen sein, der die Küste von Grönland gesehen. Erst hundert Jahre später wurde es näher bekannt.

Erik Raude (d. i. Rothhaar) aus fürstlichem Geschlechte und Gutsherr in Island, gerieth mit seinem Nachbar Eyolf Saur in Fehde. Der Gegner, einer der mächtigsten Herren in Island, ward von ihm erschlagen. Zur Sühne des Todtschlages ward Erik zu drei Jahren Exil verurtheilt. Er ging im Jahr 983 zu Schiffe und nach damaligem Gebrauch in unbekannte Fernen auf Entdeckungen aus. Erik folgte jener unbestimmten von Gunbiorn vorangegangenen Sage, daß im Westen ein Land liege, das noch unbekannt sei. Es gelang ihm, westwärts an Eisbergen vorüber eine lange Küste zu erreichen, die er südwärts bis zu einem südlichen Vorgebirge verfolgte. Die Spitze ward umschifft und eine Insel und Bucht gefunden, wo man überwintern konnte. Die Bucht nannte der Verbannte Eriksbucht. Später hat das Vorgebirge den Namen Herjolfsnes von einem Ansiedler erhalten, der sich dort niederließ. Es ist das heutige Cap Farewell der englischen Schiffer, Staatenhoek der Holländer, die Südspitze von Grönland, das Erik das Grüne Land nannte, um ihm für spätere Ansiedler einen lockenden Namen zu geben. [1])

Nach zwei Wintern, die er dort mit Erforschung der großen Halbinsel zugebracht hatte, kehrte er aus seinem Exil nach Is-

[1]) Der Name Grönland kam schon einmal weit früher in den Annalen des Nordens vor, nämlich in einer päpstlichen Bulle von Gregor IV. im Jahr 832 zu Anschar's Zeiten, und auch in einem Schreiben des Kaisers Ludwig des Frommen an denselben — aber damit ist ein anderes Grön- oder Grünland bezeichnet, das im norwegischen Finnland lag, östlich vom See Miös. In spätern Zeiten ist es wohl von Unwissenden mit jenem westlichen Grönland verwechselt worden; daher die frühere irrige Annahme, Grönland sei schon im Jahr 832 entdeckt gewesen. Auch scheint dieses östlicher gelegene norwegische Grönland den Irrthum erzeugt zu haben, als habe Erik's Entdeckung mit seiner Eriksbucht und dem Herjolfsnes auf der Ostküste der großen Halbinsel, sammt seiner ursprünglichen Colonisation, gelegen (wie sie z. B. noch auf J. R. Forster's Polarkarte eingetragen ist) statt auf der Westseite des Südendes. Dies hat Jahrhunderte hindurch irre geführt, das verloren geglaubte Grönland auf der Ostseite der langen Halbinsel wieder zu suchen. Erst das gründlichere Studium der einheimischen Annalen Islands hat diesen Irrthum berichtigt. Die Entdeckungsgeschichte der amerikanischen Grönlandsgruppe erzählt der Isländische Geschichtschreiber und Lagmann auf Island Snorro Sturleson in seinen Annalen Islands vom Jahr 1215, also unmittelbar nach der Entdeckung.

land zurück und lobte sein grünes Land, seine Gehölze und Fischereien. Bald wurde eine Gesellschaft von Colonisten bewogen, aus Island dahin überzusiedeln. Aber von 35 Schiffen mit Menschen, Hausgeräth und Vieh beladen, die im Jahr 986 dahin absegelten, kamen doch nur 14 Schiffe glücklich hinüber, darunter die Schiffe Erik's und seiner Freunde Herjolf und Biarre. Sie wurden die ersten Colonisten und ihre Nachkommen die angesehensten Geschlechter auf Grönland. So wurde damals diese große nordische Halbinsel oder Inselgruppe an ihrem Südende entdeckt und bevölkert. Von frühern Bewohnern derselben ist keine Rede, obgleich sie heute ihre eigenthümliche Bevölkerung bis an ihr Nordende hat.

Isländer besetzten nach und nach Ost- und Westküste und mehrten sich mit den nachfolgenden Colonisten so sehr, daß im Jahr 1124 ihre Zahl schon so groß geworden war, daß sie ein Drittheil einer gewöhnlichen dänischen Episcopaldiöcese ausmachten. Schon um das Jahr 999 war der erste christliche Missionar aus Norwegen zu ihnen gezogen. Es entstanden nun Kirchen, Schulen, Abteien in Grönland, die unter der Diöcese des Erzbisthums in Drontheim standen, das in seinem Archive die Verzeichnisse der grönländischen Stiftungen und der ältesten Geographie des Landes aufbewahrt. Im Jahr 1124 erhielt Grönland in Arnold den ersten selbstständigen Bischof.

Der Bischof von Grönland hatte schon zu Snorro Sturleson's Zeiten (1215) und die folgenden Jahrhunderte bis gegen das Jahr 1400 seinen Zehnten, oder Peterspfennig, an den päpstlichen Stuhl in Rom zu zahlen, der im Jahr 1327 in dentibus de Roardo, d. i. in Walroßzähnen, gezahlt wurde, die den Werth von Elfenbein hatten. Die Menge derselben wird im genannten Jahre auf 130 Liespfund angegeben.

In einer kurzen Beschreibung Grönlands aus dem dreizehnten Jahrhundert werden dort nicht weniger als 15 Kirchen aufgezählt, von denen die Hauptkirche zu Gardar, südlich vom Eriksfjord, lag. Dort hatte der Bischof seinen Sitz. Die Zahl der Höfe und Ansiedelungen betrug 280. Nach einer andern Angabe zählte man 19 große Baien an der Ostküste, die bewohnt waren, 12 Kirchsprengel mit 16 Kirchen, zwei Klöstern. Auf der Westküste Grönlands waren 9 Baien cultivirt mit 4 Kirchsprengeln und 90 bis 100 Weilern. Zwei Städte, Gardar und Hrattalid waren auf Grönland erbaut. Weit über die Grenzen des angebauten Landes schiffte man jährlich an den Küsten hin, trieb Fischerei und sammelte Treibholz. Auch ging von Europa, zumal von Drontheim und Island, einiger Handel dahin; doch war Grönland nie von Europa aus so ununterbrochen besucht wie die andern Colonien der Normänner. Die Schifffahrt dahin war immer schwierig; zur Hin- und Herreise zwischen Norwegen und Grönland waren immer mehrere Jahre nöthig gewesen.

Plötzlich verschwand zu Anfang des funfzehnten Jahrhunderts Grönland wieder ganz aus der Geschichte.

Im Jahr 1383 kam ein letztes Schiff aus Grönland in Norwegen an mit der Nachricht, daß der dortige Bischof schon seit sechs Jahren todt sei. Die inneren Wirren im scandinavischen Norden hemmten den Verkehr mit Grönland gänzlich. Die fremden (dänischen) Regenten, die in Folge der Calmarischen Union Norwegen beherrschten, nahmen kein solches Interesse, wie ihre Vorgänger, an den fernsten Colonien der Normannen. Im Jahr 1406 wurde zwar zu Drontheim der letzte Bischof für Gardar in Grönland ernannt — es war der siebzehnte in ihrer regelmäßig auf einander folgenden Reihe — auch schiffte er sich 1408 dahin ein: aber er gelangte nicht mehr hin. Große Eismassen, welche die Fahrt hemmten, zwangen sein Schiff zur Umkehr.

Seitdem hörte jede Verbindung mit Grönland auf. Des

früher bedeutenden Handels wird gar nicht mehr erwähnt. Nur von großen polaren Eismassen ist seitdem die Rede, welche seit drei Jahrhunderten an dem Ostgestade Grönlands von Nord nach Süd die Küste belagerten und die Ueberfahrt unmöglich machten. Hierzu kam im Jahr 1423 ein furchtbar kalter Winter im Norden, dem Hungersnoth und Pestseuchen folgten. Die normannische Colonisation auf Grönland, der seitdem jede Hülfe von außen fehlte, mußte verkümmern und starb durch Hunger und Seuchen wahrscheinlich ganz aus — vielleicht auch daß Eskimos, die früher nur im Norden Grönlands Spuren ihres Daseins gezeigt hatten, weiter südwärts rückten und durch Ueberfälle der abgeschwächten Fremdlinge das Ihrige zur völligen Vernichtung derselben beitrugen.

Während drei Jahrhunderten waren nur selten einzelne Versuche von kühnen Seefahrern, aber alle vergeblich, gemacht, das in Vergessenheit gerathene Grönland wieder aufzusuchen. Im Jahr 1521 wollte der Erzbischof Walkendorp von Drontheim seine verschollene Diöcese wieder aufsuchen; aber sein Schiff erreichte das Ziel der Reise nicht. Auch Schiffe der Könige von Dänemark, zumal unter Christian IV. (1605), auch Isländer, fuhren vergeblich auf die Wiederentdeckung aus; sie fanden nur große Eisschollen und Eisberge, aber keine Spur von menschlichen Wohnungen und von ihren Vorfahren.

Der Däne Magnus Hennisen wird als einer der kühnen Seefahrer genannt, der die Küste wohl erblickt habe, sich aber ihr nicht nähern konnte. Im Jahr 1576 wurde Capitain Martin Frobisher von der Königin Elisabeth mit gleichem Auftrage dahin geschickt. Er entdeckte ebenfalls das Land, fand aber die Annäherung so schwierig, daß er nach England zurückkehrte; jedoch nicht eher, als bis er 60 Seemeilen durch die Frobisher Street genannte Meerenge gesegelt und an verschiedenen Inseln gelandet war, wo er mit den Einwohnern Verkehr getrieben.

Er brachte einige Erzstufen mit, aus denen die Goldschmiede in London Gold ausschmolzen. 1577 lief er zum zweiten Mal in dieselbe Meeresgasse ein, und will auf einer Insel eine Gold- und Silbergrube entdeckt haben, denen er verschiedene Namen beilegte. Später wurde noch ein Geschwader von 15 Schiffen unter dem Commando des Admiral Frobisher dahin geschickt; sie führten eine hölzerne Festung am Bord, um dort festen Fuß zu fassen. Sie nahmen so viele Erzstufen als möglich in ihre Schiffe auf, hatten aber auf der Heimfahrt so viele Kämpfe mit Eis und Stürmen zu bestehen, daß diese Expeditionen niemals wiederholt wurden. Sie haben nichts zur Kenntniß des verschlossenen Grönland beigetragen.

Erst Hans Egede (1721), der treue christliche Prediger zu Vaagen im südlichen Norwegen, erweckte seine Landsleute, das alte Grönland mit seinen unglücklichen von der Welt abgeschnittenen Vorfahren von neuem aufzusuchen. Das Land fand er wieder, aber die Menschen nicht. Er schiffte mit seiner ganzen Familie selbst dahin, erreichte aber nicht, wie er nach der Vorstellung der Zeit erwartete und hoffte, die Eriksbucht an der Ostküste, sondern wurde von Stürmen und Strömungen an die Westküste des Südendes verschlagen, eben dahin, wo unstreitig auch früher die Altvordern der Normannen ihre Ansiedelungen gegründet hatten. Dort fand er diese nicht mehr vor, dagegen das neue Volk der Eskimos. Doch wußten diese nichts über die Vorzeit auszusagen. Schon Hans Egede lernte auf der Westküste viele Trümmer von ältern zerstreut liegenden Häusern und Wohnstellen kennen, deren er 90 bis 110 zählte. Ihre Zahl hat sich seitdem durch fortgesetzte Forschungen um vieles vermehrt, wozu auch Kirchenbauten und Gräberstätten mit Runenschriften gehören, so daß kein Zweifel geblieben ist, daß die größte Normannen-Colonie an der Südwestküste Grönlands lag. Man hoffte anfänglich, sie möchten nur auf die Ostseite der Halbinsel verdrängt worden sein, und scheute daher keine Gefahr, die wilden Eis- und Schneeberge zu übersteigen, welche beide Küsten der gegen Süden lang gestreckten Halbinsel scheiden. Aber an der Ostseite verschwand jede Spur von Bevölkerung. Nur ungern gab man die Hoffnung ganz auf, hier noch Ueberreste des alten Bisthums Gardar wieder zu finden.

Hans Egede blieb auf der Westküste und verweilte dort in dem unwirthbaren Lande von 1721 bis 1735, mit der Bekehrung der Eskimos beschäftigt, die ihn bald als Wohlthäter und Vater verehrten. Er ist der Apostel der Grönländer geworden; mit ihm beginnt die genauere geographische Kenntniß Grönlands, das seitdem ein dänischer Coloniestaat geblieben ist. Herrnhuter-Colonien haben sich zwischen dänischen Stationen niedergelassen, und an der Bekehrung der Grönländer weiter gearbeitet. Sie haben sich bis nach Upernavik unter 72° 55′ N. B. festgesiedelt und zur Civilisirung der Grönländer vieles gethan. Die Dänen haben dort ihre Fischereien und Handelscomptoire eingerichtet.

Alle spätern Versuche, direct die großen Eiswälle zwischen Island und der Ostküste Grönlands zu durchbrechen, mißglückten, bis zum Jahre 1820. Noch in den Jahren 1786 bis 1789 hatte eine dänische Fregatte unter einem Enkel Egede's als Schiffscapitän die Ostküste zu befahren und zu erreichen vergeblich versucht. Erst 1820 im hohen Sommer, im Juli, gelang es Capitain Scoresby, der zum dreißigsten Mal auf den Walfischfang ausging, mit seinem Schiffe den breiten Eiswall, der Grönlands Ostküste stets vorgelagert ist, durch ein künstliches Steuermanoeuvre gefahrlos zu durchbrechen. Er betrat das feste Land unter 74° N. B. wieder, also um 100 Meilen nördlicher als die Südspitze Cap Farewell. Hier fand er keine Menschen und keine Wohnungen, aber überraschender Weise ein Land, das viel weniger mit Schnee und Eis bedeckt war, als man in so hoher Breite erwarten konnte. Lange konnte Scoresby seines

Hauptgeschäftes wegen hier nicht verweilen. Er setzte seine Wiederentdeckung indeß südwärts fort von 74° bis 69° N. B.

Mit der Kunde von Grönland ging im funfzehnten Jahrhundert eine andere große Entdeckung verloren. Winland, der Norden Amerika's war von den Normannen schon ein halbes Jahrtausend vor Columbus entdeckt, aber zugleich mit Grönland wieder vergessen worden — so ganz, daß der große genuesische Seefahrer bei seinem Besuche in Island nur etwa eine dunkle Sage davon vernehmen konnte.

Schon längere Zeit war unter den Colonisten die Sage verbreitet, weiter im Südwesten liege ein großes flaches Land, das mit dichten Wäldern bewachsen sei, welche Grönland und Island fehlten. Das erregte die größte Aufmerksamkeit. Der kühne isländische Schiffer Bjarn oder Björn, dessen Vater Herjulf sich an der Südspitze Grönlands angesiedelt hatte, wollte sich bei ihm niederlassen, wurde aber von Stürmen so weit gegen Südwesten getrieben, daß er an eine Küste voll Waldung und ohne Eis- und Schneeberge kam. Bald überzeugte er sich, daß das nicht Grönland sein könne. Nach Bjarn's Angabe der Tagereisen und der Richtung muß er bis in die Gegend des heutigen New York (unter 40° N. B.) verschlagen worden sein, wo damals noch dichte Urwälder die Küste bedeckten. Er schiffte also von da gegen Norden zurück zu seines Vaters Behausung an der Südspitze Grönlands, wo er auch glücklich ankam, und auf dieser Rückfahrt berührte er verschiedene Küstenstrecken, die er so charakteristisch bezeichnet, daß man in ihnen das heutige Neuschottland, Neufundland und Labrador nicht verkennen kann.

Bjarn ist also der erste Entdecker, aber Leif, der älteste Sohn Eriks, des Grönland-Entdeckers, rüstete sogleich sein Schiff in Grönland aus, das entdeckte Land genauer kennen zu lernen. Er steuerte, da Bjarn von Süden nach Norden seine Rückfahrt vom äußersten Südende nach Herjolfsnes nahm, umgekehrt von

Nord nach Süd an denselben Küsten vorüber. Die erste Küste gegen Westen, die er berührt und betritt, ist ein ebenes mit großen Steinplatten belegtes Küstenland, ohne Grashalm, im Innern aber liegen Berge mit Schnee und Eis bedeckt; er nennt es Helluland (Steinplattenland). Die Küste von Labrador, welche dieser Beschreibung vollkommen entspricht, ist völlig verschieden von Grönland.

Weiter südwärts erreichte er eine andre flache Küste, die aber mit Waldungen bedeckt schon von Bjarn das Markland, Waldland, genannt war. Ein weißer Saum von Sandküste war das Zeichen, woran er die Küste nach Bjarn's Beschreibung wiedererkannte. Ganz so das heutige Neuschottland und Neubraunschweig, im Süden der Mündung des Lorenzstromes, wo eine Insel gelegen, die von Leif besucht wurde. Bis in die neueste Zeit waren diese Striche das Land der herrlichsten Waldungen.

Im Süden von Markland wurde die dritte erspähte Küste (südlich vom heutigen Boston, Massachusets und New York), wo auch Wälder herrliches Schiffsbauholz lieferten, Winland genannt, weil dort viel wilde Reben wuchsen. Ihre süße Beeren erklärte der Deutsche Tyrker, der Leif's Gefährte und aus einem Weinlande gebürtig war, für Wein, Win. Nordamerika besitzt an 30 Arten wilder Reben und noch heute heißt bei den europäischen Ansiedlern eine dort vorliegende Insel Martha's Vineyard, Martha's Weingarten, aus gleichem Grunde. Auch Adam von Bremen nennt dort die Weinrebe, auch wachse da Korn wild. Der zur Küste strömende Fluß (ob der Hudson? oder wahrscheinlicher der Taunton in Rhode Island) war sehr fischreich, zumal an Lachsen. Das Klima war so mild, daß Hornvieh, welches die Schiffer mitgebracht hatten, sich hier so wohl gefiel, daß es verwilderte.

Leif baute sich auf einer Insel des Stroms ein Holzhaus und brachte hier mehrere Winter zu. Schiffe seiner Brüder folgten nach zur Ansiedelung in dieser behaglichen, productenreichen Gegend. Thorstein kam mit seiner ganzen Familie von 25 Personen nach Winland, und Thorfin Karlsefne, ein sehr reicher und angesehener Isländer von normannischer Abkunft, ließ sich daselbst mit einem zahlreichen Gefolge von 70 Personen (nach Rafn 160 Männer, die auf drei Schiffen gekommen waren), mit Hausgeräth und Vieh, nieder. Nach Thorstein's Tode heirathete er dessen Gemahlin Gudrid. Es ist die erste bedeutende Colonie der Europäer in Nordamerika.

Von drei solchen Reisen nach Winland sind umständliche Nachrichten in der Winland Saga gegeben.

Leif's Nachricht, die er von seinem Wohnsitz in Winland giebt, daß der kürzeste Tag dort von ½8 Uhr Morgens bis ½5 Uhr Nachmittags gedauert, ist höchst wichtig für die Ortsbestimmung. Genau genommen ist dies unter 41° 24′ 10″ Br. der Fall, und dies bezeichnet etwa die Breite von 41° 26′ von New York, Washington, Philadelphia und Connecticut. Und in der That ist ein interessantes Denkmal des Normannendaseins in Massachusets am Taunton, der im Osten von Rhode Island gegen Süden fließt, wieder aufgefunden worden, ein Schriftfelsen (Writing Rock) mit rohen Menschenfiguren und einer Runenschrift, die den Namen Thorfin lesbar erhalten hat. Dieser mit Schrift bedeckte Felsblock, bezeichnet mit „Nam Thorfins", d. i. Grundstück Thorfins, zeigt genau den Schauplatz jener frühesten, größten, reichsten Colonisation. Der Stein enthält zu beiden Seiten rohe Menschenfiguren in zwei Abtheilungen, von denen die einen längliche Gesichter, die andern runde Köpfe haben, wie die Eskimos, und viel kleiner und schmächtiger gestaltet sind. Mit solchem Volk, das hier den Normannen Pelzwerk lieferte, aber noch keine Kenntniß vom Eisen hatte, kam man in Berührung. So weit gegen Süden wohnte damals dieses Volk, das gegenwärtig erst mehrere hundert Meilen weiter gegen den Norden zurückgedrängt heimisch ist. Sie werden von den Normannen nur verächtlich Skrällinger genannt, d. h. Abschnittsel von Menschen, Zwerge. Rothhäute, kräftige Indianerstämme, welche die spätern Europäer dort als Ansiedler fanden, hatten sich also noch nicht so weit nordwärts ausgebreitet. Dies geschah erst später, als die Centralamerikaner diese rothen Indianerstämme gegen Norden zurückdrängten, und diese wieder die Eskimostämme weiter gegen den polaren Norden fortzurücken nöthigten. Also auch über eine amerikanische Völkerwanderung giebt die erste Entdeckung der Normannen einigen Aufschluß.

Der Verkehr mit Winland durch Pelzwerk, Bauholz und andere Waaren scheint Island manchen Gewinn gebracht zu haben. Thorfin ging als sehr reicher Mann aus Winland erst nach Grönland und dann nach Island zurück, wo er sich ein großes Landgut kaufte, in Norden Syssel, und auf ihm ein prächtiges Haus erbaute, wo er starb. Nach seinem Tode wallfahrtete seine Gemahlin Gudrid nach Rom und kehrte als Nonne nach Island zurück. Sie starb in einem Kloster, das ihr in Winland geborner Sohn Snorro Sturleson, der ausgezeichnetste Gelehrte und Richter (Lagman) in Island, ihr erbaut hatte. [1]) Der Sohn ihrer Tochter war der berühmte Bischof Thorlak Runolf Son, der die erste christliche Schrift in Island veröffentlichte. Die Entdeckung kam also frühzeitig nach Rom, wo man aber kein Interesse dafür zeigte.

Viele Fahrten gingen später nach Winland. Hundert Jahre nach der ersten Ansiedlung wird ein Bischof Erik in Grönland genannt, der im Jahr 1121 nach Winland überschiffte, seine dortigen noch heidnischen Landsleute zum Christenthum zu bekehren. Später hören die Nachrichten in Folge des Verschwindens von

[1]) Das Geschlecht dieses Hauses lebte in seinen edlen Nachkommen lange Zeit fort (Thorwaldsen).

Grönland auch in Winland auf, und das Schicksal jener Colonie ist gänzlich unbekannt geblieben. Eine bloße Vermuthung der neuern Zeit war es, die im Innern der Insel Neufundland hausenden wilden Stämme der dortigen sogenannten rothen Indianer für Nachkommen der Normannen zu halten, weil sie in beständiger Feindschaft mit den Eskimos lebten.

Also schon 500 Jahre vor Columbus erweiterten die Isländer die Erdkunde hinüber bis nach Nordamerika. Es fehlte nur an Eifer und an Energie ihrer Nachkommen, um zuerst als Gebieter dieser Nordhälfte des mächtigen Erdtheils eine Weltherrschaft errungen zu haben. Im Jahr 1496 und 1497 mußte Sebastian Cabot Neufundland und die benachbarten Gestade zum zweiten Mal für England entdecken. [1])

[1]) Quellen über die Entdeckungen der Normannen: Thormod Torfäus Groenlandia antiqua seu veteris Groenlandiae Descriptio. Hafniae 1705. — Dess. Historia Vinlandiae antiquae. 1705. Arngrim Jonas Specimen Islandiae historicum. Adam Bremensis de Situ Daniae hat mehrere früheste Berichte über Winland, die bis ins elfte Jahrhundert hinaufgehen, in seiner Geschichte aufbewahrt. Langebek Scriptores rerum Danicarum. T. II. p. 106. Islands Landnamabok, hoc est Liber Originum Islandiae. Havniae 1774. Antiquitates Americanae sive Scriptores septentrionales Rerum ante-Columbianarum in America. Ed. Societas regia Antiquariorum septentrionalium. Hafn. 1837. Annalen und Memoiren der k. Gesellschaft für nordische Alterthumskunde. Kopenhagen 1836 u. f. Rafns Gamle Geografia. Kopenhagen 1845. Entdeckung Amerika's im 10. Jahrh. Aus dem Dänischen von Mohnike. Stralsund 1838. Josua Smith, Discovery of America by Northmen. Lond. 1839. Hermes Die Entdeckung von Amerika durch die Isländer im 10. u. 11. Jahrh. Braunschweig 1844. Müller Sagabibliothek. Einzelne Sagen: Laxdaela Saga sive Historia de rebus gestis Laxdoliensium. Ex Manuscriptis etc. Hafn. 1826. Die Kristni Saga, Historia religionis christ. in Islandiam introduct. Hungurvaka Saga, Historia primorum quinque in Islandia Episcoporum. Heimskringla Saga, ein historisches Werk von Snorro Sturleson im 12. Jahrh. Voluspa Vafthrüdnismal Lacasena. Tirés de l'Edda de Saemund, avec traduit, notes et glossaire, par F. G. Bergmann. Paris 1838.

Das Emporblühen der Italienischen See- und Handels-Republiken.

Die Araber erweiterten die Kenntniß der tropischen Erde in Afrika am Niger und Senegal, im Oriente bis China, die Normänner im Norden der Erde bis Grönland und Nordamerika. Drei Viertel des Erdglobus wurden durch diese Völker bekannt. Die Bewohner des mittleren Europa mit innern Kriegen beschäftigt blieben auf ihren kleineren Erdraum beschränkt. Die geographische Unwissenheit des eigentlich gelehrten christlichen Europa hielt noch mehrere Jahrhunderte an. Denn die Entdeckungen der Araber gelangten erst sehr spät zur Kenntniß des gebildeten Europa, die der Normannen noch viel später, erst aus den Originalwerken der Isländischen Literatur im gegenwärtigen Jahrhundert. Die Wissenschaft der Geographie hatte von jenen Entdeckungen nicht früher Gewinn, als erst mit der Zeit der Reformation und des Wiederauflebens aller Wissenschaften überhaupt genommen — mit dem sechzehnten Jahrhundert. Die Handelswelt zog weit früher Vortheil von den Geographischen Entdeckungen als die Wissenschaft. Wären wir noch im Besitz der Landkarten, die im Mittelalter für verschiedene angesehene Männer von den Gelehrtesten ihrer Zeit ausgearbeitet wurden, so ließe sich dies mit einem Ueberblick leicht anschaulich darstellen. Solche Landkarten waren zu ihrer Zeit große Raritäten; man sah sie für Kostbarkeiten an, die nur Fürsten und Herren besitzen konnten. Ihre Zahl war sehr gering.

Karl d. Gr. hatte drei silberne Tafeln für seine Bibliothek fertigen lassen. Auf der einen war Konstantinopel dargestellt, auf der zweiten die Stadt Rom, die dritte umfaßte eine Abbildung der damals bekannten Welt in drei Abtheilungen. Diese letztere, die größte, wurde in der Geldnoth seines Enkels Lothar von diesem im Kriege mit seinen Brüdern 842 zerstückelt und unter sein Heer als Kriegssold vertheilt.

Die berühmte Stiftung zu St. Gallen besaß im siebenten Jahrhundert eine Mappa subtili opere. Obwohl noch im Katalog der Stiftungsbibliothek vom Jahre 1000 als dort vorhanden erwähnt, ist sie in neuern Zeiten, in der französischen Revolution, unwiederbringlich verloren gegangen.

Auf der Turiner Bibliothek befindet sich eine sehr alte Landkarte aus derselben Zeit (vom Jahr 787), die einem Commentar der Apokalypse beigegeben ist, mit seltsamer Dreitheilung der Erde, arm an Inhalt. Sie ist in Kupfer gestochen in Pasini's Katalog der Turiner Bibliothek. Turin 1749. T. I. p. 28.

Es ist gut, daß die spätern Landkarten auf geringern Stoffen ausgearbeitet wurden, sonst wären sie wohl alle wieder untergegangen. Pergamentblätter hatten eine längere Dauer als Silbertafeln.

Ein Mainzer Domherr Heinrich zeichnete im zwölften Jahrhundert eine solche Weltkarte auf Pergament für Kaiser Heinrich V. Eine Weltkarte vom Jahr 1265 auf zwölf Pergamenthäuten in Colmar gezeichnet, ist verschollen. Im Jahr 1321 machte Marin Sanuto, ein Venetianischer Nobile, seinen Vorschlag zu einem neuen Kreuzzuge bekannt. Er beabsichtigte, den so einträglichen indischen Handel den damaligen Sultanen Aegyptens und Syriens zu entreißen. Seinem sehr fleißig ausgearbeiteten Projecte, das auf lange eigene Erfahrung im Orient gegründet war, und in Rom und an den Höfen der christlichen Monarchen großes Aufsehn machte, legte Marin Sanuto erläuternde Landkarten von der ganzen Erde, von Palästina, Syrien und Aegypten bei. Diese besitzen wir noch, gestochen in den Gesta Dei per Francos von Bongars, Sammlung der Schriftsteller der Kreuzzüge. Hanoviae. T. II. fol. 1611. im Liber

Secretorum Fidelium Crucis. Alle diese älteren mittelalterlichen Karten halten an Jerusalem, als dem Mittelpunkte der Erdscheibe fest. [1])

Erst seit dem dreizehnten und vierzehnten Jahrhundert machte man auch im mittlern Europa bedeutendere Fortschritte in der Erdkunde. Der Levantehandel Italiens mußte nach und nach ganz neue Bahnen des Verkehrs eröffnen.

Es sind die Mongolenkriege im fernen Osten Asiens, welche während 200 Jahren auf den Westen Europa's zurückwirkten. Dschingiskhan (1206) und Tamerlan (1400) hatten durch ihre ungeheuren Eroberungen und Stiftung neuer Weltreiche ganz Asien erschüttert, und auch das angrenzende Europa in Schrecken gesetzt. Sie zogen die Blicke der christlichen Europäer, die bisher nur auf Vorderasien und die Palästinischen Landschaften gebannt gewesen, weit über die Gebiete der Muselmänner hinaus bis in das centrale und östliche Hochasien. Hier ging ihnen eine neue, bis dahin ganz unbekannt gebliebene Welt auf. Vor Allen zeichneten sich die Italiener, zumal die Genuesen und Venetianer, durch ihren Scharfblick in weite Fernen des Ostens aus. Daß sie während und nach den Kreuzzügen einige Jahrhunderte hindurch noch einen sehr einträglichen Handel über das Schwarze Meer und den Don bis zum fernen Innerasien nach Indien und China, doch mehr im Verborgenen und in der Stille geführt haben, hat sich auch erst aus Nachrichten späterer Zeiten ergeben.

Indien hatte zu allen Zeiten das Abendland mit seinen Gewürzen und kostbaren Artikeln des Luxus und der Bedürfnisse aller Art versehen. Vor der Araberherrschaft war dieser indi-

---

[1]) Diese und andere Karten sind gesammelt in Joach. Lelewel Atlas Géographique du Moyen Age. Bruxelles 1850. Vicomte de Santarem Essay sur l'histoire de la Cosmographie et Cartographie du Moyen Age. Paris 1850, und in Jomard's Sammlung.

sche Verkehr über das Rothe Meer, Aegypten und Alexandria gegangen, und dieser Ort der Weltmarkt zwischen Indien und Europa gewesen. Seit der Eroberung Aegyptens durch die Khalifen wurde von da jeder Verkehr mit den Christenvölkern des Occidents durch den Religionshaß zurückgedrängt. Der Nil verödete mit Alexandria. Die italischen Handelsleute auf dem Mittelländischen Meere, durch die Ueberschiffungen und Transporte der Millionen von Kreuzfahrern und ihrer Bedürfnisse in die Levante, in den östlichen Gewässern des Mittelländischen Meeres reich und mächtig geworden, wußten sich neue Wege des Verkehrs zu bahnen. Zumal Pisaner, Genuesen, Florentiner siedelten sich in Konstantinopel und den Umgebungen an; sie schifften von da auf dem Schwarzen Meere zum Don an den Fuß der kaukasischen Länder, und wurden hier die Gebieter von Landschaften. Tana wurde damals das nördliche Alexandria, der große Handelsort für das Morgenland. Florentiner und Genuesen reisten von da zu Lande zur Wolga nach Ginterkan (Astrakan) um den Kaspischen See, und von da durch die Länder der Mongolen mit Landkarawanen bis China. Zu einem solchen Karawanenzuge von Asow durch die Mitte von Asien bis China, Cambalu (Peking), brauchte man 11 bis 12 Monate.

Wir haben eine Beschreibung dieser Handelsstraße aus dem Jahre 1335, von dem Florentiner Balducci Pegoletti erhalten, der selbst diesen Weg zurücklegte. Er giebt alle Zollstädte und Stationen genau an, ein Zeichen, wie besucht diese Route war. Von Asow nach Ginterkan, von da nach Organa (Urgenz in Chiwa), von da nach Otrar (Taschkent am Sir), weiter nach Armalek (kaiserliches Hoflager der Mongolen am obern Irtysch), nach Karamuran (am Gelben Fluß Hoangho), nach Cassai (Aninsai, Grenzstadt) und nach Cambalu (Peking).[1])

---

[1]) Libro dei Divisamenti di paesi e Misure in Pagnini della Decima

Die Kühnheit dieser Reisen für die damalige Zeit setzt in Erstaunen; keinem der neueren Reisenden ist eine solche Reise durch ganz Mittelasien wieder gelungen, so viele Versuche auch dazu gemacht sind. Durch solche Unternehmungen wurde die Länderkunde des damals so unbekannten Mittel-, Hoch- und Ostasiens ungemein erweitert.

Die Waaren der Chinesen: Gold, Edelsteine, Lazur (Lapis Lazuli), Türkise, Rubine, die schönen chinesischen Farben, Firnisse, Lack, Porzellan, Thee, Rhabarber, seidene Stoffe, Baumwollenzeuge, auch Pelzwerk, Kunstarbeiten aller Art — selbst die Gewürze Indiens wurden auf diesem Wege über den Pontus eingeführt. So bereicherten sich Genua, Pisa, Florenz, die nun diese Waaren als ihr Monopol an die nordische Hansa, wie an alle Höfe Süd- und Westeuropa's absetzten, zumal an die blühenden Küstenstädte des Mittelländischen Meeres von La Tana und Konstantinopel über Rom bis Barcelona und Cadiz. Den Genuesen brachte dieser Handel nicht nur große Reichthümer, sondern auch eine große Macht auf dem ganzen Mittelländischen

---

e delle altre Gravezze. Lucca 1766. M. Chr. Sprengel Geschichte der wichtigsten geographischen Entdeckungen. Halle 1792. Recens. Abel Remusats von Murray Asia, wo er Pegoletti für eine bloße Compilation, jünger als Marco Polo, Oberic, Mandeville hält. Viaggi fatti da Venezia alla Tana. 1543. Viaggi alla Tana, in Persia, India, in Constantinopoli. Figliuoli di Aldo. 1545. Noch im Jahr 1820 war in der Bibliotheca Riccardi zu Florenz ein Mannscript (das aber 1827 fehlte): Libro dei divisamenti di paesi e misure du Francesco Balducci Pegoletti. Zuerst enthält es eine Reisebeschreibung des Verfassers nach Oberasien und China; dann eine Nachricht über den Handel der italiänischen Staaten über das Schwarze Meer und Asow nach Astrakan und Asien, und zuletzt einen Bericht über die Maße und Gewichte der verschiedenen asiatischen Länder, durch die er reiste, mit Vergleichung damaliger europäischer Maße und Gewichte.

Meere. Konstantinopel, das noch lange Zeit christlich blieb, während Alexandria verschlossen war, wurde der Hauptstapelplatz aller Waaren des Orients und der Luxus erreichte dort seine größte Höhe. Die dortige Partei der mächtigen und reichen Genuesen hatte bei einem Thronstreit den neuen Kaiser Michael (VIII.) Paläologus (I.) sehr unterstützt. Dieser nahm 1261 Konstantinopel mit Gewalt in Besitz und übergab den Genuesen die Vorstädte Pera und Galata mit wichtigen Handelsvortheilen, die sie gehörig auszubeuten wußten. Pera und Galata wurden Genuesenstädte: noch heute steht der Thurm der Genuesen dort, beide Städte und ganz Byzanz dominirend, ein bedeutendes Denkmal ihrer damaligen Größe.

Das Handelsmonopol der Genuesen verdrängte seitdem ihre Nebenbuhler, die Venetianischen Kaufleute, vom Bosporus. Die Genuesen waren die Herren aller Häfen am Schwarzen Meere geworden, wie früher die Phönicier und die Milesier. Sie traten mit allen Fürsten und Herren jener Gestade um des Handels willen in Freundschaftsbündnisse: mit den Königen von Armenien und den Kaisern von Trapezunt im engern christlichen Verkehr, wurden sie in ihren Gebieten ganz einheimisch; aber auch mit den Tataren und Mongolen befreundeten sie sich. An der Stelle Milesischer Emporien an den Karawanenstraßen über Erzerum bis tief nach Persien hinein wuchsen nun überall Genuesische Handelsstädte empor, geschützt von Burgen, Festen und Schlössern. Noch heute ist dort alles voll Sagen von den Castelli Genovesi. Selbst die italischen Namen der Städte, wie Theodosia, Caffa, la Tana u. a. in der Krim und am Asowschen Meere, wo die Genuesen ihre große Münzstätte anlegten, sind denkwürdige Ueberreste jener Periode. Von hier aus versahen sie selbst die große und volkreiche Kaiserstadt Konstantinopel mit Getreide, Salz und Fischen, mit allen Luxuswaaren des Orients.

Ihre Herrschaft dauerte bis gegen das Jahr 1406, wo Kaiser Timur, der Weltstürmer Tamerlan, mit seinen fanatischen Tatarenhorden die Gestade des Schwarzen Meeres eroberte und von seinen Muselmännern das Khanat der Krim errichtet ward. Diese Seite wurde seitdem für die europäische Erdkunde geschlossen. Vorderasien blieb unzugänglich bis heute.

Die Handelsgeschichte der Venetianer zeigt ähnlichen Verlauf.

Der Handelsneid der Genuesen verdrängte die Nachbarrepublik von den Gestaden des Schwarzen Meeres. Dadurch wurde Venedig veranlaßt, sich einen andern Weg zur indischen Handelswelt zu bahnen, die Herrschaft der maritimen Südstraße zu gewinnen, die noch größere Vortheile darbot und dauerndern Gewinn brachte, weil sie weniger mächtigen Gebietern unterworfen war, als die Nordstraße durch Asien.

Die Venetianer knüpften nämlich, trotz dem, daß sie dafür als Ketzer verschrieen wurden, Freundschaftsverhältnisse mit den Saracenen, zumal mit den toleranter gewordenen Sultanen von Syrien und Aegypten an. Wie ihre Neider, die Genuesen bei den Kaisern in Konstantinopel, so wurden sie bald bei den Sultanen in Aegypten die Herren, zumal in Alexandria, und seitdem standen ihnen wieder alle Häfen Syriens, Aegyptens, Arabiens und Indiens für ihre Flotten offen. Nun begann ihr Großhandel in der Levante; er ging 1229 schon bis Aleppo. Sie eroberten die drei Inseln Cypern, Candia und Negroponte, stifteten drei marine Königreiche und wurden nun die Gebieter des Mittelländischen Meeres.

Nun strömten die Reichthümer Indiens in die Häfen der Königin des Adria Meeres. Es stiegen nun die Paläste der Venetianer aus den Lagunen hervor. Der Anblick Venedigs, so sehr es auch gesunken ist, zeigt doch noch heute vom St. Marcusplatz aus sogleich, daß hier die Schätze Indiens, der Levante, Aegyptens und Südeuropa's Jahrhunderte hindurch aufgehäuft waren. Noch immer wehen dort, wenn auch nur in symbolischer Erinnerung alter Herrlichkeit, die Wimpel der drei Inselkönigreiche Cypern, Candia und Negroponte auf hohen Mastbäumen vor dem stattlichen Dogenpalaste und dem grandiosen Marcusdome. Der St. Marcuslöwe auf den hier aufgerichteten Hafensäulen der alten Alexandria, und die beiden Kolosse der Marmorlöwen, die einst den Hafen des Piräeus der Athener bewachten, sind einzige Denkmale der Größe jener Zeiten.

Mit den Handelsproducten aus dem fernen Erdtheile und fernen Oceanen erwuchs auch der Erdkunde großer Gewinn. Insbesondere häuften sich in Venedig die größten geographischen Schätze des Mittelalters an. Die Venetianer hatten ihre Märkte in Indien und Aegypten, so auch überall am Mittelländischen Meere. Auch in Deutschland zu Augsburg und Nürnberg waren sie zu Hause. In dem reichen Flandern und Holland hielten sie ihre Comptoire für den nordischen Handel, zu Alexandria für den levantischen und indischen. Ihnen gehört der größte Landwanderer des ganzen Mittelalters, Marco Polo, ihnen der größte Entdecker und Seefahrer, der den Portugiesen erst den Weg gewiesen, ihnen der größte Geograph und Kartenzeichner Fra Mauro an.

Ehe wir von Marco Polo's Reisen mit rechtem Verständniß erzählen können, muß über den Priester Johannes und das Mongolenreich wenigstens das Wichtigste mitgetheilt werden.

Schon sehr früh, um das Jahr 300, hatte die christliche Lehre im Lande der Parther Eingang gefunden. Gregorius, der Apostel von Armenien, aus fürstlichem Geschlechte stammend, war am Araxes geboren, und bei Kappadociern Christ geworden. Ebenso gingen von seiner Heimath und den südkaspischen Gestaden christliche Lehrer gegen den Osten und Norden aus, von denen leider nähere Nachrichten fehlen.

Nestorius, Bischof zu Konstantinopel, war im fünften

Jahrhundert von seiner katholischen Gegenpartei als Irrlehrer verdammt, abgesetzt und in's Exil geschickt. Er und seine zahlreichen Anhänger hatten das griechische Kaiserthum meiden müssen, und sich nach Persien und Innerasien zurückgezogen, wo sie Schutz fanden. Die Nestorianer stifteten viele christliche Gemeinden, zogen in Indien, Mittelasien und selbst nach China ein. So konnte eine Nestorianerin die Gemahlin Dschingiskhans werden. Im Jahr 1305 übersetzte einer ihrer christlichen Bischöfe, Johan de Monte Corvino zu Cambalu das neue Testament in die mongolische Sprache, und bekehrte einen mongolischen Fürsten zum Christenthume. Im Jahr 1326 ließ eine reiche Armenierin auf ihre Kosten zu Kanton eine große und schöne Kirche bauen nach der Epistola des Minoriten Andreas vom Jahr 1326 bei Raynaldus zu diesem Jahr no. 30.

Schon während der Kreuzzüge hatten sich in Folge dieser Begebenheiten manche dunkle Gerüchte von einem christlichen Fürsten in Mittelasien verbreitet, dem man eine große Macht beilegte und den Namen eines Priester Johannes gab. Man dachte dabei an den Apostel Johannes, der noch fortleben sollte. In jenen für einen wunderbaren Aberglauben noch so empfänglichen Zeiten erregte diese Sage von einem fortlebenden Priester Johannes an allen christlichen Höfen Europa's die lebhafteste Theilnahme. Man war begierig, das weitere zu erforschen, und das um so mehr, als man an einen mächtigen christlichen König dachte, dessen Schutz gegen den Mongolenfeind von großem Gewinn für die Christenheit sein dürfte.

Namentlich die Politik des Papstes Innocenz IV. und Ludwigs IX., des Heiligen, gab die Hoffnung noch nicht auf, an dem vermeinten Priester Johannes in Ostasien und an den mongolischen Fürsten einen tapfern Beistand gegen die muhamedanischen Feinde in Vorderasien zu gewinnen. Dies veranlaßte eine ganze Reihe von Missionen und Reisen in den Orient, und erst durch Marco Polo's genauere Forschungen, der sich diesen Missionen angeschlossen hatte, wurde die Fabel von einem Priester Johannes in Asien zu Ende gebracht.

Vor ihm, im dreizehnten Jahrhundert, waren es vorzüglich Dominicaner und Franciscaner, die von Rom auf diese Mission in das Hochland der Mongolen ausgesandt wurden. Durch ihre Berichte erhielt die Erdkunde der unwirthbaren weitläufigen Mongolensteppen ihr erstes Licht.

Johann de Plano Carpini (1246), ein Minorit aus Italien, wurde vom Papst Innocenz IV. mit mehreren seiner Ordensbrüder an Batu, den zweiten Nachfolger Dschingiskhans, nach Kaptschak geschickt, und zog von da weiter in die Hohe Mongolei zum Oberkhan Ajuk. Er brauchte 16 Monate zu seiner Reise. Der Dominicaner Ascelino (1254) drang nur bis zur Ostseite des Kaspischen Meeres vor.

Beide mußten nach Kosakenart zu Pferde ohne Rast durch die von den Mongolen eroberten Steppen Südrußlands, Astrachans, Kaukasiens über die Ströme Dnepr, Don, Wolga und den Ural hinwegziehen. Die Mongolen waren damals unter dem Namen eines ihrer tapfersten Stämme, der Tata, als Tataren in Europa bekannt geworden. So treten diese weiten Länderstrecken Osteuropa's und des flachen Westasiens unter dem Namen der Tatarei auf. Man übertrug jenen Stammnamen einer kleinen Horde von wenigen Tausenden auf viele Millionen. Dieser Tatastamm, an den Quellen des Hoangho am Blauen See (Koko Nor) an der Grenze China's einheimisch, war der Mongolenfahne als tapferer Mitkämpfer gefolgt, und trat in den vordersten Reihen ihrer verheerenden Züge in Europa hervor. Der Anklang des Namens Tata an den Namen der Hölle, den Tartarus, ließ das ganze Mongolenheer bald als eine Brut und Ausgeburt der Hölle erscheinen. Alle Völker Mittelasiens und ihre Länder wurden seitdem bei den Christen unter dem Namen der Tartaren und der Tartarei zusammengefaßt, obgleich es zwei ganz verschiedene Hauptstämme, mongolische und turkische, waren, welche nebst vielen andern geringern, chinesischen, tibetischen, persischen, finnischen, slavischen Stämmen jene Mongolenheere bildeten. Der Schimpfname und die damit bezeichnete Völkerverwirrung ist aber durch das ganze Mittelalter geblieben — er hat sich so festgesetzt, daß er auch heute noch im Gebrauche, nicht wieder verdrängt werden kann; ebenso wie die gehaltlosen auf gleiche Weise ganz irrigen Uebelnamen der Scythen bei den Griechen, Turanier bei den Persern, Barbaren bei den Aegyptern, Heiden bei den Christen, Kafern und Guebern bei den Muhamedanern, dennoch in ethnographischem Gebrauche zu Völkerbezeichnungen im Gange geblieben sind.

Wilhelm Rubruquis (1253) folgt als der dritte bedeutendste Missionar jener Zeit, ein Minorit aus Brabant, von König Ludwig IX. dem Heiligen ausgesandt, weil ein Brief von der Bekehrung und Taufe des Großkhans bis nach Paris verbreitet worden war. Deshalb wollte der König durch den Missionar dem Großkhan einen Beweis seiner Hochachtung als allerchristlichster König der Christenheit darbringen. Es war bloße Täuschung.

Rubruquis hat aber durch seine umständliche Reisebeschreibung sehr wichtige Erweiterungen der Geographie Mittelasiens nach Europa gebracht, denn er drang viel weiter vor als alle seine Vorgänger. Er entdeckte zuerst auf seinem Wege durch die Krim, daß dort noch Reste der alten Gothen saßen, deren gothische Sprache er als deutscher Stammgenosse, als Niederländer, leicht verstehen lernte. Er überstieg das fast weglose Uralgebirge an dessen südlichen Ausläufern, und lernte dort das Land der Pascatir, der Baschkiren, kennen. Jenseit in den mongolischen Wildnissen und den Wäldern der nachherigen Songarei. entdeckte er zuerst verschiedene kleinere Culturstaaten des Hochlandes. Er fand dort viele deutsche Landsleute, die als mongolische Gefangene aus Osteuropa dahin verschleppt, europäische Künste und Handwerke in Mittelasien in Gang setzten. Sie hatten schon manche europäische Cultur unter die Mongolenvölker verbreitet. Als Bergleute und Waffenschmiede hatten sie Anerkennung gefunden und sich in den Berglandschaften weit verbreitet. Bis zur Residenz Caracorum in der Hohen Mongolei drang Rubruquis vor. Diese Hauptstadt liegt im Norden von Peking, in der Mongolenwüste Gobi, nahe am Ononflusse, wo jetzt Kartschin, unter 42° 22′ N. Br. Damals ließ der Großkhan daselbst durch einen französischen Maschinisten, Guillaume Bouchier, in seinem Lager einen künstlichen Springbrunnen erbauen und mit Silberstatuen ausschmücken. Rubruquis sah seinen Landsmann dort damit beschäftigt.

Alle seine Vorgänger übertraf bei weitem der edle Venetianer Marco Polo. Man hat ihn mit Recht in den spätern Zeiten, wo man die Treue und Genauigkeit seiner Angaben erst prüfen und schätzen lernte, den Herodot des Mittelalters genannt. Früher beschuldigte man ihn der Uebertreibungen. Seine eigenen Landsleute gaben ihm den Namen Il Millione, weil öfter ihnen ganz unglaubliche Summen und Zahlen in seinen Beschreibungen vorkamen.

Marco Polo's Werk war lange Zeit durch ganz Europa das allgemeine Handbuch über Asiatische Geographie geworden, voll Anziehungskraft durch seine Neuheit und seine Mirabilia Mundi. Vieles, was man früherhin, wo er von Indien und China spricht, für Aufschneiderei hielt, ward schon in den nächsten Jahrhunderten von seinen unmittelbaren Nachfolgern in jenen Gebieten, den Portugiesen, bestätigt. Seine Wahrhaftigkeit hat sich in der That mit jeder neuen Untersuchung aus den Originalquellen nur um so sicherer dargethan.

Marco Polo begleitete seinen Vater Nicolaus und seinen

Oheim, Patricier und Handelsleute von Venedig, an den Hof des Mongolenkaisers. Mit ihnen gingen einige Predigermönche. Er wurde bald Hausgenosse und Günstling des Kublai Khans, lernte die Sprachen jener Ostvölker Asiens mit großer Geläufigkeit, und brachte, meist im Gefolge des Kaisers, 26 Jahre auf Reisen in Asien zu (1272—1298). Seine Tapferkeit und Kriegskunst erwarben ihm Ruhm, Ehre und ein großes Ansehn. Vier Jahre hindurch (1275—1279) war er bei der großen Eroberung von China besonders thätig in Belagerung der großen und festen Städte, in welcher die Mongolen unerfahren waren; die Venetianer aber waren zu jener Zeit Meister in der Belagerungskunst, und Marco Polo selbst gar kundig im Bau der Katapulten und anderer Kriegsmaschinen. Die beiden großen chinesischen Reiche im Norden und Süden, Katai und Ma Chin, wurden durch seine Mithülfe in die eine große Mongolenmonarchie, der Juen, verwandelt. Für diese wurde damals, seit dem Jahr 1280, die neue Residenz Peking in die Nähe der älteren Cambalu (Khan Balu oder Balk, d. i. Herrenstadt) erbaut.

So konnte Marco Polo zum ersten Mal das Wunderland China, seine Millionen von Einwohnern, seine kolossalen zahlreichen Städte, von Hunderttausenden bewohnt, voll Reichthümer, Kunstwerke und Kostbarkeiten, an die man in seiner Heimath keinen Glauben haben konnte, beschreiben. Er giebt die erste inhaltreiche Geographie China's, und belegt sie oft mit Stellen aus einheimischen Autoren. Er ist es auch, der zum ersten Mal Nachricht giebt über die äußerste Ostgruppe der großen und zahlreichen Inseln Zipangu oder Jipen (Japan). Die bis dahin den Westvölkern unbekannt gebliebene goldreiche, stark bevölkerte und hochcultivirte Inselgruppe des Ostoceans, die 200 Jahre später erst das Ziel der Bestrebung Columbus' ward, der sie, nebst der Aurea Chersonesus (*Χρυσῆ* des Ptolemäus) auf dem Westwege zu erreichen suchte, blieb Marco Polo nicht unbekannt, weil der Kaiser mit einer Kriegsflotte auch diese Inselgruppe zu erobern gedachte. Durch Stürme ward er daran verhindert.

Durch Landkriege lernte Marco Polo die weiten eroberten Länder durch ganz Katai und die Mongolei, von China bis Armenien kennen. Aber auch südwärts begleitete er den Kaiser auf seinen Eroberungen durch die Reiche Targut, Tibet (Tebet) bis nach Mien (Pegu). Daher bei ihm die ersten Berichte über das Plateauland von Tibet, das schon von Dschingiskhan einmal verwüstet war, wo nun aber die Lamaische Religion als Folge des Buddha-Cultus mit ihrem Priesterstande und dem Dalai Lama als Halbgott auf Erden ihren Thron aufgeschlagen hatte, dem nun auch die Mongolen huldigten. So trat der dortige Götzendienst durch Marco Polo deutlich hervor, und die Fabel vom Priester Johannes mußte aus Asien verschwinden. Aber so tief war sie schon in den Vorstellungen der damaligen Christenheit eingewurzelt, daß sie bald an einer andern Stelle, in Afrika, wieder hervortauchte.

Marco Polo lernte in Pegu auch den Namen von Vorderindien kennen, und ist der Erste, der es Bangala, d. i. Bengalen, nennt, und die Abrahamen als seine Priesterkaste, d. i. die Brahmanen, seine Gewürze, seinen Perlenfang und anderes erwähnt.

Als er endlich nach vielen im Orient erlebten seltsamen Schicksalen im Jahr 1292 mit einer chinesischen Flotte von Ost gegen West zurückkehrt, lernt er auch die Sundainseln Java, Sumatra, Borneo, Celebes, und die Molukken, und die Halbinsel Malakka mit dem Volke der Malayen kennen. So wurde durch ihn die Aurea Chersonesus des Ptolemäus auf ihre wahre Grenze zurückgeführt, und dessen Hypothesen über jene Sundische Tausendinselwelt berichtigt. Marco Polo verweilte an allen diesen Gestaden und beschreibt ihre Producte und Merkwürdigkeiten. Auch die Insel Ceylon wurde von ihm mit seiner Flotte von 14 Schiffen besucht, und dann im Persergolf gelandet. Denn er war von seinem Kaiser Kublai beauftragt, eine chinesische Prinzessin als Braut dem damaligen Mongolenkhan auf dem Throne von Persien zuzuführen.

Nach Berichten arabischer Schiffer und Autoren beschreibt Marco Polo auch die Ostküste Afrika's. Er nennt dort die Zengui, ein kriegerisches Volk, dessen Name der Küste Zanguebar und der dortigen Inselreihe den Namen gegeben hat. Er ist es, der zuerst von der Insel Malagash oder Magastar, jetzt Madagascar, und von den dahinter liegenden Inselländern der Neger spricht, die man umschiffen könne. Er ist also nach Herodot der Erste, der wieder auf die Möglichkeit einer Umschiffung Südafrika's hinweist, obwohl diese erst 200 Jahre später ausgeführt ward. Aber auch über das heutige Habesch giebt er den wichtigsten Aufschluß. Er nennt das Land Abascia; ein christlicher König habe dort im Lande der alten Aethiopen die Herrschaft. Es ist wahrscheinlich, daß er diese Nachricht, welche die europäischen Christen entzückte, in Jerusalem erfahren hat. Denn Abyssinische Christen scheinen in allen Jahrhunderten das heilige Grab in Jerusalem, wie auch heute noch zu geschehen pflegt, bewallfahrtet zu haben. Seitdem zieht das christliche Habesch in der Mitte der Heiden und Moslemen die Aufmerksamkeit der Europäer auf sich, und bahnt später den Portugiesen den Weg zur Entdeckung des innern äthiopischen Afrika, wie Cipangu und die Negerländer im Süden von Madagaskar spätern Seefahrern und Entdeckern neue Ziele boten.

Ueber alle diese Gegenden Asien's und Afrika's, bis zu dem nördlichen Sibirien, wo er die Tungusen und Buräten am Baikal beschreibt, giebt Marco Polo die lehrreichsten Nachrichten. Man muß über die Erfahrungen und Beobachtungen des Mannes in der That erstaunen. Wenn auch in seinen Berichten Fabeln und falsche Größen und Lagen mit unterlaufen, so muß man nur an die Zeit denken, in der er seine Nachrichten einsammelte und im Allgemeinen seinen Scharfblick bewundern. Nur zu oft sind leider seine Berichte und die Namen darin durch die Unwissenheit der Abschreiber entstellt.

Bald nachdem Marco Polo im Jahr 1298 in seine Vaterstadt als ein unbekannter und verschollener Mann zurückgekehrt war, brach ein Krieg zwischen den Venetianern und Genuesen, als Rivalen des Levantehandels, aus. In einer Seeschlacht, in der er, als tapferer Ritter, sich auszeichnete, wurde er mit seinem Admiral Dandolo gefangen und nach Genua geführt. In diesem Gefängniß, sagt sein erster lateinischer Uebersetzer, beschäftigte sich der rastlose Mann, die Begebenheiten seiner Reise aufzuzeichnen, oder vielmehr seinem Mitgefangenen, einem Messer Rustigielo von Pisa, in die Feder zu dictiren. Dieser erste Bericht war im Venetianischen Dialekt geschrieben. Der erste Druck desselben kam in Venedig 1496 heraus: Marco Polo Veneziano delle Maraviglie del Mondo da lui vedute. Aber schon weit früher kam davon eine französische (provençalische) Uebersetzung in Umlauf in Manuscripten, die vom Grafen Baldelli Boni für das Original im romanischen Dialekt gehalten wird. Im Jahr 1320 waren aus diesen Manuscripten schon zwei lateinische Uebersetzungen gemacht, und von allen diesen eine Menge Copien genommen. Daher konnte es nicht an vielen Verfälschungen der Abschriften fehlen. Im Jahr 1477 kamen zwei deutsche Ausgaben in Nürnberg und Wien heraus; 1502 wurde die erste portugiesische in Lissabon gedruckt. Auch D'Avezac suchte zu beweisen, daß Marco Polo ursprünglich in französischer (romanischer) Sprache geschrieben habe. [1])

---

[1]) Un mot sur la langue en laquelle M. Polo a écrit son Original — im Bulletin de la Société de Geogr. Paris 1841. T. XIII. p. 319,

Wir wenden uns zu dem großen venetianischen Seefahrer und Entdecker.

Aloiso da Cadamosto, ein Venetianischer Patricier, lebte in der Mitte des funfzehnten Jahrhunderts. Er wurde für das westliche Gestadeland Afrika's, was Marco Polo für das östliche und südliche Asien geworden war.

Im Jahr 1454, erst 22 Jahre alt, reiste er von Venedig zu Schiffe ab, um Flandern zu besuchen, das damals ein Sammelplatz unternehmender Venetianer war. Aber widrige Winde hielten sein Schiff am Cap St. Vincent zurück; er konnte die Südwestspitze Europa's nicht umschiffen, fand aber dort in der Villa Raposera, dem Schlosse des Prinzen Heinrich von Por-

---

u. T. XIV. p. 189. Die besten italienischen Ausgaben in: Giov. Baptist. Ramusio Raccolte delle Navigationi. Venetia 1583. T. II. Nach einer Florentiner Handschrift: Il Millione di Messer Marco Polo Veneziano. Ed. illustrata e commentata da Conte Giov. Batt. Baldelli Boni — mit einer einleitenden Storia dell' Asia. Firenze 1824. Nach einem Manuscript der Bibliothek in Luzern: Viaggi di M. Polo von Vincenzo Lazari u. Ludov. Pasini. Venezia 1847. Die beste lateinische Ausgabe nach dem ältesten lateinischen Manuscript auf Pergament auf der Berliner kön. Bibliothek: Marci Pauli Veneti de Regionibus orientalibus libri tres. Ed. Müller. Berol. 1671. In altfranzösischer Sprache: Voyages de M. Polo. Paris 1824. im Recueil des Mem. et Voy. publiés par la Soc. de Géogr. de Paris. T. I., worin 9 Manuscripte verglichen sind Die beste englische Ausgabe durch den berühmten Orientalisten Will. Marsden, der selbst lange Zeit Gouverneur von Sumatra war, und daher treffliche Commentare zur Erklärung des Sachverständnisses des Autors hinzufügen konnte. The Travels of Marco Polo. London 1818. Vom gelehrten Cardinal Placido Zurla: Di Marco Polo e degli altri Viaggiatori Veneziani. Venezia 1819. Eine ältere deutsche Uebersetzung Pellegrini's (1802) ist neuerlich verdrängt durch eine gute deutsche Bearbeitung und Uebersetzung der Reisen des Marco Polo von A. Bürck. Leipzig 1845. Mit Zusätzen und Erläuterungen von Neumann (dem Sinologen). Dei Viaggiatori Veneziani Frammento inedito del Marco Foscanti della Litteratura Veneziana. Venezia 1854.

tugal, des großen Patrons der Seefahrer, eine günstige Aufnahme. Im Jahr 1455 war er in Lissabon und ging von da, durch Heinrich veranlaßt, auf Entdeckung neuer Länder aus. Gleich bei seiner ersten Ausfahrt schiffte er an den kaum zuvor erst entdeckten Inseln Madeira und den Canarien vorüber, nach dem Cap Bianco. Von da fingen seine eigenen Auffindungen an. Er entdeckte die Capverdischen Inseln, umschiffte das Cap Verde, und entdeckte den Senegal, den berühmten Strom der Schwarzen. Im Jahr 1456 kehrte er nach Lissabon zurück, und schickte die erste Nachricht seiner Entdeckung nach seiner Vaterstadt Venedig.

In demselben Jahre schiffte er auf Befehl seines Mäcens, des Infanten Heinrich, zum zweiten Mal aus, und entdeckte den Gambia, Rio Grande, und alles Land bis zur Goldküste. Er trug den Ruhm davon, der erste Venetianer zu sein, der zu der Straße von Gibraltar hinaus gegen den Süden geschifft war und Land bis zum Aequator entdeckt hatte.

Cadamosto blieb nun in Portugal, dem Lande großer Seeunternehmungen, wo sich ein weites Feld oceanischer Entdeckungen eröffnete. Zuweilen kehrte er in seine Vaterstadt zurück und theilte da seine erlangten Kenntnisse über die neuen Länder mit. Er hat das große Verdienst, zuerst unter den portugiesischen Seefahrern, welche Afrika entdeckt und dessen Westküsten beschifft haben, einen ordentlichen Reisebericht niedergeschrieben und bekannt gemacht zu haben. Sein Schiffertagebuch ist das einzige vorhandene Original der ersten afrikanischen Entdecker: nicht nur über seine eigenen Reisen, sondern auch über die seiner portugiesischen Vorgänger giebt es Auskunft. Er dictirte seine Reiseberichte über die Goldländer der Negervölker im Venetianischen Dialekt. [1])

---

[1]) Sie sind gedruckt in Vicenza 1507 Navigatio ad terras igno-

Der berühmte venetianische Kartenzeichner Frater Maurus lebte in dem Kloster San Michele di Murano in Venedig als Camaldulenser Mönch. Von seinen Lebensumständen wissen wir nur genau sein Todesjahr 1459. Er wird zu seiner Zeit Fra Mauro, Cosmographus incomparabilis genannt.

Venedig war wie gesagt die hohe Schule der wieder auflebenden geographischen und historischen Wissenschaften, der Mittelpunkt des Welthandels, aller Reisenden und Schiffernachrichten. Zugleich blühten die Künste auf: Bildhauerei, Malerei, Holzschnitt und Kupferstich, alle Künste und Gewerbe waren in vollem Zuge. Venedig hatte die berühmtesten Schreiber von Manuscripten und Miniatoren, welche die Pergamente mit Bildern und Miniaturgemälden schmückten. Aus der Kunstschreiberei und Miniaturmalerei ging die bessere Landkartenzeichnung hervor; die damaligen Landkarten waren zum Theil Gemälde. Die Camaldulenser Mönche waren die besten Scriptores und Miniatores. Die Republik, ihre Dogen und Nobili waren stolz auf die Kunstschätze, die sich in ihren Palästen anhäuften. Dort sammelten sich die kostbarsten und zahlreichsten Manuscripte und Bücher in Bibliotheken. Die St. Marcusbibliothek nimmt in der neuern Literaturgeschichte eine der wichtigsten Stellen ein. Hier wurden die Landkarten als gelehrteste Kunstwerke aufbewahrt. Um die Geschichte der Kartographie zu studiren, muß man die Bibliotheken und Kunstsammlungen Venedig's besuchen. An keinem andern Orte finden sich so viele seltene Schätze von handschriftlichen Karten beisammen, als in Venedig — dazu Manuscripte, die ihnen als Erklärungen und Beschreibungen dienen, von allen

---

tas Aloysii Cadamusti in Simon Grynaeus Novus Orbis. Basil. 1532. Mondo novo, oder Navigazioni di Aloise da Cadamosto in Ramusio Collection. Venet. 1583. Die erste Ausgabe in's Deutsche übersetzt: Unbekannte Leute und eine neue Welt in kurz vergangenen Zeiten erfunden. Nürnberg 1508.

Arten. Daraus haben die Tiraboschi, Toaldo, Formaleoni, Morelli, Zurla, Mariti, Foscarini, Filati u. A. ihre Literaturgeschichte geschöpft und bereichert. Die Venetianer hatten schon früh ihre Mappe Mondo und Weltkarten, ihre Specialkarten von allen Ländern, Copien von persischen und arabischen Länder- und Meereskarten; die schönsten Manuscripte des Ptolemäus aus den Bibliotheken in Aegypten und Konstantinopel, Copien der Landkarten des Agathodämon. Ihre eigenen Reisenden, wie Marco Polo, Cadamosto u. A. hatten selbst ihre Karten dort gezeichnet. Seitdem ist freilich das Meiste vielfach zerstreut, aber in den Museen zu London und Paris Vieles gesammelt. Die Venetianer legten, wie die Alten, einen besondern Werth auf die Schifferkarten und Periplen. Sie machten zuerst ihre Hafenbeschreibungen bekannt: dies sind die Portolani (der erste 1440 in Venedig veröffentlicht). Ihre Beschreibungen der Inseln in eigenen Werken nannten sie Isolarii; das erste Isolario über den griechischen Insel-Archipel von Giovanni Bembo ist schon vom Jahre 1473. Hier entstanden die ersten Raccolte, Reisesammlungen wie die berühmte von Ramusio und Fracanzano, denen die Recueils und Collections der Franzosen und Engländer, wie der Deutschen Reißbücher, gefolgt sind.

Unter solchen Umständen war es natürlich, daß Venedig auch die Geographische Schule für die Ausländer wurde. Flamänder, Portugiesen, Nürnberger gingen dahin als Schüler der Venetianischen Meister; als Kartenzeichner, dort die Mathematik und Nautik zu studiren, sich astronomische, nautische und geographische Kenntnisse über die Erde einzusammeln, und die Kunst der Miniatur zu üben. Unter den Deutschen ist Albrecht Dürer, der große Meister, durch seine Studien in Venedig bekannt. Alberti Dureri Opera. Norimb. 1527. und Arnem. 1604 geben davon Zeugniß. Sein trefflicher Globus in Holzschnitt mit dem Titel Mappa Mundi zu des Astronomen und Mathematikers Stabius Kosmographie im Jahr 1515 ist ein Meisterstück. Gratiosus Benincasa, der berühmteste neapolitanische Landkartenzeichner, schrieb (1471) auf seine Karten, die er auf sehr vielen und großen Blättern entwarf: Composuit Venetiis, um ihnen dadurch einen noch höhern Werth zu geben.

Unter den Künstlern seiner Zeit war nun Fra Mauro der Meister, aber zugleich auch der gelehrteste Kenner geographischer Entdeckungen. Seine berühmtesten Arbeiten unternahm er für die Republik Venedig und für den König Alfons V. von Portugal, unter welchem die großen Entdeckungen der Portugiesen in der Neuen Welt ihren Anfang nahmen. Fra Mauro verfertigte zwei große Mappe Mondo, wovon die eine noch als ein ausgezeichnetes Kunstwerk im Dogenpalaste zu Venedig aufbewahrt wird, das merkwürdigste kartographische Werk des Mittelalters. Das andere Exemplar ging nach Portugal und wurde dort der Wegweiser für die Entdeckung beider Indien, um Afrika nach Ostindien, durch den Atlantischen Ocean nach Westindien und Amerika. Denn für Vasco de Gama's und Christoph Columbus' oceanische Entdeckungen gab es auf diesen Karten schon manche Fingerzeige. Fra Mauro arbeitete diese Karten in seinen letzten Lebensjahren (1457—1459) aus. Aus den Haushaltungsbüchern des Klosters San Michele lernt man die Geschichte dieses Kunstwerkes kennen. Alle Zurüstungen sind darin verzeichnet, die dazu gemacht werden mußten; die Zeichner und die Scriptoren sind genannt; die Summe, welche für die Purpurtinte, für Lazurblau und Goldblättchen ausgegeben wurden. Zur Ehre der Republik, heißt es, ward das Werk unternommen, um dann ausgestellt zu werden im Regierungspalast zur öffentlichen Betrachtung: a contemplacion di questa illustrissima Signoria, wie auf dem Rahmen zu lesen ist. Für die Karte, die in Venedig blieb, wurde dem Fra Mauro zu Ehren von der

Republik eine Ehrenmedaille geschlagen. Sein Bildniß hat die Unterschrift: Cosmographus incomparabilis.

Die Karte gehört noch jetzt zu den Hauptzierden des Dogenpalastes. Sie hat 6 und 7 Fuß Höhe und Breite und ist in einen goldenen Rahmen gefaßt, in dessen Ecken die vier Weltsysteme der Alten abgebildet sind. Die Weltkarte selbst ist in den schönsten Farben gemalt mit Goldschrift geschrieben. Sie ist nicht kreisrund, sondern elliptisch, nach den Ptolemäischen Tafeln, länger gestreckt von Westen nach Osten als von Norden nach Süden. Fra Mauro kannte das Ptolemäische System, aber er sah ein, daß es für den Fortschritt der Entdeckungen nicht mehr ausreiche; er verließ die Gradeintheilungen, war aber selbst nicht weit genug gekommen, selbständig ein neues Netz zu entwerfen. Er hielt sich nur an eine bloße Darstellung der Räume, ohne auf ihre Eintheilungen einzugehen. Diese sehr unzureichende Darstellung führte er aber mit viel Tact und Genauigkeit, zumal mit einer bewundernswürdigen Vollständigkeit des Materials aus. Er stellt die antiken und modernen Namen zusammen und weist so auf vergleichende Geographie hin. Zu den modernen Namen werden fast überall im vulgären Venetianischen Dialekt Anmerkungen beigefügt. Seine Karte ist die vollständigste und damals mit Kritik bearbeitete Planisphäre vor der Entdeckung der Neuen Welt in Amerika. Sie enthält die drei Erdtheile der Alten Welt und umher eine große Menge von kleinern Inseln, die aus Mangel an Raum und Kenntniß der Distanzen am Rande zusammengedrängt wurden. Viele von ihnen sind allerdings problematisch geblieben. Die Entdeckungen Marco Polo's in Asien zeigen sich bis Cataja im fernen Osten an der äußersten Peripherie der Weltkarte. Im Norden Permia (Samojedenland), im Nordwesten Scandinavia und Ixilandia (Nordcap und Island), im Westen Spanien und Berzil (die Azoren), im Südwesten das Cap Verde und der Senegal, im Süden das

Südcap von Afrika mit Zofala, im Südosten Ceylon, Sumatra, Java. Jenseit überall ein weiter Ocean, nicht die alte Fabel von einem südlichen Polarlande, oder von einem wie bei Ptolemäus durch die Aurea Chersonesus geschlossenen Mare Indicum. Und in West jenseit der Insellländer die Möglichkeit einer weitern Schifffahrt. Das Centrum der Planisphäre ist durch eine Metallplatte bezeichnet, zwischen Chaldäa, Assyria, Mesopotamia, also in Armenien am Ararat, von wo nach der Sündfluth die neue Bevölkerung der Erde ausging. Dieser historische Mittelpunkt fällt bei ihm nicht mit Jerusalem, nach der frühern Ansicht, zusammen. [1])

Entdeckungen der Portugiesen bis auf Columbus.

So viele mühsame Vorarbeiten mußten erst den größten Entdeckungen gegen Ende des funfzehnten Jahrhunderts vorhergehen. Dann flog aber auch mit größter Schnelligkeit der kühne Geist der Entdecker zu gleicher Zeit an beide Enden der Erde, gegen Aufgang und Niedergang, in bisher noch ungemessenen Fernen des Oceans. Von nun an war das Werk der Entdeckung nicht mehr dem Zufalle unterworfen, sondern es ward zu einer Kunst und Wissenschaft. Es bedurfte nur noch eines größern Muthes, eines festern Willens der Seecapitäne und Piloten, und einer nautischen Kunstschule für die Seefahrer, um

---

[1]) Dr. Placido Zurla il Mappamondo di Fra Mauro descritto ed illustrato. Venezia 1806, mit Copie der Karte. Aeltere Weltkarten: Mappa Mondo der Pizigani Fratres, Francisco und Domenico, als Manuscript in Venedig 1357 verfertigt. Mappa Mondo Carta Catalana (1375), aus dem Pariser Manuscript herausgegeben von Bouchon und Testa. Paris 1839.

den längern Kampf mit dem offenen Ocean siegreich zu bestehen. Diese Schule bildete sich zuerst vollständiger aus in der portugiesischen Marine, während der Kriege, welche die Könige von Portugal im funfzehnten Jahrhundert mit ihren oceanischen Nachbarn, den maurischen Königreichen in Nordafrika, führen mußten.

Portugal's eigenthümliche oceanische Lage am Westende von Europa trug allerdings sehr viel zu dieser Ausbildung bei. Seiner Kleinheit wegen (nur 1500 Quadratmeilen mit 3 bis 4 Millionen Einwohnern) schien dieser Staat zu keiner großen Rolle in der europäischen Geschichte berufen zu sein; aber es war die Schwelle, die Pforte des Ausgangs von Europa in das oceanische Gebiet der Erde. Und die portugiesische Nation erkannte den Beruf, der ihr in dem Gange der Weltgeschichte geworden war, und ergab sich ihm mit Treue und nicht ohne Seelengröße. Die glücklich gegen den muhamedanischen Erbfeind geführten Befreiungskriege gaben die Veranlassung zur höchsten Blüthe und Macht und zu großem Ruhme der Portugiesen in den Annalen der Weltgeschichte.

Den ersten Sieg errangen die Portugiesen in der Schlacht bei Ourique auf der Grenze von Alemtejo und Algarve. Zum Andenken der Ungläubigen behielt die südlichste, nun gewonnene Provinz ihren arabischen Namen, Algreb, d. i. das Abendland (der Occident) der Araber. Kriege mit den Mauren füllen noch lange Zeit Portugal's Annalen. Seitdem die Spanier die Grenzprovinz Andalusien den Arabern entrissen hatten, konnten die Portugiesen ihre Feinde nicht mehr in Europa aufsuchen. Ihre Ritter und Kreuzfahrer begaben sich also zu Schiffe und suchten nun ihre Glaubensfeinde außerhalb der Reichsgrenzen an den gegenüberliegenden Grenzen von Nordafrika auf; und weiterhin überall, bis an Meeresküsten, die man bis dahin, weil sie nicht im Besitz der Ungläubigen gewesen waren, gar nicht kennen gelernt hatte, oder die man für ganz unzugänglich hielt.

Die Söhne Königs Johann I. von Portugal (1385—1433) begannen die Eroberungen in Afrika. Sie erobern 1415 Ceuta, so gefahrvoll für Portugal, wie einst Karthago für Rom. So erwarben sie den Ritterschlag. Seitdem war fester Fuß in Afrika gefaßt. Ceuta war das Thor zu neuen Entdeckungen, die Eingangspforte zu Afrika und Indien. Später erst (1471) wurde Tanger an der Ostseite der Säulen hinzu erobert. Unter den fünf Söhnen Königs Johann I. zeichnete sich der dritte, Prinz Heinrich, Großmeister des Christusordens, aus durch seinen Geist, durch seine rastlose Thätigkeit. Er war kühn, wißbegierig, und verfolgte bald planmäßig mit Ernst und Glück die Entdeckungen an der Westküste Afrika's bis zu seinem Tode im Jahre 1460. Er ist unter dem Namen Heinrich der Seefahrer (Enrique o Navegador) bekannt. Er bahnte den Seeweg nach Ostindien, und ist der Begründer des großen portugiesischen Coloniensystemes, das sich durch beide Indien ausgebreitet hat. Ein wichtiger Bewegungsgrund seiner Unternehmungen war zuerst die Hoffnung, an jenen Westküsten Afrika's, des damaligen Maroccanischen Reichs, von den Arabern bedeutende blühende und reiche Provinzen für Portugal zu erobern. Diese Hoffnung schlug fehl.

Das Atlasplateau des nördlichen Afrika, das im Besitz der dortigen arabischen Dynastien war, bildete eine zu feste natürliche Burg gegen das Ausland, als daß die Portugiesen dort siegreiche und bedeutende Fortschritte hätten machen können. Es war geschützt von allen Seiten durch Küsten, Gebirge und Wüsten. So hielt sich Marocco auch gegen den wahrhaft begeisterten Religionskampf der heldenmüthigen Christen Portugal's unter den Königen Johann I. (1385—1433), Eduard III. (1433—1438) und Alfons V. (1438—1481). Aus jenen Zeiten ist die Geschichte des jüngsten der fünf Söhne Johanns, Fernando's, des „standhaften Prinzen", bekannt genug, der im Jahr

1443 nach fünfjähriger Gefangenschaft bei den Ungläubigen zu Fez starb, ein Märtyrer der Kirche.

Für die Erdkunde trugen jene Kriege doch reiche Früchte. Durch die häufigen Landungen und Fahrten an jenen maroccanischen Gestaden und die vielen Gefechte kamen nach und nach viele Nachrichten und Erzählungen über jene unbekannt gebliebenen Länder bei den Portugiesen in Umlauf, zumal durch gefangene Araber, Juden und Neger. Die Christenvölker erfuhren nun zum ersten Mal, daß jenseit des äußersten Vorgebirges des Atlas, an der Südgrenze von Marocco noch weit größere, stark bevölkerte Länder lägen. Aus diesen kämen die Neger, das Gold und Elfenbein. Die Negerländer waren den Römern und ihren unmittelbaren Nachfolgern gänzlich unbekannt geblieben. Gegen 26° N. B., im Süden der Canarien, bilden die südlichsten Ketten des Atlas ein schwarzes Vorgebirge, das sich an der weißen Sandküste charakteristisch hervorhebt, das Cap Non, jenseit welchem die Saharafläche beginnt. Es galt als die südlichste Grenze möglicher Schifffahrt, niemand hatte sich noch weiter südwärts gewagt. Daher das Cap Non plus ultra — weiter gehe es nicht. Allgemein ging die Sage, wer es etwa überschritten habe, der könne nie wieder zurückkehren. Dante läßt nur den Ulysses weiter schiffen, obwohl er schon die Straße von Gibraltar für ein Warnungszeichen hält, nicht weiter sich zu wagen. Er läßt ihn sagen:

„Ich und mein Volk, wir waren alt und grau,
„Eh wir die Enge sahn, wo Herculs Hände
„Ein Denkmal aufgestellt zu ew'ger Schau,
„Daß Menschen nie sich fürder wagen möchten."

Aber auch später noch schrieb der portugiesische Ritter Martin Behaim aus Nürnberg, der schon jene Küsten beschifft hatte, doch noch auf seinen berühmten Erdapfel (Globus), den er im Jahre 1492 zu Nürnberg verfertigte, zum Cap Non aus Respect vor dessen Bedeutung: bis dahin sei der berühmte Hercules mit seiner Flotte gekommen, aber nicht weiter, weil er dort den heftigen Abfall des Meeres gegen Süd gefunden — und darauf sei er wieder umgekehrt. So mächtig eingewurzelt waren die Vorurtheile jener Zeit, die nun überwunden werden sollten. Selbst die Stürme mußten dazu behülflich sein.

Ein portugiesisches Schiff, von Joam Gonzalez Zarco befehligt, wurde im Atlantischen Meere von der Küste auf den hohen Ocean verschlagen. So wurde die Insel mit dem heiligen Rettungshafen, dem Porto Santo, im Norden von Madeira gelegen, entdeckt (1418). Man kannte sie bisher nicht, weil die Schiffer nach alter Art immer nur gesucht hatten die Küsten im Auge zu behalten. Im Jahr 1420 erblickte man von Porto Santo aus in der Ferne gegen Süden auf dem Meereshorizont einen dicken finstern Nebel; als man darauf los steuerte, ward die schöne Nachbarinsel Madeira entdeckt, die seitdem viel berühmter geworden ist als Porto Santo. Diese größere Insel war namenlos und menschenleer, mit dichten Waldungen bewachsen und von zahllosen Vögelschwärmen bevölkert. Von den Waldungen (materia) wurde sie Madeira, die Holzinsel, genannt. Die Wälder brannte man nieder; sieben Jahre lang, sagt De Barros, dauerte dieser Waldbrand. Der durch die Asche gedüngte Boden wurde mit einer Colonie besetzt. Es war die erste dieser Art, vom Prinzen Heinrich dorthin gesandt, mit Geräthen aller Art und Hausthieren. Er verpflanzte das Zuckerrohr von Sicilien dahin, das damals durch die Araber nach Sicilien und Südspanien gekommen war. Von Candia pflanzte er Weinstöcke von Malvasia nach Madeira; so kam der Malvasier Wein dahin und wurde von da auf die Canarien übertragen. Die noch übrigen Wälder Madeira's konnte Portugal, selbst holzarm, für seine Marine wohl benutzen. So ward Madeira bevölkert, angebaut, zu einem schönen Edelstein in der Krone Portugals. [1])

Nun wagten sich die kühnen Schiffer bald weiter. Nach manchen vergeblichen Versuchen gelang es dem Capitän Gilianez (1433), das Cap Non plus ultra wirklich zu umschiffen. Es wurde Cap Bojador (von bojar umschiffen), das Umschiffte, genannt.

Zu gleicher Zeit entdeckten andre Portugiesen vom Cap Finisterre aus, auf Dom Enrique's Betrieb, der zwei Schiffe dazu ausrüstete, im Jahre 1432 die erste der Azorischen Inseln im hohen westlichen Atlantischen Ocean. Es war die östlichste der ganzen Gruppe von neun Inseln, die von dem Entdecker Gonzalo Velho den Namen Santa Maria erhielt. Da sie keine Bewohner hatten, wurde diese Gruppe sogleich durch eine Flotte von 16 portugiesischen Schiffen colonisirt. Von den vielen Açores, Habichten, erhielten sie bei den Portugiesen den Namen der Açoren. Im Jahr 1449 hatte Prinz Heinrich die Erlaubniß zum Anbau von sieben der Azorischen Inseln erhalten. Von den niederländischen Colonisten, welche 17 Jahre später, im Jahre 1466, die Herzogin von Burgund, Isabella, die Mutter Karls des Kühnen, dahin sandte, werden sie auch die Flamändischen Inseln genannt, ein Name, der gegenwärtig noch in der Benennung des Dorfes Flamengos auf der Insel Fayal fortlebt. Isabella hatte diese Inseln zur Zeit einer Hungersnoth, die in Flandern ausbrach, von ihrem Bruder, dem König Alfons von Portugal, zum Geschenk erhalten. Ein Edel-

[1]) Wahrscheinlich hatte der römische Feldherr Sertorius, ein Zeitgenosse Sulla's, diese zwei Inseln für die Atlantischen Inseln der Seligen gehalten, die er von Schiffern beschreiben gehört, so lieblich, daß er sich gern aus den Kriegen zurückgezogen und auf ihnen in lieblicher Ruhe sein Leben zugebracht hätte. Sie sollten 10,000 Stadien (250 geogr. Meilen) von der Meerenge liegen. S. Plutarch. Vit. Sertorii 8.

mann aus Brügge (Jobst von Hurter) wurde Statthalter der Inseln, und der Nürnberger Martin Behaim als dessen Schwiegersohn später dort einheimisch. So konnte er die früheste Nachricht über diese Inselgruppe verbreiten.

Die Gruppe der Canarischen Inseln war schon früher von Normannen und Spaniern aufgefunden worden. Schon 1330 soll ein Schiff der Normannen dahin verschlagen sein; 1370 sollen Spanier auf der Insel Lanzerote sich niedergelassen haben. Im Jahr 1402 nahm aber Jean de Bethencourt in Begleitung von Pierre Bouvier und Jean le Verrier erst Besitz von den Inseln für die Könige von Castilien. Die völlige Eroberung der Inseln Canaria, Palma und Teneriffa erfolgte jedoch erst nach heftigen Kriegen von 1492 bis 1502. [1]) Denn die Entdecker hatten schon Bewohner auf den verschiedenen Inseln vorgefunden; ein altes eigenthümliches Volk, das auf der Insel Teneriffa sich Guanches, d. h. Männer oder Söhne, nannte. Ihre patriarchalische Lebensweise, ihre reinen Sitten schienen den frühern Erzählungen von den Insulae Fortunatae zu entsprechen. Sie verehrten Sonne, Mond und Planeten, hatten also Astraldienst gleich den Phöniciern und Karthagern, verschieden von den Fetische anbetenden afrikanischen Völkern. Noch Cadamosto, der im Frühling 1445 mehrere dieser Inseln besuchte, wie Gomera und Ferro, und die Inseln Lanzarote, Fuerte Ventura nannte, sagte, daß auf der Insel Canaria noch 8000 Männer lebten. Gegen diese Bevölkerung führten die Entdecker blutige Kriege. Aber die Guanchen waren ein sehr tapferes Gebirgsvolk, das sich auf seinen Berggipfeln noch ein Jahrhundert hindurch vertheidigte. Endlich aber unterlagen sie; viele Tausende wurden damals von den Christen als Sklaven

[1]) Histoire de la première Découverte et Conquête des Canaries. Paris 1630.

auf den Märkten von Afrika und Spanien verkauft. Die meisten fielen unter dem Schwerte der Spanier. Viele, denen mit Gewalt das Kreuz aufgedrungen wurde, die aber doch ihre heidnischen Gebräuche noch beibehielten, wurden in dem folgenden Jahrhundert durch die Inquisition der Jesuiten verfolgt und hingerichtet. Mit Anfang des siebzehnten Jahrhunderts waren die letzten Guanchen-Familien ausgestorben.

Mit ihnen starb ein Urvolk der Erde aus, dessen eigenthümliche Sprache und Geschichte manche Belehrung über die alten phönicischen und karthagischen Zeiten hätten geben können, deren Ansiedelungen höchst wahrscheinlich längst mit ihnen in Berührung gekommen sein mußten. Die wenigen uns erhaltenen Worte der Guanchensprache zeigen eine gewisse Verwandtschaft mit der Mundart der Berbern. [1]

Die gegen 150 Jahre hindurch (1370—1502) dauernden Kriege mit den Guanchen fesselten die Spanier so sehr, daß sie dadurch von allen weitern Entdeckungen abgehalten wurden, in denen die Portugiesen glücklich und siegreich fortschritten.

---

[1] Bei den Guanchen hatte sich die Tradition erhalten, daß sie nur die Ueberreste von einem alten großen und einst sehr mächtigen Volke wären, von dem sie abstammten. Doppelt merkwürdig ist der bei ihnen herrschende Gebrauch die Todten einzubalsamiren, ähnlich, wenn auch weniger kunstreich, wie bei den Aegyptern, um sich mit ihren Todten noch im Leben zu umgeben. Noch in spätern Zeiten hat man solche Mumien in den Felsspalten des Piks von Teneriffa aufgefunden und sie als Seltenheiten in den europäischen Museen aufbewahrt. Conquista y Antiguedades de las Islas de la Gran Canaria. Madrid 1676. — Clavijo Noticias de la Historia general de las Canarias. Madrid 1772. — Bergeron Traité de Navigation. Paris 1629. — Histoire de la première Découverte et Conquête des Canaries. Paris 1630. — Glas History of the Discovery and Conquest of the Canary Islands. Lond. 1764. — Webb et Bertholet Hist. nat. des Isles Canaries. — Bory de St. Vincent, les Isles fortunées. — L. v. Buch Physikalische Beschreibung der Canarischen Inseln. Berlin 1825.

Sie setzten nach der Umschiffung des Cap Bojador (1433) auch jenseit desselben ihre Kriege mit Muhamedanern fort. Diese hatten sich schon im dreizehnten Jahrhundert südwärts bis zum Senegal und Niger ausgebreitet. Die Bewohner der Städte, sowohl die alten Mauritanischen Einwohner, wie die neuen arabischen oder asiatischen Eingewanderten, wurden Mauros, Moros, Mauren genannt, bis erst später der Name Mohr eine andre Bedeutung erhielt. Die nomadisirenden Araberstämme, die in den afrikanischen Wüsten und Steppen ein Hirtenleben wie in ihrer arabischen Heimath fortführten, benannte man dort mit dem Namen Bedewi oder Beduinen, d. i. Söhne der Wüste. Beide, die Mauren und die Beduinen, hatten durch ihre kriegerischen Ueberfälle die Stämme der Negervölker zu den Südufern des Senegal und Niger zurückgedrängt, sich auch da in ihren Ortschaften und Städten als Herren aufgeworfen, und viele kleine Eroberungsstaaten mit Moscheen und arabischen Schulen zur Bekehrung der Schwarzen gestiftet. Dabei machten sie jährliche Raubzüge in die Negerländer und trieben die Gefangenen auf Sklavenmärkte. Ein beständiger Krieg war dadurch durch die ganze Mitte Afrika's zwischen den Dienern des Koran und den heidnischen Negervölkern eröffnet. Dieser Umstand erleichterte den Portugiesen gar sehr die glücklichen Fortschritte längs den Atlantischen Negerküsten Westafrika's, von denen sogleich zu erzählen sein wird. Denn überall fanden sie anfangs an den Negern befreundete Bundesgenossen gegen den gemeinsamen grausamen Feind, die Mauren. Ueberall warfen sich die Negerfürsten bei der ersten Bekanntschaft den Portugiesen voll Vertrauen in die Arme und suchten ihre Freundschaft. [1])

---

[1]) Gegen die Mitte des funfzehnten Jahrhunderts zeigt sich die erste Spur des beginnenden Negerhandels, der mit dem Fortschritt der Entdeckungen zunahm. Mehrere maurische Fürstenhäuptlinge waren in die

Die Portugiesen schifften vor Cadamosto's Entdeckung des Capo Verde und des Senegal (1456) schon häufig an den Westküsten der Sahara, wo sie Fischfang und Robbenfang trieben, auch von den muhamedanischen Mauros Gefangene zu machen suchten, die sie als Sklaven nach Lissabon und auf die Märkte Europa's brachten. Die Hauptstation, von der sie etwas später meist ihre Expeditionen ausführten, war die Insel Arguin (20° Br.) im Süden des Capo Blanco, noch nördlich vom Senegal. Diese liegt an einer etwas fruchtbarern Stelle, wo die Portugiesen vor plötzlichen Ueberfällen gesichert waren. Von dieser Inselstation konnten sie ihre weitern Fahrten bequem fortsetzen. Daher entstand hier die zweite portugiesische Colonie nächst Madeira frühzeitig, und seit dem Jahre 1452 die Handelsgesellschaft von Arguin.

Von Arguin aus wagten die Portugiesen nun auch Landreisen quer durch die Wüste, um mit den Negern in den Gummiwäldern am Senegal in directen Verkehr zu treten. So entstand der erste Handelsverkehr auf friedlichem Wege. Alle Völker nordwärts von Arguin, mit denen die Portugiesen bisher in Verkehr standen, waren Muhamedaner gewesen. Am Senegal beginnen auch heute noch, wie damals schon, die Länder der Schwarzen. Cadamosto der Venetianer, als er (1455 und 1456) das Cabo Verde umschifft hatte, lernte zum ersten Mal

Gefangenschaft nach Lissabon gerathen. Ihre muhamedanischen Anverwandten lösten sie einige Zeit darauf aus durch Goldstaub, Elfenbein und Schwarze, die sie als Lösegeld anboten. Denn in Afrika bestand schon Sklaverei, soweit die Geschichte zurückgeht. So kamen im Jahr 1442 die ersten Neger selbst nach Lissabon, wo man bisher nur die braunen Kriegsgefangenen, die Mauren, kennen gelernt hatte. Diese ächten dunkelschwarzen Neger mit krausem Wollhaar, vom Senegal gebürtig, erregten die allgemeine Verwunderung. Es waren die ersten Neger-Individuen, die in christliche Sklaverei geriethen. Millionen sollten ihnen folgen.

sie in ihrer weiten und großen Heimath kennen. Er staunte über die Millionen ihrer dortigen Populationen vom Senegal bis zum Palmencap und dem Golf von Guinea unter dem heißen Aequator. Damit eröffnete sich ein ganz neues Feld der Erd- und Völkerkunde. Die Portugiesen erstaunten nicht nur über die zahlreichen Völkerschaften, sondern auch über die vielen Staaten und Königreiche, die sie dort vorfanden. Diese nahmen hinter den Strömen Senegal und Gambia, südwärts über den Niger bis zum Congo und Zambeze am indischen Ocean einen Raum ein, doppelt so groß wie ganz Europa. Ihre kostbaren Producte zogen alsbald die lebhafteste Begierde der portugiesischen Handelswelt auf sich. Goldstaub, Elfenbein, Pfeffer, andre Gewürze und Sklaven waren bald das Losungswort der Speculanten.

Prinz Heinrich der Seefahrer erlebte noch den großen Fortschritt der Entdeckungen seiner Nation durch einen halben Erdtheil. Er hatte ihn zu Anfang des Jahrhunderts mit der kleinsten Unternehmung gegen Ceuta begonnen. Als er im hohen Alter einiger sechzig Jahre (1460) starb, war auch das Cap Mesurado südlich von Sierra Leone und Liberia (den heutigen freien Negercolonien) umschifft, und die Küste von Guinea (Gold-, Sklaven-, Elfenbein-, Pfefferküste) genauer bekannt geworden durch Petro de Cintra.[1]) Die Erdkunde von Afrika war von der Straße Gibraltar (30° N. B.) bis zum Aequator hin, eine Strecke von wenigstens 500 Geogr. Meilen, vornehmlich durch Heinrich's Bemühungen erweitert.

Nach seinem Tode ließ der Entdeckungseifer nach, die Begierde nach Gewinn nahm zu. Alsbald (1469) bildeten sich monopolistische Handelscompagnien nach Guinea aus: sie waren dem Fortschritt der Entdeckungen eher nachtheilig als förderlich. Denn sie erhielten Privilegien, fernerhin den Alleinhandel an den

[1]) Wappäus Untersuchungen über die geogr. Entdeckungen der Portugiesen unter Prinz Heinrich dem Seefahrer. Göttingen 1842.

goldreichen Küsten zu führen. Keinem andern portugiesischen Seefahrer, keinem Privatmanne war es mehr erlaubt, sich an den Küsten des Aequatorialmeeres sehen zu lassen. Der Meerbusen von Guinea blieb verschlossen. Dafür zahlte die Compagnie der Krone ihr Gold. Im Jahr 1471 wurde an der Goldküste die Feste La Mina (El Mina) erbaut und zu einem Handelscomptoir eingerichtet. Der König von Portugal behielt sich den Alleinhandel mit Elfenbein und Pfeffer vor.

König Johann II. rüstete (1481) kurz nach seinem Regierungsantritt zwölf Schiffe nach Afrika aus, die angefangene Besitznahme fortzusetzen. Dom Diego Dazamblya war der Führer. Mit Bewilligung des dortigen Negerkönigs Caramusa bauten die Portugiesen das Castell S. George da Mina, das sich bald zur Stadt erhob. Bei allen Besteigungen der Küste pflanzten die Entdecker Säulen und Kreuze auf, und suchten durch päpstliche Schenkungen und Bullen sich den Besitz der von ihnen zuerst entdeckten Länder zu sichern.

Im innersten Winkel des Busens von Guinea wurden im Jahr 1472 die Inseln Annobom, S. Thomas, Fernando Po unter 0° entdeckt, sammt dem Königreiche Benin: dieselben Gegenden, in denen in neuern Zeiten Belzoni, Clapperton, Denham, Oudney, die Gebrüder Lander u. A. ihre Versuche zum Eindringen in das Innere dieser gefahrvollen Tropenländer gemacht haben. Die Portugiesen fanden hier, allen frühern Hypothesen entgegen, statt eines unwirthbaren, verbrannten Erdbodens, die bestbewässerten, fruchtbarsten Küstenländer. Sie legten dort Pflanzungen von Zuckerrohr und von andern Tropengewächsen an, die bald den außerordentlichsten Gewinn brachten, aber auch viele Menschenleben kosteten. Die portugiesischen Pflanzer konnten die Feldarbeit in der Hitze der Tropenländer nicht ertragen. Viele spanische Juden, die bei den grausamen Judenverfolgungen in Spanien sich nach Portugal flüchteten, und damals nach den Plantagen jener Inseln im Golf von Guinea relegirt wurden, starben dahin wie die Fliegen; ebenso schnell gingen die Verbrechercolonien unter, die man da anzusiedeln versuchte, sowie die maurischen Kriegsgefangenen, die man zur Arbeit dahin sandte. Nur Schwarze konnten die Arbeit in ihrem eigenen tropischen Klima ertragen. Menschenraub, der zu allen Zeiten von den Küstenfahrern an den Westgestaden Afrika's betrieben wurde, lieferte die braunen und schwarzen Gefangenen, die als Hauptwaare zu guten Preisen in die Plantagen und neuen Handelscomptoire der Küste von Guinea verkauft wurden, weil sie die bessern Arbeiter waren, bis König Johann III. in späterer Zeit diesen Handel mit Ungläubigen gänzlich untersagte.

Die reichbewässerten und fruchtbaren Länder am Senegal und Gambia übten die mächtigste Anziehung auf die Portugiesen aus. Auch das innere Gebiet jener großen Ströme suchten sie zu entdecken. Einige Versuche mißlangen; die kleineren Expeditionen wurden von den Eingebornen erschlagen. Aber die Kriege der Negerkönige und ihrer Vasallen unter einander bereiteten den Portugiesen die Wege zur Entdeckung des innern Landes am Senegal bis nach Tombuktu am Niger.

Bemoy, ein Oberkönig der Joloffen am Senegal, unter dem viele kleine Könige als Vasallen standen, floh, vom Throne vertrieben, mit seinen Begleitern nach Arguin und rief die Portugiesen um Hülfe an. Mit offenen Armen empfangen wurde er ehrenvoll mit einem eigenen Schiffe an den Hof von Lissabon zum Könige selbst gesendet, um sich daselbst sein Recht zu verschaffen. Bemoy wurde als Prinz von königlichem Geblüte aufgenommen, erhielt Audienz und trug seine Wünsche vor. Es ward ihm Beistand versprochen wenn er Christ würde. Ueber die innern Staaten und Länder der Neger wußte er manche beachtenswerthe neue Nachricht zu geben und sprach von zwei großen Städten Jinnie [1]) und Tombuktu [2]), an einem großen Binnenstrome (Joliba) gelegen: sie seien größer als Lissabon. Dahin gehe von allen Seiten ein wichtiger Handel, dort seien die großen Märkte, dahin gehe aller Sklavenverkauf, von daher komme alles Gold in das innere Afrika. Hinter jenen Gegenden liege ein großes Land, wo keine Mauren und keine Neger oder Heiden wie sie, die Joloffen, lebten, sondern ein Volk, das viel eher wie die Christen lebte und auch ein christliches Oberhaupt hätte.

Diese Nachricht entzückte die Portugiesen. Dort glaubten sie nun endlich den Weg zu dem alten, so lange verschollenen christlichen König wiedergefunden zu haben, zum Preste Joam, dessen Auffindung die Europäer im Orient so lange vergeblich beschäftigt hatte. Da man ihn in Asien nicht hatte auffinden können, so war man nun desto gewisser, ihm irgendwo mitten unter den Heiden in Afrika begegnen zu können. Denn der Joloffenkönig hatte ihn Ogané genannt — ein Name, in dem man sogleich Johannes wiedererkannte. Der Joloffenkönig wurde nun bewogen, selbst ein Christ zu werden, empfing feierlich die Taufe, wurde vom König zum Grande seines Reichs erhoben, und erhielt sein Wappen mit der Krone Portugals. Und nun schloß man mit ihm als einem Vasallen der Könige von Portugal einen Freundschaftstractat ab.

Eine Flotte von 20 Caravellen wurde ausgerüstet mit Landtruppen, Handwerkern und Colonisten, um Bemoy wieder auf seinen Thron zu setzen; zugleich aber auch, um Festungen zu erbauen und eine portugiesische Colonie zu begründen. Pedro

---

[1]) Jinnie ist die Stadt der Goldschmiede, in welcher die Goldamulete mit Zaubersprüchen gearbeitet werden, die im Handel durch den ganzen Orient gehen.

[2]) Richtiger Ton Buktu, die Weide der Buktu. D'Avezac Journ. Asiat. T. IX. 1840. p. 388. Barth schreibt Timbukto.

Vaz d'Acunha ward Commandant der Expedition. Ihn begleitete Alvaro an der Spitze einer zahlreichen Mission von Dominicanermönchen, um das Christenthum unter den Negern zu verbreiten. Die Flotte langte glücklich im Senegal an, aber Bemoy, auf den man große Hoffnung gesetzt hatte, kam früher um, ehe er etwas Großes hatte ausführen können.

Die große Flotte und die ganze Sendung erregte in den Negerländern das größte Aufsehen. Sie erweckte bei allen Negerkönigen, die weit und breit davon hörten, eine große Idee von der Macht des Königs von Portugal. Seitdem langten aus vielen Negerstaaten Gesandtschaften und Geschenke in den Ansiedlungen der Portugiesen am Senegal und Gambia an. Der portugiesische Gouverneur schickte Gegen-Ambassaden an die mächtigsten Negerhöfe des Innern von Afrika. Die Hauptforschungen gingen dabei auf den Handel und darauf aus, genauere Kunde vom Priester Johannes einzuziehen und die Neger selbst zur Taufe zu bringen. Dies letzte wurde fortan allen portugiesischen Expeditionen von ihrem Könige zur Pflicht gemacht. So traten die Portugiesen in Freundschaftstractaten mit den wichtigsten Negerstaaten, und machten unter allen Europäern die wichtigsten Entdeckungen im Innern Afrika's. Sie drangen weiter in jene wenig besuchten Länderstriche vor, als wir in unsrer Erdkunde noch vor Kurzem vorgerückt waren. Denn noch vor dem Jahre 1500 hatten ihre Gesandtschaften schon die Höfe und Hauptstädte der Mandingos besucht, so Tucurol und Timbuktu. Im Innern jener Negerländer findet man häufig Ortschaften voll Nachkommen ältester portugiesischer Colonisationen. Die portugiesische Sprache war die Umgangssprache des Handels an allen Negergestaden, an allen Mündungen der dortigen Ströme, und auf allen Handelsmärkten im Verkehr mit den Ausländern geworden. Jetzt ist diese Sprache freilich durch Vermischungen mit den Negersprachen eine Art Kauderwelsch geworden, wie die lingua franca in der Levante.

Leider sind die genauern Berichte über solche Sendungen und Colonisationen in jenen Zeiten nicht allgemein bekannt geworden, mögen sie nun in den Archiven der Kanzleien des portugiesischen Hofes, oder der Handelscompagnien verborgen geblieben, oder bei den Uebersiedelungen der Dynastie nach Brasilien abhanden gekommen sein. [1])

Während dieser Ausbreitung und Ansiedelung der Portugiesen in den Negerländern im Norden des Aequators schien der Entdeckungseifer im Ocean gegen den noch weitern Süden etwas erkaltet zu sein. Aber bald erwachte er wieder desto lebhafter durch Erfindung eines Schiffsastrolabiums von Martin Behaim und durch die Entdeckungen von Diego Cam und Bartolomé Diaz, welche als die wahren Vorgänger Vasco de Gama's anzusehen sind.

Die schnellen Fortschritte, welche Physik und Astronomie gegen das Ende des funfzehnten Jahrhunderts machten, beschleunigten auch den Gang der Schifffahrt. Dem dringendsten Be-

---

[1]) Nur wenige einzelne Notizen haben sich erhalten, die in verschiedenen Werken zusammengestellt worden sind. Vornehmlich in Asia de Joam de Barros dos feitos que os Portugueses fizeram no descobrimento e conquista das mares e terras do Oriente. Lisboa 1532. De Barros Asia, Italienische Uebersetzung von Ulloa. Venezia 1562. Soltau Geschichte der Entdeckungen und Eroberungen der Portugiesen im Orient. Braunschweig 1821. Vicomte de Santarem Recherches sur la Priorité des découvertes des pays situés sur la côte occidentale d'Afrique par les Portugais. Paris 1842. De Azurara Chronica do descobrimento e conquista de Guiné, herausgegeben von Santarem. Paris 1841. Schmeller über Valentin Fernandez Alemao und seine Sammlungen in den Abhandlungen der Bayr. Acad. d. Wiss. philos. Cl. B. IV. 1847. S. 1—73. Kunstmann die Handelsverbindungen der Portugiesen mit Timbuktu im 15. Jahrh. Ebendas. B. VI. Abth. 1. 1850. S. 171—235.

dürfniß der Seefahrer war allerdings schon durch den allmählich eingeführten Gebrauch des Compasses abgeholfen, der seit den Kreuzzügen durch die Araber von den Erfindern, den Chinesen, an die Gestade des Mittelmeers und in verbesserter Gestalt, der Boussole, nach Amalfi, wie zu den Genuesen und Venetianern gelangt war. Aber noch fehlte bei langen Reisen auf offener See, fern vom Lande, die Möglichkeit, die wahre Höhe jedes Standpunktes genau zu beobachten und nach Rechnung auf der Erdfläche zu bestimmen. Alle dazu gemachten Versuche waren bisher unzureichend gewesen. Da half ein Deutscher.

Martin Behaim, Sohn eines Tuchfabrikanten in Nürnberg, war ein Schüler des damals sehr berühmten Astronomen und Mathematikers Johannes Müller Regiomontanus (aus Königsberg in Franken), der seine mechanische Werkstatt in Nürnberg errichtet hatte, und vom Papste zur Revision des Kalenders nach Rom berufen war. Als junger Kaufmann war Martin Behaim 1480 über Flandern nach Portugal gegangen, wo er so lebhaften Antheil an dem Fortschritte der Entdeckungen jener Zeit nahm, daß er schon im Jahr 1483 vom König zum Mitglied einer Commission berufen wurde, welche mit der Hebung der nautischen Wissenschaften beauftragt war und die von Columbus gemachten Vorschläge zu Entdeckungsfahrten prüfen sollte. Der König wußte wohl, daß man durch den Compaß nach der Himmelsgegend steuern könne; aber der Seefahrer blieb dabei ungewiß, in welchem Breitengrade der Erdkugel er sich befand. Er trug daher der Commission die Erfindung eines Mittels auf, dieser Unsicherheit abzuhelfen. Das Instrument, das dazu dienen konnte (das Astrolabium zur Bestimmung der Sonnenhöhe) war den Portugiesen zwar nicht ganz unbekannt, aber zu plump und groß, von Holz und auf dem schwankenden Schiffe unbrauchbar. Noch war sein Gebrauch bisher auf das Land beschränkt geblieben. Martin Behaim, der in den mechanischen Werkstätten der Nürnberger, die damals die besten Boussolen für alle Seefahrer Europa's lieferten, aufgewachsen, erfand ein feineres Astrolabium, das man als Pendel an den Mastbaum so befestigen konnte, daß es durch seine eigene Schwere bei mäßigen Schwankungen des Schiffes doch seine senkrechte Richtung beibehielt. Nach Andern hatte schon Regiomontanus ein solches Instrument gefertigt, und Behaim wies es nur bei der Commission vor.

Die Anwendung des neuen Astrolabiums gab nun die glänzendsten Resultate, zumal da auch die berühmten Ephemeriden Regiomontan's dazu benutzt werden konnten, die astronomischen Tafeln, in denen der Ort des Standes der Sonne und andrer Himmelskörper auf 32 Jahre (von 1474—1506) zum Nutzen der Seefahrer vorausberechnet war. Alle großen Seefahrer der damaligen Zeit, ein Columbus, Vasco de Gama, Cabot, Magalhaens, haben durch Benutzung dieses Astrolabiums ihre Entdeckungen zu Stande gebracht.

Der portugiesische Seecapitain Diego Cam, den Martin Behaim als Astronom auf seiner Entdeckungsreise längs der Westseite Afrika's (1484 u. 1485) begleitete, legte mit Hülfe dieses Astrolabiums schnell nach einander eine Küstenstrecke von 280 geogr. Meilen von Nord nach Süd zurück. Er entdeckte den Fluß Zaire, das Negerkönigreich Congo, und drang bis über 6° S. Br. vor. Er hatte die Insel S. Thomas und die Prinzeninsel entdeckt, und brachte zuerst die Paradieskörner (Malaguetta) nach Portugal. [1])

[1]) Behaim wurde für seine Entdeckung zum Ritter des Christusordens geschlagen. Als solcher kehrte er im Jahr 1492 zum Besuch seiner Familie nach Nürnberg zurück, in demselben Jahre, in welchem Columbus die erste Entdeckung der Antillen gelang. In Nürnberg zeichnete er seinen künstlichen Erd-Apfel auf Pergament, auf dem er seine Entdeckungen an der Küste Afrika's und die Inseln eintrug und mit vielen lehrreichen neuen Nachrichten beschrieb. Es ist das der erste deutsche

Diego Cam hatte aus dem neuaufgefundenen Königreiche Congo mehrere Eingeborene, die sich freiwillig eingeschifft hatten, mit nach Portugal gebracht. Diese nahmen in Lissabon willig die Taufe an, und auch diese bestätigten durch ihre Aussagen die frühere Vermuthung der Portugiesen von dem großen Reiche des Priester Johannes in der Mitte der Heiden. Sein Reich sollte 250 Meilen nach dem Innern des Landes entfernt liegen, zwischen dem Nil Aegyptens und den Ländern der Schwarzen. Er sollte von den feindlichen Muhamedanern ebenso bedrängt sein wie die Negerstaaten. Unstreitig hatte der Karawanenhandel, der schon damals im innern Afrika bestand, diese Notizen bis nach Congo geführt.

Das unbekannte Reich des christlichen Priesterkönigs, das rings von Heiden umgeben war, endlich wieder aufzufinden ward unter König Johann II. Bartolomé Diaz mit zwei Schiffen gegen Ende August 1486 ausgesendet. Die Befehle des Königs waren, überall die neuen Völker freundlich zu behandeln und ihnen wohlzuthun, Geschenke zu geben, damit man nur von ihnen desto eher Nachricht vom Priesterkönige in Erfahrung bringe, und diesem wo möglich solche freundschaftliche Nachrichten zugetragen würden von der nahen Ankunft seiner christlichen Glaubensgenossen. Bartolomé Diaz steuerte direct nach Congo, um von da erst seine Entdeckungen zu beginnen. Er segelte zwar längs der Küste hin, hatte aber viel mit Stürmen und Strömungen zu kämpfen. Heftige Südoststürme entführten seine Schiffe

Globus, der später so vielen andern zum Muster diente. Er ist bis heute seiner Vaterstadt erhalten, und in der Familie von Behaim als kostbares Vermächtniß verblieben. Martin Behaim selbst kehrte nach Lissabon zurück, wo er in Armuth starb (1506?). v. Murr Diplomatische Geschichte des berühmten Portugiesischen Ritters Martin Behaim. Nürnberg 1778. Ghillany der Erdglobus des Martin Behaim vom Jahre 1492. Nürnberg 1842. — Ghillany der Ritter Martin Behaim der Seefahrer. Nürnberg 1853.

der Küste. Man verlor das Land ganz aus den Augen und trieb auf der hohen See umher. Darauf segelte Diaz dreizehn Tage zurück von West nach Ost. Er hatte schon den 36° S. Br. passirt, war also schon südlich über die Südspitze Afrika's hinausgekommen und hatte sie wirklich schon umsegelt, ohne sie erblickt zu haben. Denn nun, da kein Land zu sehen war, kehrten die Portugiesen gegen Norden zurück und fanden auf diesem Rückwege die Küste erst wieder. Sie landeten an einer Bai des neuentdeckten Südlandes; es war die seitdem bekannt gewordene Mosselbai. Auf einer Insel, die ihr ostwärts liegt, pflanzten sie ihr Kreuz als Zeichen der Entdeckung und des Besitzes mit dem portugiesischen Wappen auf. Die Insel behielt davon den Namen Santa Cruz. Die Einwohner an den Ufern flohen, so daß man keine Bekanntschaft mit ihnen machen konnte. Die Entdecker segelten noch weiter gegen Osten bis zur Mündung eines großen Stromes, der nach dem Capitän des zweiten Schiffes, Joam Infante, den Namen Rio Infante erhielt. Es ist der heutige Große Fischrivier, der lange Zeit als Grenze der Capcolonie und des Kafferulandes gegolten hat. Seine Mündung liegt unter 34° S. Br. und 46° O. L.

Hier war das Schiffsvolk der Beschwerden der ungeheuren Entdeckungsfahrt müde, es murrte und verlangte nach Rückkehr. Auch die Lebensmittel gingen zu Ende; alle Vorräthe waren erschöpft. Diaz mußte umkehren. Nun erst, auf der Rückfahrt gegen Westen, wurde das hohe merkwürdige südlichste Vorgebirge der Alten Welt erblickt mit dem mächtigen Tafelberge, das zuvor schon unter den gefahrvollsten Stürmen, aber unbemerkt, umschifft war. Es eröffnete sich nun den Europäern in der That eine neue Welt von Ländern und Oceanen, die Indische. Diaz hatte dem Vorgebirge wegen der dort ausgestandenen Stürme den Namen Cabo tormentoso gegeben. Als er aber dem König die Nachricht seiner großen Entdeckung überbrachte, nannte dieser es Cabo da Boa Esperanca, in Hoffnung des nun zu findenden Seeweges nach Indien. Diaz hatte sechzehn und einen halben Monat zu seiner Fahrt gebraucht und über 270 geogr. Meilen neues Gestade entdeckt. Er ist also der erste, der diese Entdeckung gemacht hat, und nicht Vasco de Gama, dem die spätere Zeit dies gewöhnlich auf Kosten des Diaz irrig zuschrieb. Das Verdienst des Bartolomé Diaz ist zuerst durch Lichtenstein, während seines mehrjährigen Aufenthalts am Cap, in gehöriges Licht gestellt worden; [1]) doch ist diese Darstellung wenig bekannt geworden, weshalb der alte Irrthum immer noch wiederholt wird.

Ehe Bartolomé Diaz die wichtige Nachricht nach Lissabon zurückbrachte, hatte König Johann II. von Portugal zwei Mönche nach Jerusalem geschickt. Sie sollten von den Pilgern, die dort zur Osterzeit aus allen Weltgegenden zusammenströmten, einige Nachrichten über den Priester Johannes und über Indien einziehen. Man hatte nun schon Gründe zu vermuthen, daß der christliche Priesterkönig der Kaiser von Habessinien sein müsse, der Neguz von Habesch. Sein Titel Neguz Neguschi, König der Könige, deutet schon an, daß er ein mächtiger Monarch war, dem einige vierzig kleinere Königreiche unterthan sein sollten; ein Herrscher in Aethiopien, mit dem späterhin die Portugiesen in vielfache Verbindung traten.

Beide Mönche, Alfons von Paira und Pater Covillam gingen von Jerusalem nach Alexandrien, Covillam von da nach Indien; Paira drang auf dem Landwege nach Abyssinien vor, und auch Covillam folgte ihm bald nach. Beide Männer erreichten endlich den Hof des christlichen Königs, des Neguz von Habesch. Paira starb bald, Covillam stieg zu großen Eh-

---

[1]) Geschichte der Entdeckung des Vorgebirges der Guten Hoffnung im Vaterländ. Museum 1810. October.

ren am Hofe, erhielt aber nach Landesgebrauch nie die Erlaubniß, das Abyssinische Reich wieder zu verlassen. Nur seine Berichte über Indien und Abyssinien gelangten durch zwei jüdische Botschafter an den Hof von Lissabon.

Diese frohe Botschaft der Mönche von dem christlichen Könige, ihre bestätigenden Nachrichten vom Reichthum der indischen Länder, dann die gelungene Umschiffung des Südcaps durch Diaz: alles dies vereint bewirkte gleichzeitig einen so großen Enthusiasmus unter den seefahrenden Völkern, zumal bei den Portugiesen, daß König Emanuel der Große (1495—1521) sogleich Vasco de Gama nach Indien auszusenden beschloß. Durch die große gleichzeitige Entdeckung Colon's (1492) im Westen des Atlantischen Meeres wurde Vasco de Gama's Expedition beschleunigt. Don Cristoval Colon (Cristoforo Colombo) hatte 1492 schon die Antilleninseln, Guanahani, Cuba und St. Domingo, und somit das Vorland Amerika's aufgefunden (die Antilias), das der Entdecker noch keineswegs für einen neuen Erdtheil hielt, sondern nur für die östlichen Vorinseln von Ostasien, das er auf dem Westwege entdeckt zu haben glaubte. Schon war eine zweite Expedition der Spanier unter Columbus' Commando (1493—1496) dahin gegangen, auf welcher der große Seefahrer die Kleinen Antillen, Jamaica und das Küstenland von Paria, oder das Festland Mittelamerika's betreten hatte. Und in den Jahren 1497—1504 folgte unmittelbar die Entdeckung Brasiliens und Südamerika's durch Amerigo Vespucci.

Um den Spaniern im Osten in der Besitznahme der neuen Welt zuvorzukommen, beschleunigten nun auch die Portugiesen ihre Expedition nach Indien. Vasco de Gama wurde 1497, im zweiten Regierungsjahre König Emanuels, ausgesandt, um Ostindien aufzusuchen und mit dem Priesterkönig Joam ein Bündniß zu schließen gegen den gemeinsamen Feind, die Moren und Araber in den indischen Meeren, um dort dem neu zu begründenden Handel nach Indien einen Schutz zu gewähren. Denn befreundete Schutzhäfen Abyssiniens am Eingange des Rothen Meeres und des Indischen Oceans mußten bei den neuen Unternehmungen wichtig erscheinen.

Vasco's Fahrt ging sehr glücklich auf drei Schiffen mit 170 Mann und demselben Piloten, der Bartolomé Diaz begleitet hatte, von statten. Sie erweiterten die Erdkunde um ein Viertheil des Erdglobus. Vasco durchschiffte als erster europäischer Seecapitän den Indischen Ocean bis zu dessen östlichem Gestade, wie Columbus die Westgestade des Atlantischen Oceans. Im Herbst des Jahres 1497 landete Vasco an der südwestlichen Küste Afrika's, etwa 1½ Breitengrade vom Cap der guten Hoffnung in der St. Helenabai. Er wollte, sagt de Barros, dort mit Martin Behaim's Astrolabium am Lande, um dem Schwanken des Schiffes zu entgehen, seine Sonnenhöhe beobachten, um sich in der Breite zu orientiren. Da sah man die ersten dortigen Bewohner am Abhange der Küstenberge, die mit Feuerbränden in den Bergklüften umhergingen Honig zu suchen. Das Südende des Erdtheils war also bewohnt. Die Portugiesen nannten das Volk fälschlich Neger, obgleich sie ganz andern Stammes, kleiner, von gelbbrauner Farbe waren und auch eine andere Sprache redeten. Erst viel später wurde diesem bisher ganz unbekannten Volksstamme von englischen und holländischen Schiffern der Name Hottentotten gegeben. Woher der Name, ist völlig unbekannt: sie selbst nennen sich nicht so. Wahrscheinlich war es ursprünglich ein Spottname der Matrosen.

Bald darauf segelte Vasco weiter gegen Süden, und am 20. November 1497, bei einem ganz heitern, schönen Sonnentage umsegelte sein Geschwader in vollem Jubel das Vorgebirge der guten Hoffnung unter dem Schall der Trompeten und Pauken.

An den Baien weiter gegen Osten fanden die Portugiesen

viele Menschen und große Viehheerden, in den Wassern Walfische und Robben. Gegen Ost landete Vasco an einer vorspringenden Küste, welche braune Völkerstämme bewohnten, die Kafern, ein Name, den die Portugiesen bei ihren nördlichern arabischen Nachbarn schon in Gebrauch fanden. Die Landung an ihrer Küste geschah am Weihnachtstage, daher wurde dieselbe Terra Natal genannt. Die Küstenbewohner kamen den Portugiesen so freundlich und wohlwollend entgegen, daß man die nächste Bai de Boa Paz, die Friedensbai, nannte und die Küste das Land der Guten Leute, de Boa Gente, wo jetzt die kriegerischen Kafern in beständiger Fehde mit den Europäern stehen. So war Süd- und zugleich Ostafrika entdeckt.

Vasco segelte nun dicht an der Ostküste Afrika's gegen Norden bis nahe zum Aequator. So erreichte er Mozambique (15°), Mombaza (5°), Melinde (4° S. B.), drei Städte, in denen die Portugiesen zuerst wieder schöne Gebäude, Marktplätze, Schifffahrt und selbst wichtigen Handelsverkehr mit Indien vorfanden. Bis hierher waren die Colonien der Araber vorgedrungen; ihre Dynastien hatten diese drei Culturstaaten errichtet. In Melinde fand Vasco schon eine dort angesiedelte Handelscolonie der Inder vor, deren Heimath er aufsuchen wollte. Nichts glücklicheres konnte ihm zur Erreichung seines Hauptzieles begegnen. Es war eine Banianen-Colonie, d. i. von der Kaste der indischen Kaufleute und Weltschiffer, wie sie auch in unserer Zeit noch von Peters in Mozambique angetroffen wurde. Von ihnen erhielt Vasco Piloten, mit deren Hülfe er glücklich den Indischen Ocean ostwärts durchsegelte und in dem Hafen von Calicut an der Westküste Malabar landete (1498). Calicut (unter 12° N. B.) war damals die Residenzstadt eines Brahmanischen Königs, an dessen Thron die Portugiesen eine Audienz nachsuchten. Sie nennen ihn Zamorin, eine Verstümmelung seines wahren Titels, denn er nannte sich Samudrija Raja, d. i. Beherrscher des Meeres. Die Portugiesen fanden bei ihm eine gastliche Aufnahme und dies war von Wichtigkeit, da er, ein mächtiger Brahmanenkönig, der erste war, den sie im Rücken der Moslemen zu ihrem Bundesgenossen gegen jene gewannen. Später haben sie ihm dieses Gastrecht schlecht vergolten, da sie ihn vom Throne verdrängten und sein Küstenland in Besitz nahmen.

Die muhamedanische Welt, diese große Barriere des Mittelalters zwischen Occident und Orient, war nun überwunden, der Seeweg nach West- und Ostindien gefunden, und das weite Feld der maritimen Entdeckungen, des Handels, der Colonisationen für drei folgende Jahrhunderte eröffnet.

Schluß.

Zwei neue Welten im Osten und Westen der Erde, die amerikanisch-westindische und die ostindische, traten nun zu gleicher Zeit mit der europäischen Welt in gegenseitigen Verkehr. Mit Columbus' Entdeckung von Amerika (1492) und Vasco's Beschiffung des Indischen Meeres (1498) beginnt die dritte große Periode der Geographie, die der Neuern Zeit der drei letzten Jahrhunderte.

Die Begebenheiten dieser Zeit liegen uns weit näher; sie sind schon mehr in die Geschichte der Gegenwart verflochten. Sie sind allgemeiner bekannt: schon in frühester Jugend pflegt man mit den Geschichten von der Entdeckung Amerika's und vielen neuern Reisegeschichten vertrauter zu werden. In neuesten Zeiten hat Amerika seitdem fast das Interesse für andere Welten ausschließlich in sich verschlungen. Die classischen Werke A. v. Humboldt's haben die ganze gebildete Welt dort einheimisch gemacht und die untersten Schichten der Völker Europa's sind in Massen dort hinüber gewandert; dadurch ist die neue Welt auch der alten Welt einverleibt und ihr auch sonst ganz nahe gerückt.

Die Wissenschaft muß nun zugleich zwei Welten mit einem Blick umfassen; ihre Aufgabe ist eine ganz andere geworden. Die Fortschritte der Entdeckungen am Ende des funfzehnten und zu Anfang des sechzehnten Jahrhunderts nahmen einen weit raschern Gang als zuvor; sie breiteten sich bald über alle Theile des Erdplaneten aus, den man als eine Erdkugel, oder doch als ein Erdenrund anerkannte. Zumal war es nun die unbekannte Gegenseite der bisher bekannten Erde, welche in rascher Aufeinanderfolge in immer neuen Gestaltungen hervortrat, besonders seitdem der Portugiese Fernando Magalhaens die erste Umsegelung des ganzen Erdballs versucht hatte.

Von Westeuropa segelte Magalhaens, den brasilischen Fahrten Amerigo Vespucci's folgend, nach dem Südende Amerika's und umschiffte glücklich diesen Erdtheil durch die Magalhaensstraße, die nach ihm den Namen erhielt. Er entdeckte nun den großen Ostoceán, den man seitdem das Stille Meer genannt hat. Denn der erste Entdecker durchschnitt ihn ohne Sturm und Hinderniß von Osten nach Westen in seiner ganzen Breite bis zu dem Ostgestade Asiens, wo er auf den Philippinischen Inseln seinen frühen Tod fand. Seine Flotte brachte ohne ihn die Nachricht von der ersten gelungenen Weltumsegelung nach Europa zurück.

Die Portugiesen breiteten ihre Colonien nun bald von Indien über Malacca bis China und Japan aus. Die Spanier hatten 1521 durch Cortes Mexico entdeckt und erobert, 1536 Californien entdeckt, 1535 Peru erobert, den Thron der Incas gestürzt, Quito, Chile und das Land des Amazonenstroms entdeckt.

Es wird nun eine genauere und umfassendere Kenntniß und Uebersicht des ganzen Erdglobus sammt den Oceanen, wie der Erdtheile, nothwendig, um nur die Fortschritte der Entdeckungen in ihrem wahren Zusammenhange sich vor die Anschauung bringen zu können. Es ist daher nicht mehr der Sache angemessen, von großen historischen Hauptmomenten, wie früher, auszugehen. Von ihnen aus ließen sich in den frühern Zeiten der alten Welt und des Mittelalters die andern geographischen Fortschritte mit einiger Vollständigkeit entwickeln. Aber von nun an wird jeder, auch der kleinste Fortschritt sogleich folgenreich für die ganze gebildete Welt. Die Entdeckungen blieben keine Geheimnisse mehr. Der einzelne Funke zündete an hundert Orten zugleich wieder neue Lichter an.

In der frühern Welt hatte, mehr sich selbst seines Zieles unbewußt, der blinde Trieb, oder der Instinct der Völker, die Bedrängnisse oder die fanatischen Leidenschaften der Nationen Einfluß auf den Fortschritt der Entdeckungen ausgeübt. In den letzten Jahrhunderten stehen die einzelnen Fortschritte mit den Schicksalen ganzer Völker und Staaten in geringerer directer Beziehung: desto mehr mit der Geschichte ihrer Individuen, mit dem Fortschritt der Industrie, des Handels, der Künste, der Wissenschaften und ihrer Studien überhaupt. Fast unter allen Völkern sind es die Individuen, die nun die großen Fortschritte herbeiführen, welche dem Gemeinwohl der Völker, der Staaten und allen Zeitgenossen, wie der Nachwelt, zu gute kommen: von Columbus bis auf James Cook, den Entdecker der Südwelt, und bis auf Alexander von Humboldt, den wissenschaftlichen Wiederentdecker Amerika's. Mit ihm beginnt eine neue Aera der allgemeinen Wiederentdeckung fast aller andern, wenn schon zuvor erkannten, aber keineswegs wissenschaftlich erforschten Regionen der Erde, in ihren allgemeinen corporativen tellurischen Verhältnissen. Ihm schließt sich die wissenschaftliche Entdeckung der arktischen und antarktischen Polarwelt, des continentalen Australiens, des centralen Asiens und Afrika's, und die der geologischen, geodätischen und hypsometrischen Erdrinde und Erdoberfläche an.

Den Entdeckern und den Entdeckungen sind in den letzten Jahrhunderten überall die Colonisationen nachgefolgt, und daraus sind die Verschiebungen ganzer Völkerstämme hervorgegangen, wie der Spanier, Portugiesen, Engländer, Deutschen nach Nord- und Südamerika, der Neger nach Westindien und Nord- und Südamerika, der Engländer und Holländer nach Indien, der Chinesen und Kuli's nach Californien, den Sundischen Inseln und Südamerika.

Immer mehr schwindet der noch nicht erforschte Raum der Erde zusammen. Die Schneegipfel und die Seespiegel des innern Afrika treten hervor, der Austral-Continent wird bald von einem Ende zum andern durchzogen werden. So ist die Zeit nicht fern, wo geographische Entdeckung weniger große, noch unbekannte Länderstrecken zu enthüllen als in dem schon Bekannten das Einzelne zu durchdringen hat. Und hier giebt es noch viel zu thun.

FSC
www.fsc.org
MIX
Papier | Fördert gute Waldnutzung
FSC® C083411

Kolibri 360 GmbH
Ferdinand-Jühlke-Straße 7
99095 Erfurt, Deutschland
produktsicherheit@kolibri360.de